普通高等教育“十四五”规划教材

油 料 计 量

主 编 谷科城 管 亮 刘君玉

中国石化出版社
·北京·

内容提要

本书系统阐述了石油计量相关基本知识、基本方法和基本标准。全书共4章，分别介绍了油料计量相关的法律、法规等基础知识；油料静态计量基本方法，计量器具的工作原理、操作要点与要求，以及静态油料数量计算过程与要求；流量计的工作原理，动态油料数量计算过程与要求；油料损耗相关内容。并在附录中收集了石油计量现行执行标准。

本书可作为高等院校相关专业教材，也可供军地油料相关领域人员学习使用。

图书在版编目(CIP)数据

油料计量／谷科城，管亮，刘君玉主编．--北京：中国石化出版社，2024. 7. — ISBN 978－7－5114－7455－1

Ⅰ．TE863. 1

中国国家版本馆CIP数据核字第2024J6C547号

中国石化出版社出版发行

地址：北京市东城区安定门外大街58号

邮编：100011　电话：(010)57512500

发行部电话：(010)57512575

http://www. sinopec-press. com

E-mail：press@ sinopec. com

北京艾普海德印刷有限公司印刷

全国各地新华书店经销

*

710毫米×1000毫米16开本17. 25印张318千字

2024年7月第1版　2024年7月第1次印刷

定价：58. 00元

《油料计量》
编审人员

主　　编　谷科城　管　亮　刘君玉

副 主 编　朱　峰　伊　茜　管金发

编　　写　左秀丽　段纪淼　王　建
　　　　　林科宇　鄢　豪　舒建华

主　　审　徐俊田

审　　定　张　霖　杨庭栋

目　　录

第一章　计量基础知识

自然界的一切现象或物质，都是通过一定的“量”来描述和体现的。也就是说，量是现象、物体或物质可定性区别与定量确定的一种属性。因此，要认识五光十色的大千世界和造福人类，就必须对各种“量”进行分析和确认，既要区分量的性质，又要确定其量值，计量正是达到这种目的的重要手段之一。从广义上说，计量是对“量”的定性分析和定量确认的过程。

计量是关于测量的科学，包括测量理论和实践的所有方面。测量的目的就是确定量的大小。计量就是通过统一测量单位、测量方法、测量手段、测量标准等措施，使无论何时、何地、何人测量得到的结果都达到准确一致的目的。人类在认识自然、利用自然、改造自然的过程中，也在认识计量、利用计量和改造计量，从古代的度量衡到现代计量，经历了几千年的发展历程，从满足人类生活、商贸、生产需要，到适应社会进步、科技进步、生产力进步，计量的形式和内容，计量的“量”和“质”都发生了根本性的变革，计量已逐渐成为一门专门研究测量理论与实践的学科。每一个国家，无论其社会制度如何，都离不开计量。计量对军事、经济、科学技术、人民生活、国际贸易等都有重要的意义。

第一节　计量概述

一、基本概念

(一) 测量、计量、计量学

测量是指通过实验获得并可合理赋予某量一个或多个量值的过程。更多强调的是确定被测量对象的量值的一组操作，这种操作可能是简单的，如用尺、秤等；也可能是复杂的，需要用专门的技术工具，采用物理实验方法，如精密时间的确定要用原子钟，要用专门的定时型卫星接收机接收标准时间信息等。为了和

“测量”的概念区分，国家计量技术规范 JJF 1001，即《通用计量术语及定义》，将计量定义为实现单位统一和量值准确可靠的活动。计量的被测对象主要是测量仪器和测量标准。根据这个定义，计量学就是有关测量的科学。在不引起误解的时候，计量学可简称为“计量”，此时“计量”是指测量的理论和实践，而不能仅仅是“一组操作”。讲到相应的“操作”，就是“测量”，就是特定目的的测量，包括“检定”“校准”“定值”“定度”“标定”等。

国家军用标准也确定“计量”是“计量学”的简称，计量是保证测量实现单位统一和量值准确可靠的一门科学。计量的本质特征是测量，计量是利用科技、法制和管理手段，实现单位统一、量值准确可靠的测量，是一种特殊形式的为使被测量的单位量值在允许误差范围内或给定的测量不确定度内溯源到基本单位的测量。计量也是利用科学技术和监督管理手段实现测量准确和可靠的一种工作，计量不同于一般的测量，在整个测量领域起着指导、监督、保证和仲裁作用。

总之，从定义上讲计量是一种特殊的测量，是一门科学——计量学。在实际应用中，有时计量和测量混用，无严格区别。计量可引申为测量本身，也可指一种工作或一项事业。

（二）量、量制、量纲

量是现象、物体或物质的可以定性区别和定量确定的一种属性。任何现象、物体或物质之所以存在并被察觉，是因为它们具有一定的量。不同量可以通过定性和定量加以区别。所谓定性区别，是指量的单位；而定量确定，则是指量的数值。计量学中的量都是由一个数值和一个被称为计量单位的特殊约定来组合表示的。

可直接相互比较的量（简称可比量）称为同种量；某些同种量又可组合在一起称为同类量，如功、热、能、厚度、周长、波长等。

计量学中的量，可分为基本量和导出量。在一定的量制中，约定选取的一组不能用其他量表示的量，称为基本量，基本量可认为是相互独立的量，因其不能表示为其他基本量的幂的乘积；由基本量所定义的量，称为导出量，如在长度和质量为基本量的量制中，密度为导出量，定义为质量除以体积（长度的三次方）所得的商。

所有领域或一个领域的基本量和相应导出量的特定组合，称为量制。通常以基本量符号的组合作为特定量制的缩写名称，如基本量为长度（l）、质量（m）和时间（t）的力学量制的缩写名称为 l、m、t 量制。

量纲是指给定量与量制中各基本量的一种依从关系，它用与基本量相应的因子的幂的乘积去掉所有数字因子后的部分表示，即相应因子幂的乘积的数字系数为1。量纲皆以大写的正体拉丁字母和希腊字母表示，如在力学量制中，力的量纲为LMT^{-2}。在国际单位制中，7个基本量的量纲分别以L(长度)、M(质量)、T(时间)、I(电流)、Θ(热力学温度)、N(物质的量)和J(发光强度)表示。力的量纲为LMT^{-2}，电阻的量纲为$L^2MT^{-3}I^{-2}$。除了7个基本量，其他所有导出量的量纲形式可以表示为基本量的量纲之积，故量纲常常又可以称为量纲积。总之，任意的量纲Q都可以表示为$\dim Q = L^{\alpha}M^{\beta}T^{\gamma}I^{\delta}\Theta^{\varepsilon}N^{\xi}J^{\eta}$。指数$\alpha$、$\beta$、$\gamma$、$\delta$、$\varepsilon$、$\xi$和$\eta$均为比较小的整数，可以是正数、负数和零。若导出量Q的量纲指数皆为零，则称为无纲量。严格地说，所谓无纲量，并不是没有量纲的量，只不过是量纲指数为零而已。由于任何指数为零的量都等于1，故也可以说，量纲等于1的量为无纲量。

在实际工作中，量纲的应用有相当重要的意义。任何科技领域中的规律、定律都可通过各有关量的函数式来描述。也就是说，所有的科技规律、定律都可以通过一组选定的基本量以及由它们得出的导出量来表述；而所有的量又都具有一定的量纲，即所有的物理量都包含在一个量纲系统中，从而使它们所描述的科技规律、定律获得统一的表示方法。

于是，通过量纲便可得出任一量与基本量之间的关系，还可以检验量的表达式是否正确等。如果一个量的表达式正确，则其等号两边的量纲必然相同，说明该表达式符合量纲法则。注意，这里所说的正确，是指按一定的原理或定义所得出的表达式，而并不是指所依据的原理或定义。也就是说，不符合量纲法则的表达式肯定是错误的；而符合量纲法则的表达式，就其所反映的规律而言，却不一定是正确的。这是因为在给定量制中，同种量的量纲一定相同，而相同量纲的量却未必同种。例如，在国际单位制中，功和力矩的量纲相同，皆为L^2MT^{-2}，但量却非同种。

二、计量学研究的内容

计量学作为一门科学，研究的具体内容包括以下几个方面。

(一)研究计量标准的建立、复现、维护、保存和使用

为了定义、实现、保存或复现量的单位或一个或多个量值，用作参考的实物量具、测量仪器、参考物质或测量系统，称为计量标准或测量标准。如1kg质量标准、铯频率标准、标准氢电极等。计量基准指具有最高计量特性的标准。

（二）研究计量器具和计量方法（如计量器具的计量特性、检定规程编制、技术更新等）

所谓计量器具就是单独或连同辅助设备一起用以测量的器具，如量油尺、温度计、加油机、流量计等。计量器具必须符合法定要求，定期送检。

（三）研究量值传递与量值溯源的方法

量值传递是指通过对测量器具的检定或校准，将测量标准所复现的单位量值，通过一条具有不确定度的不间断的比较链，逐级向下进行比较，直至工作测量器具、检测设备或校准设备的过程。

量值溯源是指通过一条具有不确定度的不间断的比较链，使测量结果或测量标准的值能与规定的参考标准相联系、相比较的过程。应有专门的溯源等级图。

（四）研究测量理论和测量结果

如研究测量的完整表述，包括测量不确定度等。

（五）研究计量管理和法制计量

计量工作的性质和特点决定了计量管理的任务。现行计量管理方法大致可归纳为：法制管理方法、行政管理方法和技术管理方法。长期以来，我国主要以行政管理方法为主，《中华人民共和国计量法》公布之后，加大了法制管理力度。

法制计量是计量的一部分，是与法定计量机构所执行工作有关的部分，涉及对计量单位、测量方法、测量设备和测量实验室的法定要求等。

（六）研究计量人员进行专业培训与考核的方法

培训是各计量管理部门的一个重要内容。培训可以帮助计量人员充分发挥潜能，提高工作质量、工作效率和经济效益，更好地为计量服务。

考核是对计量人员进行工作成绩、工作能力、工作态度和工作质量的测试和考评。根据相关规定，从事计量检定、校准人员，必须经相关管理机构或其授权机构考核合格后，方可持证上岗。

三、计量学分类

计量学从学科发展看，是物理学的一部分，随着科学技术的发展，研究内容不断扩充，专业范围也在不断拓宽，形成了一门研究测量理论与实践的综合性科学。由于计量学应用范围广泛，涉及的研究领域也很广泛，计量学的分类没有定论，目前有三种划分方法：一是按计量专业划分，二是按计量任务划分，三是按计量应用领域划分。

(一)按计量专业划分

从学科的角度，结合国内计量专业划分的习惯和参考国家标准关于量的划分，按被测量对象不同，将计量专业划分为十大类，即：

①几何量计量(含长度、角度和工程参量等)；

②热学计量(含温度和湿度等)；

③力学计量(含真空、扭矩、容量、压力、质量、力值、流量、硬度、转速等)；

④电磁学计量(含电阻、电容、电感、静电和磁学等)；

⑤无线电电子学计量(含无线电和微电子、电磁兼容等)；

⑥时间频率计量(含频率、时间和相位噪声等)；

⑦电离辐射计量(含活度、剂量、中子和核化学等)；

⑧光学计量(含光度、色度、辐射度等)；

⑨声学计量(含水声、空气声和超声等)；

⑩化学计量(含黏度、酸碱度和标准物质、火炸药、防化等)。

(二)按计量任务划分

按任务国际上趋于将计量分为三类，即科学计量、工程计量和法制计量。

科学计量是指基础性、探索性、先行性的计量科学研究。通常用最新的科技成果来精确定义与实现计量单位，并为最新的科技发展提供可靠的计量基础。

工程计量，也称工业计量，是指各种工程、工业、企业中的实用计量。例如：有关能源或材料的消耗、工艺流程的监控，以及产品、质量与性能的测试等。

法制计量是与法定计量机构工作有关的计量，涉及对计量单位、计量器具、测量方法及测量实验室的法定要求。法制计量由政府或授权机构根据法制、技术和行政的需要进行强制管理。

(三)按计量应用领域划分

按应用领域，计量可分为商业计量、海洋计量、天文计量、工业计量、医疗计量及油料计量等。在现代社会中，每个领域都有其特定的计量。

四、计量特性

计量是通过技术和法制的手段，实现测量的单位统一和量值准确可靠，而协调它们之间的关系要依靠计量管理，计量的技术特性应包括以下几个方面。

（一）一致性

计量的基本任务是保证量值的准确可靠与计量单位统一。无论任何时间、地点，利用任何器具、方法，以及任何人进行计量，只要符合有关计量要求的条件，计量结果就应在一定允许范围内一致。计量单位的统一或对同一被测量的测量结果的一致，对现代化大生产的分工、国内外贸易、科研成果的评价、技术交流、人民生活、高科技武器系统研制等都是非常重要的。计量的一致性或统一性是计量最本质的特性，古今中外，都是如此，计量失去统一性，也就失去了存在的意义。随着全球化经济的发展，计量的统一性不仅限于一个国家、一个地区，而且遍及国际。我国实行以国际单位制为基础的法定计量单位制，就是保证计量更好地体现和发挥一致性的作用。各行业、各部门、各地区、各单位都必须认真做好推广和使用法定计量单位，同时要保证所使用的测量仪器设备的量值通过计量标准追溯到国家标准，实现测量结果或计量标准的值具有可追溯性。

（二）准确性

计量的一致性是建立在计量的准确性基础上的。量值的准确可靠，是计量的目的和归宿，“准”是计量工作的核心，一切计量科学技术研究的目的，最终是要达到所期待的某种准确度。随着科学技术的发展、社会需求的提高，要求的准确程度越来越高，特别是高科技领域，如国防科技工业，现代化武器装备的研制和生产，对计量的准确性要求不断提高。为了保证计量的准确性，首先要建立准确可靠的计量标准，通过检定或校准，把量值传递到所使用的每台测量设备。

（三）法制性

计量的法制性是计量的一致性和准确性的保证。为了实现全国范围内单位的统一、量值的准确，国家必须对统一使用的计量单位，复现单位量值的国家计量标准，以及进行量值传递的手段、方法等，用法律作出规定，作为各行各业共同遵守的准则。在我国通过政府制定计量的法律、法令来规范和约束计量活动和计量行为，各计量主管部门也根据自身特点和实际情况，制定相应的条例、办法等，与国家法律、法令配套形成自己的法规体系，保证本行业、本部门内计量的一致性和准确性的有效实现。计量的法制性一方面体现在计量依法监督管理，即计量的法制管理；另一方面也体现在法定的计量机构出具的证书、报告，给出的测量结果，具有法律效力。计量作为一门科学，与法律、法规和行政管理紧密结合的程度，在其他学科中是少有的。

（四）溯源性

溯源性是指任何一个测量结果或测量标准的值，都能通过一条具有规定不确定度的不间断的比较链，与测量基准联系起来的特性。这种特性使所有的同种量值，都可以按这条比较链通过校准向测量的源头追溯，也就是溯源到同一个测量基准（国家基准或国际基准），从而使其准确性和一致性得到技术保证。

五、油料计量

油料计量是指为检测油料数量，由油料计量员进行的具体计量测试工作。主要是流量、油高、油温和密度的测量及油料数量的计算统计等。油料计量工作按其目的分为：交接计量、中间计量和盘点计量；按其计量方式分为：人工计量和自动化计量；按油料状态可分为：静态计量和动态计量；按物理原理可分为：体积计量、质量（重量）计量。

1. 油料计量工作要求

油库、加油站应当执行油料数量计量相关技术标准，认真检查计量器具的技术状况，进行油料数量测量计算，核算油料自然损耗。油料数量计量应当优先采用计量性能满足技术标准要求的自动测量设备，油库每月清库时，应当与手工法进行比对，并做好记录。比对结果超过测量允许误差时，以手工法测量结果为准。

油料收发计量交接时，发油现场应当设置揭示牌和计量监督台。揭示牌标明油温、所发油料视密度和标准密度；计量监督台应当配置量油尺、密度计、温度计等计量工具。自动发油系统应当能够实时显示发油数量。此外，除合同或者协商约定外，油料数量交接应当执行 NB/SH/T 0164《石油及相关产品包装、储运及交货验收规则》。

2. 交接计量方式

不同运输方式下散装油料数量计量方式的选择建议如表 1－1－1 所示。按质量计量时，如计量方式选用流量计，在具备条件的情况下，质量流量计宜为首选；立式罐更适合输转液位差较大情况下的交接计量，当立式罐的输转液位差不低于 4m 时，立式罐与流量计的选择次序相当；车船更适合满液情况下的交接计量，液货船宜装至 3m 以上，罐车（包括卧式罐）宜装至 80%；采用铁路和公路运输时，如按质量计量，衡器与流量计同为首选；汽车罐车或卧式罐采用液体标定时，如按体积计量，与流量计的选择次序相当。

表 1－1－1　不同运输方式下散装油料数量计量方式的选择建议

运输方式		计量方式						
		流量计	立式罐	铁路罐车	液货船	汽车罐车	衡器	卧式罐
管道运输	发油	①	1	×	×	×	×	×
	收油	①	1	×	×	×	×	×
铁路运输	发油	①	×	②	×	×	1	×
	收油	②	2	①	×	×	1	×
水路运输	发油	①	1	×	②	×	×	×
	收油	②	2	×	①	×	×	×
公路运输	发油	①	×	×	×	②	1	×
	收油	②	×	×	×	①	1	2

注："①"表示第一选择；"1"表示有条件的第一选择；"②"表示第二选择；"2"表示有条件的第二选择；"×"表示不可用。

3. 交接计量差率

交接双方计量油料数量的方法、器具、条件、人员等应符合计量标准或法律、法规的要求，并宜尽可能消除或降低各种误差因素的影响，确保计量结果准确、可靠。液体石油产品的交接差量包括交接计量差量和交接损耗差量两部分，前者源于交接双方相同或不同计量方式计量结果的不确定度，后者源于从发油点到收油点相关损耗环节的蒸发和挂壁损耗。交接允差可设定为交接计量允差和交接损耗允差的正值之和。交接差率不应超过交接允差，其中，交接计量差率是指交接双方采用相同或不同计量方式再现测量固定数量的油料，测量结果之差与平均值(发油量和收油量的算术平均值)的百分比；交接计量允差是指交接计量差率的最大值；交接损耗允差是指油料从发油点到收油验货点，按损耗环节及对应的损耗率和损耗条件计算的损耗率之和。

油料数量可用体积或质量表述，但考虑到体积会受温度和压力的影响且不能不考虑，应用标准体积或质量表述；当油料数量用质量表述但用非称量法获得时，应统一到空气中的表观质量，即重量。当收油方监督发油且无异议或交接差率不超过交接允差时，收油方按发油量确认油料数量，否则相关方应共同查明原因。如超差属实，收油方按验收油量与交接允损量(即最大损耗量)之和确定实际收油量。表 1－1－2 列出了采用两种相同或不同计量方式测量石油产品标准体积和表观质量交接计量差率的最大值。

表1-1-2 采用两种相同或不同计量方式测量石油产品标准体积和表观质量交接计量差率的最大值

计量方式		计量条件	交接计量差率的最大值/%	
			标准体积	表观质量
立式罐	立式罐	输转液位差大于4m，非同一罐	0.21	0.23
立式罐	体积流量计	输转液位差大于4m，流量计系数法	0.16	0.19
立式罐	体积流量计	输转液位差大于4m，基本误差法	0.24	0.27
立式罐	质量流量计	输转液位差大于4m，基本误差法	—	0.25
体积流量计	体积流量计	流量计系数法	0.14	0.16
体积流量计	体积流量计	基本误差法	0.30	0.32
体积流量计	铁路罐车	基本误差法，装液高度大于80%，单一罐车	0.36	0.39
质量流量计	铁路罐车	基本误差法，装液高度大于80%，单一罐车	—	0.34
铁路罐车	铁路罐车	装液高度大于80%，单一罐车	0.19	0.21
衡器	铁路罐车	装液高度大于80%，单一罐车	—	0.34
体积流量计	铁路罐车	基本误差法，装液高度大于80%，10辆罐车	0.20	0.21
质量流量计	铁路罐车	基本误差法，装液高度大于80%，10辆罐车	—	0.20
铁路罐车	铁路罐车	装至80%以上，10辆罐车	0.08	0.08
立式罐	液货船	输转液位差大于4m，大型不规则舱	0.27	0.30
体积流量计	液货船	基本误差法，大型不规则舱	0.36	0.38
质量流量计	液货船	基本误差法，大型不规则舱	—	0.34
液货船	液货船	装液高度大于3m	0.19	0.21
体积流量计	卧式圆筒罐	基本误差法，装液高度大于80%	0.32	0.34
质量流量计	卧式圆筒罐	基本误差法，装液高度大于80%	—	0.31
衡器	卧式圆筒罐	基本误差法，装液高度大于80%	—	0.31
质量流量计	衡器	基本误差法	—	0.24
体积流量计	衡器	基本误差法	—	0.30
衡器	衡器	非同一衡器	—	0.24

第二节　计量法规体系

一、计量法规体系

《中华人民共和国计量法》(以下简称《计量法》)是国家管理计量工作的基本法。由于它只对计量工作中的一些重大原则问题作了规定，因此，实施《计量法》必须制定具体的计量法规和规章，以便将《计量法》和各项原则规定具体化，形成一个以《计量法》为基础法的计量法群，即计量法规体系。我国计量法规体系结构如表1－2－1所示。

表1－2－1　我国计量法规体系结构

层次	名称		立法机关	例
第一	计量法律		全国人民代表大会及其常务委员会	《中华人民共和国计量法》
第二	计量法规	计量行政法规	国务院	《中华人民共和国计量法实施细则》
		地方计量法规	地方省级、较大市人民代表大会及其常务委员会 自治州、自治县人民代表大会	《北京市商用计量器具管理办法》
第三	计量规章	国务院各部门计量规章	国务院计量行政部门、国务院各部门	《计量器具新产品管理办法》
		地方人民政府规章	省级、较大市的人民政府及其所属计量行政部门	北京市实施《中华人民共和国强制检定的工作计量器具检定管理办法》的若干规定

计量法规体系包括计量管理法规体系和计量技术法规体系两大部分。

(一)计量管理法规体系

1. 计量法律

即《中华人民共和国计量法》。

2. 计量法规

包括国务院批准实施的《中华人民共和国计量法实施细则》《国务院关于在我国统一实行法定计量单位的命令》《中华人民共和国强制检定的工作计量器具检定管理办法》等。各省、自治区、直辖市人大为实施《计量法》制定或批准施行的各种条例、规定或办法；民族自治地方的自治州、自治县为实施《计量法》制定的条例也在此列。

3. 计量规章

亦称行政规章，包括国务院计量行政部门制定的各种全国性的单项管理办法、地方人民政府及其所属计量行政部门制定的地方性计量管理办法、规定等。

在上述计量管理法规体系中，计量法规和规章都从属于《计量法》，是《计量法》的“子法”。《中华人民共和国计量法实施细则》是在全国范围内施行的计量法规，地方计量法规不能与其抵触。自治州、自治县制定的计量法规要报省或自治区人大常委会批准后生效，并报全国人大常委会备案。所有法规和规章都不能与国家法律相抵触。

总之，健全计量法规体系是计量法治建设的前提和基础。各级政府计量行政部门应根据《计量法》规定的原则，从本地实际情况出发，制定相应的计量法规或规章，不断完善计量管理法规体系。

（二）计量技术法规体系

计量技术法规是贯彻实施计量法律法规的重要技术支持，它与《计量法》、计量行政法规、计量规章以及其他有关计量的管理性、规范性文件共同构成了我国的计量管理法规和计量技术法规体系群。

目前，我国的计量技术法规已经形成了一个系统的、庞大的体系。从种类上明确分为计量检定系统表、计量检定规程、计量技术规范三部分。

1. 计量检定系统表

计量检定系统表亦称计量检定系统，是国家法定技术文件。它用图表结合文字的形式，规定了国家基准、各级标准直至工作计量器具的检定程序。其内容包括：对基准、标准、工作计量器具的名称、测量范围、准确度和检定方法等的规定。一般是建立一种基准器，就有一个相应的计量检定系统。截至 2020 年 12 月底，国家计量检定系统表名目数量为 96 个（含现行有效的 95 个、失效的 1 个）。

计量检定系统的作用在于保证测量结果的溯源性。所谓溯源性，是指通过连续的比较链，将测量结果与相应的计量基准器（通常是国际基准器或国家基准器）的量值联系起来。除了考虑溯源性，还要考虑各等级之间自上而下检定的科学性和可能性，可能性是对科学性而言的，即虽理论上先进、合理，但实现不了，也是不可行的。

2. 计量检定规程

计量检定规程是指为评定计量器具的计量性能，作为检定依据的具有法定性的技术文件。

计量检定规程分为国家、地方和部门三类。国家计量检定规程由国务院计量行政部门制定，在全国范围内施行；尚未发布国家计量检定规程的，省级人民政府计量行政部门可制定地方计量检定规程，在本行政区域内施行；国务院有关主管部门可制定部门计量检定规程，在本部门内施行。部门和地方计量检定规程须向国务院计量行政部门备案。当正式发布国家计量检定规程后，相应的地方和部门计量检定规程应立即废止；因特殊原因需继续施行的，其各项技术规定不得低于国家计量检定规程，不得与国家计量检定规程相抵触。

计量检定规程的主要内容包括引言、概述、技术要求、检定条件、检定项目、检定方法、检定结果的处理、检定周期及附录等。

3. 计量技术规范

计量技术规范也属于计量技术法规的一个重要组成部分。它是指依照《计量法》进行有关鉴定、检验、测试时，在样机资料、计量性能、检查方法、技术条件、结果处理等方面必须遵守的规范性文件。

二、《计量法》简介

《计量法》于 1985 年 9 月 6 日由第六届全国人民代表大会常务委员会第十二次会议通过，由中华人民共和国主席令第 28 号正式公布，自 1986 年 7 月 1 日起施行，截至目前经历了 5 次修正，最近一次修正是 2018 年 10 月 26 日。

《计量法》的内容有 6 章共 34 条，其主要内容如下：

《计量法》立法的宗旨是为了加强计量监督管理，保障国家计量单位的统一和量值的准确可靠，有利于生产、贸易和科学技术的发展，适应社会主义现代化建设的需要，维护国家、人民的利益。

《计量法》规定我国的计量单位制采用国际单位制。国际单位制计量单位和国家选定的其他计量单位为国家法定计量单位。

计量基准（国际上称为国家标准）是统一全国量值的最高依据。计量基准由国家技术监督局负责批准和颁发证书。目前，大部分计量基准建在中国计量科学研究院，有 13 项建在其他有关部门和计量技术机构。

国务院有关主管部门根据本部门的特殊需要，可以建立本部门使用的计量标准器具，其各项最高计量标准器具经同级政府计量行政部门主持考核合格后使用。企业、事业单位根据需要，可以建立本单位使用的计量标准器具，其最高计量标准器具经有关政府计量行政部门主持考核合格后使用。

实行强制检定的计量器具范围有：社会公用计量标准器具；部门和企业、事业单位使用的最高计量标准器具；用于贸易结算、安全防护、医疗卫生、环境监测方面的列入强制检定目录的工作计量器具。

社会公用计量标准是在社会上实施计量监督具有公证作用的计量标准。当因量值不一致而发生纠纷时，可以由它进行仲裁，其数据具有权威性和法律效力。

强制检定是指计量标准或工作计量器具必须定期定点地送往法定的或授权的计量技术机构检定。非强制检定的计量器具可由使用单位自行定期检定。计量检定工作应当按照经济合理的原则，就地就近进行。《计量法》第二十条规定：执行检定和测试任务的人员必须经考核合格。

国家计量检定系统表和国家计量检定规程是全国性的计量技术法规。计量检定必须按照计量检定系统表进行，计量检定必须执行计量检定规程。没有国家计量检定规程的可执行部门和地方计量检定规程。

制造、修理计量器具的企事业单位须取得“制造计量器具许可”或“修理计量器具许可”，否则工商行政管理部门不予办理营业执照。进口的计量器具，必须经检定合格后方可销售。

违反《计量法》应承担的法律责任。有如下行为的没收违法所得，可以并处罚款：

未取得“制造计量器具许可”“修理计量器具许可”而擅自制造或者修理计量器具的，责令其停止生产、停止营业；制造、销售未经考核合格的计量器具新产品的，责令其停止制造、销售该种新产品；制造、修理、销售不合格计量器具；属于强制检定范围的计量器具，未按照规定申请检定或者检定不合格继续使用的，责令其停止使用；制造、销售、使用以欺骗消费者为目的的计量器具的，没收其计量器具。

计量监督人员违法失职，情节严重的，要依照《刑法》有关规定追究刑事责任；情节轻微的，给予行政处分。

《计量法》第三十二条规定：中国人民解放军和国防科技工业系统计量工作的监督管理办法，由国务院、中央军事委员会依据《计量法》另行制定。

第三节　计量单位与单位制

一、计量单位与单位制

为了定量表示同类量的值，必须有一个量作为比较的基础。这种约定选取的特定量(通常其数值为1)，便称为计量单位。

计量单位是在实践中逐渐形成的，往往不是唯一的，甚至有的量有若干个单位，如长度的单位就有米、码、英尺、市尺等。对于一个特定的量，其不同单位之间都有一定的换算关系，如1米等于3尺等。

计量单位一经选定，所有同类量便可用单位与纯数之积来表示，并称为该量的量值。

量值因单位不同而形式各异，即由于计量单位选取的不同，同一个量便会表现出不同的量值。量的大小和量值的形式无关。量的大小是客观存在的，不取决于知道与否，也不取决于所采用的计量单位。也就是说，量的大小与所选择的单位无关；而量值则因单位不同而形式各异，即由于计量单位选取的不同，同一个量便会体现出不同形式的量值。例如，一根木棒的长度可以是1米，也可以是3尺；再如，粒子的速度 v 可以表示为 $v=25\mathrm{m/s}=90\mathrm{km/h}$，两个量值截然不同，但表示的却是同一个量的大小。

每个计量单位都有代表的符号。对此，为了世界上的一致，国际计量大会有统一的规定，通常将其称为国际符号。单位符号一律用正体字母，除来源于人名的单位符号第一个字母要用大写外，其余均为小写字母(升的符号L除外)。单位符号的形式有两种，一种是拉丁字母或希腊字母，如长度单位符号为m，电阻单位欧姆的符号为Ω等；另一种是标号，如平面角单位度的符号为(°)等。

由于量的种类繁多，而且每个量又可能有不同的计量单位，所以为了便于应用，便约定选取某些独立定义的基本单位作基础，并用它们及一定的比例因数来导出其他相关量的单位。这些基本量的计量单位，便称为基本单位，而导出的其他相关量的单位则称为导出单位。为缩减符号长度，某些导出单位设有专门的名称和符号。例如，在国际单位制中，力的单位是由基本单位千克(kg)、米(m)和秒(s)导出的导出单位，并表示为 $\mathrm{m \cdot kg/s^2}$；而其专门名称则为牛顿，符号为N。

由选定的一组基本单位和根据定义方程式由它们及一定的比例因数而确定的导出单位所构成的单位体系，称为单位制。所选取的基本单位不同，单位制也就不同。例如以厘米、克、秒作为基本单位的单位制，称为厘米克秒制(CGS制)；以米、千克、秒作为基本单位的单位制，称为米千克秒制(MKS制)；等等。

二、国际单位制

单位制的形成和发展，与科学技术的进步和生产的发展密切相关。国际单位制是1960年第十一届国际计量大会通过，并在以后的科技与社会实践中逐步发展和完善的，是目前世界上最先进、最科学和最实用的单位制。

（一）国际单位制的形成

国际单位制的符号为SI。由于国际单位制是在米制的基础上发展起来的，其中许多单位的名称和符号又都沿用了米制的，所以又有“现代米制”之称。

米制是国际上最早公认的单位制。当时，“米”被定义为地球子午线的四分之一长度的一千万分之一。面积和体积的单位分别是平方米和立方米，以及它们的十进倍数与分数单位。质量单位是1dm^{3}的水在其密度最大的温度（4℃）下的质量。由于这种制度是以“米”为基础的，故而称为“米制”。

随着科技的发展，为适应工业和商业的需要，一些新的计量单位不断出现。于是也就逐渐形成了适用于各种科技领域的单位制。例如厘米、克、秒制，米、千克、秒制，米、千克力、秒制，绝对静电单位制，绝对电磁单位制，国际实用单位制等。这些单位制虽然皆属米制，都是在米和千克这两个单位的基础上发展起来的，但制式繁多，且往往相互交叉使用，以致出现一个量有多个单位同时应用的混乱局面。

1954年第十届国际计量大会决定以米、千克、秒、安培、开尔文和坎德拉为基本单位，建立一种用于国际关系的国际实用计量单位制。

1956年，国际计量委员会建议将以第十届国际计量大会通过的基本单位为基础的单位制，命名为“国际单位制”。

1958年，国际计量委员会又通过了关于单位制名称的符号和构成倍数单位与分数单位的词头的建议。

1960年第十一届国际计量大会根据上述建议，正式决定将该实用计量单位制命名为“国际单位制”，其国际符号为“SI”。

由于国际单位制先进、实用、简单、科学，并适用于文化教育、科学技术和经济建设的各个领域，如今已被世界各国以及国际组织广泛采用。

1959年我国国务院发布的《关于统一计量制度的命令》中已确定米制为中国的基本计量制度。1977年国务院颁布的《中华人民共和国计量管理条例》中明确指出：我国的基本计量制度是米制，逐步采用国际单位制。1981年经国务院批准由中国国际单位制推行委员会颁布试行的《中华人民共和国计量单位名称与符号方案》以及1984年国务院发布的《中华人民共和国法定计量单位》都是以国际单位制为基础的。

2018年11月16日，第26届国际计量大会经包括中国在内的各成员国表决，全票通过了关于修订国际单位制(SI)的1号决议。根据决议，千克、安培、开尔文和摩尔4个SI基本单位的定义将改由常数定义，于2019年5月20日起正式生效。至此，量子基本单位时代正式开始。

(二)国际单位制的构成

国际单位制的构成体系如下：

- 国际单位制单位
  - 国际单位制单位
    - SI基本单位
    - SI导出单位
      - 包括SI辅助单位在内的具有专门名称的SI导出单位
      - 组合形式导出单位
  - SI单位的倍数单位

1. SI基本单位

SI基本单位共有7个，各自彼此独立并有严格的定义，它们的名称、符号、原定义和现定义如表1－3－1所示。

表1－3－1　SI基本单位

量的名称	单位名称	单位符号	单位的原定义	单位的新定义	基本物理常数
长度	米	m	光在真空中于1/299792458s的时间间隔内所经路径的长度	当真空中光速以单位m/s表示时，取其固定数值为299792458来定义米，其中秒用铯频率$\Delta\nu_{Cs}$来定义	真空中光的速度 $c=299792458m/s$
质量	千克(公斤)	kg	等于国际千克原器的质量	当普朗克常数h以单位J·s即$kg\cdot m^2/s$表示时，取其固定数值为6.62607015×10^{-34}来定义千克，其中米和秒用c和$\Delta\nu_{Cs}$定义	普朗克常数 $h=6.62607015\times10^{-34}J\cdot s$

续表

量的名称	单位名称	单位符号	单位的原定义	单位的新定义	基本物理常数
时间	秒	s	铯 - 133 原子基态的两个超精细能级间跃迁相对应的辐射的 9192631770 个周期的持续时间	当铯频率 $\Delta\nu_{Cs}$，也就是铯 - 133 原子不受干扰的基态超精细频率，以单位 Hz 即 s^{-1} 表示时，取其固定数值为 9192631770 来定义秒	铯 - 133 原子基态的超精细能级跃迁频率，$\Delta\nu_{Cs}=9192631770Hz$
电流	安[培]	A	真空中相距 1m 的两根无限长且圆截面可忽略的平行直导线内通过一恒定电流，当两导线每米长度之间产生的力等于 2×10^{-7}N 时，则规定导线中通过的电流为 1A	当基本电荷 e 以单立 C，即 A · s 表示时，取其固定数值为 $1.602176634\times10^{-19}$ 来定义安培，其中秒用 $\Delta\nu_{Cs}$ 定义	基本电荷 $e=1.602176634\times10^{-19}C$
热力学温度	开[尔文]	K	开尔文是热力学温度单位，等于水的三相点热力学温度的 1/273.16	当玻尔兹曼常数 k 以单位 J/K，即 $kg\cdot m^2/(s^2\cdot K)$ 表示时，取其固定数值为 1.380649×10^{-23} 来定义开尔文，其中千克、米和秒用 h、c 和 $\Delta\nu_{Cs}$ 定义	玻尔兹曼常数 $k=1.380649\times10^{-23}J/K$
物质的量	摩[尔]	mol	是一系统的物质的量，该系统中所包含的基本单元数与 0.012kg 碳 - 12 的原子数目相等	1 摩尔精确包含 6.02214076×10^{23} 个基本粒子，该数即为以单位 mol^{-1} 表示的阿伏伽德罗常数 N_A 的固定数值，称为阿伏伽德罗数	阿伏伽德罗常数 $N_A=6.02214076\times10^{23}mol^{-1}$
发光强度	坎[德拉]	cd	一光源在给定方向上的发光强度，该光源发出频率为 540×10^{12}Hz 的单色辐射，且在此方向上的辐射强度为 1/683W/sr	当频率为 540×10^{12}Hz 的单色辐射的光视效能以单位 lm/W，即 cd · sr/W 或 $cd\cdot sr\cdot s^3/(kg\cdot m^2)$ 表示时，将其固定数值取为 683 来定义坎德拉，其中千克、米、秒分别用 h、c 和 $\Delta\nu_{Cs}$ 定义	频率为 540×10^{12}Hz 的单色辐射的发光效率 $K_{cd}=683lm/W$

注：圆括号( )内的名称，是其前者的同义词；方括号[　]内的字，在不致混淆的情况下，可以省略。

2. SI 导出单位

由 SI 基本单位以代数幂和积的形式所表示的单位称为 SI 导出单位，如力的单位为 kg · m/s²，造成有的量的单位名称太长，读写不方便。为了使用方便，国际计量大会曾给 19 个常用的导出单位定了专门名称。在国际单位制中，曾有相当长的一段时期，把弧度和球面度称为 SI 辅助单位，1980 年国际计量委员会重新规定它们是具有专门名称的 SI 导出单位中的一部分，因此具有专门名称的 SI 导出单位现共有 21 个。其名称和符号如表 1－3－2 所示。

表 1－3－2 SI 导出单位

序号	量的名称	单位名称	单位符号	量纲
1	平面角	弧度	rad	m/m
2	立体角	球面度	sr	m^2/m^2
3	频率	赫[兹]	Hz	s^{-1}
4	力	牛[顿]	N	$kg \cdot m/s^2$
5	压力、压强、应力	帕[斯卡]	Pa	N/m^2
6	能[量]、功、热量	焦[耳]	J	N · m
7	功率、辐[射能]通量	瓦[特]	W	J/s
8	电荷[量]	库[伦]	C	A · s
9	电位、电压、电动势	伏[特]	V	W/A
10	电容	法[拉]	F	C/V
11	电阻	欧[姆]	Ω	V/A
12	电导	西[门子]	S	A/V
13	磁通[量]	韦[伯]	Wb	V · s
14	磁通[量]密度、磁感应强度	特[斯拉]	T	Wb/m^2
15	电感	亨[利]	H	Wb/A
16	摄氏温度	摄氏度	℃	
17	光通量	流[明]	lm	cd · sr
18	[光]照度	勒[克斯]	lx	lm/m^2
19	[放射性]活度	贝克[勒尔]	Bq	s^{-1}
20	吸收剂量	戈[瑞]	Gy	J/kg
21	剂量当量	希[沃特]	Sv	J/kg

3. SI 词头

上述的 SI 单位，在实际应用中往往会感到许多不便。比如用千克来表示原子的质量太大，而用千克来表示地球的质量则太小。于是便确定了一系列十进位或千进位的词头，从而使单位相应地变大或变小，以满足具体需要。目前采用的SI词头共有20个，从10^{-24} ~ 10^{24}，如表1－3－3所示。

表1－3－3　SI词头

表示的因数	词头名称	词头符号
10^{24}	尧[它]	Y
10^{21}	泽[它]	Z
10^{18}	艾[可萨]	E
10^{15}	拍[它]	P
10^{12}	太[拉]	T
10^{9}	吉[咖]	G
10^{6}	兆	M
10^{3}	千	k
10^{2}	百	h
10^{1}	十	da
10^{-1}	分	d
10^{-2}	厘	c
10^{-3}	毫	m
10^{-6}	微	μ
10^{-9}	纳[诺]	n
10^{-12}	皮[可]	p
10^{-15}	飞[母托]	f
10^{-18}	阿[托]	a
10^{-21}	仄[普托]	z
10^{-24}	幺[科托]	y

注：1. 词头符号一律用正体。

2. 由10^{-1}以下的词头构成的单位不再称为分数单位。

3. 10^{6}及以上的词头符号用大写，其余皆用小写。

4. 词头不能单独使用，也不能重复使用，如不能用10μ单独表示10μm，也不能用毫微秒(mμs)表示纳秒(ns)。

5. 在SI单位之前加词头构成倍数单位，如千米(km)、微米(μm)、吉赫(GHz)、兆牛(MN)等。但质量的单位kg前不能再加词头，而应由克(g)加词头构成倍数单位，如不能由词头千(k)加在千克(kg)之前成为千千克(kkg)，而是由词头兆(M)加在克(g)的前面成为兆克(Mg)。

三、我国的法定计量单位

1984 年国务院颁布的《关于在我国统一实行法定计量单位的命令》中所规定的中华人民共和国法定计量单位，是我国新规定采用的法定计量单位，并且第一次明确使用了“法定计量单位”这个名称，它是以国际单位制单位为基础，并结合我国的具体国情，适当地增加了一些其他非国际单位制单位。

(一) 法定计量单位的定义

法定计量单位就是“国家以法令的形式规定强制使用或允许使用的计量单位”。早在 1959 年 6 月 25 日国务院就发布了《关于统一计量制度的命令》，该命令中涉及的统一公制计量单位的中文名称方案就是我国当时的法定计量单位，而如今采用的法定计量单位是在此基础上进一步发展的。凡属法定计量单位，在一个国家的任何地区、任何部门、任何机构和任何个人，都必须毫无例外地遵照采用，在许多国家也都采用类似的形式规定本国的计量单位，有些国家甚至还将它写进宪法，强制实行。

(二) 法定计量单位的构成

按照国务院《关于在我国统一实行法定计量单位的命令》的规定，我国的法定计量单位的构成如下：

我国的法定计量单位：
- 国际单位制单位
- 国家选定的非国际单位制单位，如表 1－3－4 所示
- 上述单位构成的组合形式的单位

表 1－3－4　我国选定为法定计量单位的非 SI 单位

量的名称	单位名称	单位符号	换算和说明
时间	分 [小]时 天(日)	min h d	1min = 60s 1h = 60min = 3600s 1d = 24h = 86400s
平面角	[角]秒 [角]分 度	(″) (′) (°)	1″ = (π/648000) rad 1′ = 60″ = (π/10800) rad 1° = 60′ = (π/180) rad
旋转速度	转每分	r/min	$1r/min = (1/60)s^{-1}$
长度	海里	n mile	1n mile = 1852m(只用于航程)
速度	节	kn	1kn = 1n mile/h = (1852/3600) m/s(只用于航行)
质量	吨 原子质量单位	t u	$1t = 10^3kg$ $1u \approx 1.6605655 \times 10^{-27}kg$

续表

量的名称	单位名称	单位符号	换算和说明
体积	升	L(l)	$1L = 1dm^3 = 10^{-3} m^3$
能	电子伏	eV	$1eV \approx 1.602176634 \times 10^{-19} J$
级差	分贝	dB	
线密度	特[克斯]	tex	1tex = 1g/km(适用于纺织行业)
面积	公顷	hm^2	$1hm^2 = 10^4 m^2$

(三)法定计量单位的使用方法

只有真正掌握法定计量单位和词头使用规则，才能确保正确使用法定计量单位，避免在使用中出错。下面仅介绍一些常用的规则以及涉及石油计量和日常生活方面的一些法定计量单位。

1. 法定计量单位和词头名称

所谓法定计量单位名称，均指单位的中文名称。它分为全称和简称两种，如力的单位全称是“牛顿”，简称为“牛”；又如温度的导出单位“摄氏度”，由于不带方括号，其简称同全称，也是“摄氏度”。简称可有两个作用：一是简称可在不致混淆的场合下，等效它的全称使用；二是简称被规定作为单位的中文符号。实际使用计量单位时，还大量用到组合形式的单位，它的读写已形成一套原则，主要掌握以下两条：

(1)读写的顺序原则上与该单位的国际符号表示的顺序一致，如电阻率单位Ω·m，中文名称就是“欧姆米”或“欧米”，但乘方形式的单位名称，要把指数名称读在指数所表示的单位名称之前，如密度单位 kg/m^3，中文名称为“千克每立方米”。

(2)单位的国际符号中的数字符号(“·”“/”“乘方”)读写规则如下：

①乘号(“·”)无对应符号，即不再读写，如电能单位 kW·h，中文名称是“千瓦小时”，而非“千瓦乘以小时”。

②除号(“/”)对应读写“每”字，分母中有多个单位，“每”字仅出现一次，如比热容的单位 J/(kg·℃)，中文名称是“焦耳每千克摄氏度”。

③乘方中的指数的相应名称一般是数字加“次方”两字，但如果是长度单位的二次或三次幂，且用以表示面积或体积量时，则相应的指数名称应读写“平方”或“立方”；当单位的指数全为负指数时，作为分子为1的相除形式的组合单位，其中文名称就以“每”开始，如角速度单位 rad/s^2，中文名称为“弧度每二次方秒”，而不是“弧度每秒每秒”。

对于SI词头，国际上规定了统一的名称和符号，我国法定计量单位也规定了词头相应的中文名称和符号，它的名称永远紧接单位名称，而不得在其间插入其他词，如面积单位 km^2，中文名称为“平方千米”，而不应是“千平方米”。

2. 法定计量单位和词头符号

(1)相乘形式构成的组合单位，其国际符号有两种表示形式(以力矩单位为例)：

①N · m(用居中圆点)；

②Nm(紧排)。

(2)相除形式的组合单位，其国际符号有三种表示形式(以密度单位为例)：

①kg/m^3(用斜线)；

②$kg \cdot m^{-3}$(用负指数将相除转化为相乘，乘号用居中圆点或紧排)；

③kgm^{-3}。

一般而言，相乘形式的组合单位各个单位的排列次序并无原则的规定，但必须注意的是，不能加词头的单位不应放在最前面，如能量单位“瓦特小时”的国际符号应为“W · h”，不应为“h · W”，否则这个单位在构成十进倍数和分数单位时会有困难(因为小时符号 h 按规定是不允许加词头的)；此外，若组合单位中某个单位的符号同时又是词头符号，在有可能产生混淆时，该单位也不应放在最前面，如上述力矩单位应写成 N · m，而不宜写成 mN，以免被误解成单位“毫牛”。

对于相除形式的组合单位，当可能发生误解时，应尽可能地采用分式或乘号用居中圆点表示的负数幂形式。如速度单位“米每秒”的符号就宜用“m/s”或“$m \cdot s^{-1}$”，而不宜用“ms^{-1}”，以免被误解为“每毫秒”；当分母有量纲，而分子无量纲时，一般不用分式，用负数幂的形式。如波数的单位符号就采用 m^{-1}，而不宜用 1/m。

(3)在书写单位和词头符号时还应注意以下几点：

①单位和词头符号所用的字母应一律为正体，且无一例外。如长度单位毫米的符号为 mm，而不应写成 *mm*。

②单位符号无复数形式。如表示距离的单位 2 公里的符号为 2km，而不应写成 2kms。

③单位符号的字母一般为小写，但如果单位名称来源于人名时，符号的第一个字母要求大写体。如 m(米)、s(秒)、A(安培)、Pa(帕斯卡)等，而唯一例外的是表示容量的单位“升”，它可用大写字母“L”，以避免用小写字母“l”时与数字“1”混淆。

④词头符号的字母，当所表示的因数在 10^6 以上时为大写体，其余均为小写。即“兆(M)”以上的词头符号为大写，包括 M、G、T、P、E、Z、Y 七个，其余则为小写。

⑤词头和符号之间不留间隔，不加表示相乘的任何符号，也不必加圆括号。如面积单位“平方千米”的符号是 km^2，不应为 $k \cdot m^2$、$k \times m^2$ 或 $(km)^2$，这是由于

km 是一个整体，指数是对整个单位起作用的，加圆括号是多余的。但有一个例外，在中文符号中，当词头和数词有可能发生混淆时，要用圆括号，如 $2000m^2$，一旦写成“2 千米^2”，有可能误解为“$2km^2$”，故此时宜加圆括号而写成“2 千(米)^2”。

⑥相除形式的组合单位，在用斜线表示相除时，单位符号的分母应加圆括号，而不能使斜线多于一条，如比热容的单位为 J/(kg · K)，而不是写成 J/kg/K。

3. 法定计量单位和词头的使用规则及常见错误举例

(1)法定计量单位和符号的使用规则主要有以下几条：

1)单位的名称或符号要作为整体使用。

①在书写或读音时，不能把一个单位的名称随意拆开，更不能在其中插入数值，如“20℃”；

②十进倍数和分数单位的指数是对包括词头的整个单位起作用，如 $1cm^2 = 1(cm)^2 = 1(10^{-2}m)^2 = 10^{-4}m^2$，但 $1cm^2 \neq 10^{-2}m^2$。

2)量应正确表述。

①单位的名称或符号要置于数值之后，如(5 ~ 7)kg 不应写成 5 ~ 7kg，同样(570 ± 5)mm 不应写成 570 ± 5mm，1.70m 不应写成 1m70 等。

②十进制的单位一般在一个量值中只应使用一个单位，如 1.84m 不应写成 1m 84cm；但对非十进制单位，则允许在一个量值中使用几个单位，如表示角度时可以写 64°37′18″，表示时间则可写 5h 36min 24s。

掌握了这些规则，我们就能在日常生活和实际工作中正确使用法定计量单位了。

(2)下面给出一些在使用中常见的错误，说明原因，同时还给出正确的表达方式，以引起大家的重视：

1)发动机的马力是多少匹？(错误)

发动机的功率是多大？(正确)

原因：①马力是非法定计量单位，不能代替物理量；

②单位符号后不能加 s。

2)我身高一公尺八十，体重一百五十斤，穿二十七公分的鞋子。(错误)

身高 1.80 米，体重 75 公斤，穿 27 厘米的鞋子。(正确)

原因：①公尺、公分属已淘汰的单位，应用米、厘米代替；

②斤是市制单位，不是法定计量单位；

③单位不能插在数值中间。

3)把包装箱再印上“净重 5KGS”。(错误)

把包装箱再印上“净重 5kg”。(正确)

原因：①千克(公斤)的符号应为小写的英文字母 kg；

②单位符号后不能加 s。

4. 与石油计量有关的法定计量单位和词头简介

(1)长度和体积。长度属国际单位制中的基本单位，单位是“米”，符号为“m”，它的常用十进倍数和分数单位有：千米(km)、分米(dm)、厘米(cm)、毫米(mm)；体积的国际单位制单位是“立方米”，用符号“m^3”表示，其常用单位有立方分米(dm^3)、立方厘米(cm^3)等，升(L或l)亦可作体积单位，这里 $1L = 1dm^3$，日常生活中还常用到毫升(mL)这个单位，$1mL = 10^{-3}L$，但必须注意的是不能把升称为“立升”“公升”，也不能把mL记作(c·c)。

(2)质量与重量。质量也是国际单位制中的基本单位，其单位是“千克(公斤)”，用符号“kg”表示，表示质量的单位还有：克(g)、毫克(mg)、吨(t)等。

重量所表示的是物体所受重力的大小，在数值上它等于该物体的质量与物体所在地点的重力加速度的乘积。由于历史的原因，“重量”一词的含义在使用时是不明确的，有时指物体的质量，有时又指物体的重力(即地球对物体的吸引力)。为避免“重量”一词在使用中出现含混的现象，1901年第三届国际计量大会特别声明：“千克是质量单位。”但是，长期以来的使用习惯，无论在生活中还是贸易中都用重量代替质量，考虑到这一习惯在一段时期内难以改变，因此在公布中华人民共和国法定计量单位时明确指出：“人民生活和贸易中，质量习惯称为重量。”这样在生活和贸易中就可以用质量的单位来描述物体的重量，但是在物理学和其他学科及技术领域中，表示重力时应避免“重量”一词，而应用牛[顿]来描述重力的大小，牛[顿]作为国际单位制中的导出单位，是用来表示力和重力的单位，以符号“N”表示，它等于1千克的物体以1米/秒^{2}的加速度运动所需要的力，即1牛顿=1千克米/秒^2。

(3)密度。密度表示在某一温度下，单位体积物质在真空中的质量。其国际单位制是“千克每立方米”，用符号“kg/m^3”表示，常用单位还有“克每立方厘米(g/cm^3)”“千克每立方分米(kg/dm^3)”。

(4)压力、压强。压强的国际单位是“帕[斯卡]”，它表示1牛顿的力均匀而垂直地作用在1平方米的面积上所产生的压力，即物体在单位面积上承受的压力。

帕[斯卡]的国际符号是“Pa”，根据定义 $1Pa = 1N/m^2$，常用的压强单位还有千帕(kPa)、兆帕(MPa)。

(四)常用法定计量单位与应废除的计量单位名称、符号及换算

常用法定计量单位与应废除的计量单位名称、符号及换算如表1-3-5所示。

表 1-3-5 常用法定计量单位与应废除的计量单位名称、符号及换算

量的名称	单位的中文名称（亦读法）	应废除的单位名称	正确的单位符号		应废除的单位符号	应废除单位与法定单位的换算
			国际符号	中文符号		
长度（距离、高度、直径）	米	市尺	m	米	M	3 市尺 = 1 米
	厘米	公分	cm	厘米	CM	1 公分 = 1 厘米（$=10^{-2}$米）
	毫米	公厘、密厘	mm	毫米	MM、M、m、m/m	1 公厘 = 1 毫米（$=10^{-3}$米）
	微米	公微、缪	μm	微米	μ、μM	1 公微 = 1 微米（$=10^{-6}$米）
	纳诺米	毫微米	nm	纳米	mμm	1 毫微米 = 1 纳米（$=10^{-9}$米）
	千米（公里）	千公尺	km	千米（公里）	Km	1 千公尺 = 1 千米
	海里	浬、海浬	n mile		浬、mile、M	1 浬 = 1 海里 = 1852 米
		英寸			in	1 英寸 = 2.54 厘米
		英尺			ft	1 英尺 = 30.48 厘米
		码			yd	1 码 = 91.44 厘米
		埃			Å	1 埃 = 0.1 纳米（$=10^{-10}$米）
		英里				1 英里 = 1609.344 米
面积	平方米	平米、平	m^2	米^2	M^2	1 市亩 = 666.6 平方米 = 666.6 米^2 1 公亩 = 100 平方米 = 100 米^2 1 公顷 = 10000 平方米 = 10000 米^2
	平方千米（平方公里）	千米平方（公里平方）	km^2	千米^2	KM^2	
力/重力	牛顿	千克力	N	牛	kgf	1 千克力 = 9.80665 牛 1 达因 = 0.1 微牛 1 磅力 = 4.44822 牛 1 吨力 -9.80665 千牛
能量、功、热	焦耳	卡	J	焦		1 卡（cal）= 4.18585 焦
能量	千瓦特小时	度	kW·h	千瓦·时		1 度 = 1 千瓦·时

续表

量的名称	单位的中文名称（亦读法）	应废除的单位名称	正确的单位符号		应废除的单位符号	应废除单位与法定单位的换算
			国际符号	中文符号		
功率	瓦特	马力	W	瓦	PS、HP	1[米制]马力 =735.4987 瓦
摄氏温度	摄氏度	度、百分度	℃	摄氏度	(°)、°	
热力学温度	开尔文	绝对温度、开氏温度、开耳芬	K	开尔文	K°、°K	
体积、容积	立方米	立方、方	m^3	米^3	mm^3、M^3	1 立方码 =0.7646 立方米 1 立方英尺 =28.32 升 1 市升 =1 升 =1 立方分米 1 斗 =10 升 1 美加仑 =3.785 升 1 英加仑 =4.546 升
	立方厘米	厘米立方	cm^3	厘米^3	Cm^3	
	立方毫米	毫米立方	mm^3	毫米^3		
	升	标准升、公升、立升	L(l)	升	NL、LN	
	毫升	西西	mL(ml)	毫升	CC	
时间	年		a	年	y、yr	
	小时	点钟	h	时	hr	
	分	分钟	min	分	′、(′)	
	秒	秒钟	s			
频率	赫兹	周	Hz	赫	HZ	
	千赫兹	千周	kHz	千赫	Khz	
	兆赫兹	兆周	MHz	兆赫	mHz	

续表

量的名称	单位的中文名称（亦读法）	应废除的单位名称	正确的单位符号		应废除的单位符号	应废除单位与法定单位的换算
			国际符号	中文符号		
速度	米每秒	秒米、每秒米、米秒	m/s	米/秒	Sm、M/S	
	千米每分（公里每分）	每分千米（公里分）	km/min	千米/分	KM/min	
	千米每小时（公里每小时）	千米小时（公里小时）	km/h	千米/小时	KM/H	
加速度	米每二次方秒	米每秒平方 米每秒每秒	m/s^2			
质量(重量)	千克(公斤) 克 吨	斤、 公吨、英吨	kg g t	千克 克 吨	KG、G	1 市斤 =0.5 千克 =500 克 1 磅 =453.6 克 1 公吨 =1 吨 =1 兆克 1 英吨(长吨) =1016 千克 1 英吨(短吨) =907 千克 1 盎司(常衡) =28.35 克 1 盎司(药衡、金衡) =31.1035 克 1 克拉「米制」=200 毫克 1 市担 =50 千克(公斤)
压强	帕斯卡	千克力每平方厘米或 公斤力每平方厘米	Pa	帕	kgf/cm^2	1 毫巴 =100 帕 1 公斤力每平方厘米 =0.0980665 兆帕 1 巴 =0.1 兆帕 1 托 =133.322 帕 1 标准大气压 =101.325 千帕 1 毫米水柱 =9.80665 帕 1 毫米汞柱 =133.322 帕

第四节　计量误差

一、误差定义及表示方法

在计量工作中，为了建立基准和进行量值传递，进行着大量的测量工作。当我们进行测量的时候，必然有误差，这是由于测量设备、环境、人员、方法等不理想造成的。随着科学水平的提高和人们的经验、技巧及专业知识的丰富，误差可以被控制得越来越小，但却无法使误差降低为零。

例如，我们测量一扇门的高度，用一把尺去测量时，得到门的高度为2.215m，用一台激光干涉仪去测量时，门的高度值可精确到约0.5μm，但仍然不能说这就是门的准确高度，此时的测量值仍然存在误差。

(一)误差公理

测量结果都有误差，误差自始至终存在于一切科学实验和测量的过程中，这就是误差公理。

任何测量，无论仪器多么精密、测量多么认真、方法如何合理，都存在或大或小的误差。学习误差理论就是要通过对误差的认识和研究，采取相应的措施以达到减小或消除某些误差的目的，从而提高计量准确度。

(二)误差定义

根据中华人民共和国国家计量技术规范JJF 1001《通用计量术语及定义》，误差为测量结果减去参考量值，即：

$$\text{误差} = \text{测量结果} - \text{参考量值} \qquad (1-4-1)$$

由测量所得到的赋予被测量的值即为测量结果。确定测量结果时，应说明它是示值、未修正测量结果或已修正测量结果，还应表明它是否为几个值的平均，也即它是由单次观测所得，还是由多次观测所得。是单次，则观测值就是测量结果；是多次，则其算术平均值才是测量结果。在很多精密测量的情况下，测量结果是根据重复观测确定的。

参考量值是用作与同类量的值进行比较的基础的量值。参考量值可以是被测量的真值，此时真值是理想的概念，通常是未知的；也可以是约定量值，这种情况下它是已知的。如：

①理论真值。同一量值自身之差为零，而自身之比为一。如平面三角形内角和恒为180°。

②计量学约定真值。如长度单位米的定义是：米是光在真空中，在1/299792458

秒的时间间隔内行程的长度，米值即为约定真值。

③标准器相对真值。指当标准器的误差与低一级标准器或普通计量仪器的误差相比，为其1/5(或1/20～1/3)时，可认为前者是后者的相对真值。如铂电阻温度计复现的温度值与普通温度计指示的温度相比，可认为是真值。

因此，当求某测量值的误差时所用的真值可由以上三种情况来确定。例如：测量三角形的内角之和，应为180°；若测得为180°00′03″，则测量误差为180°00′03″－180°＝3″。

带有测量不确定度的参考量值通常由以下参照对象提供：一种物质，如有证标准物质；一个装置，如稳态激光器；一个参考测量程序；与测量标准的比较。

(三)误差表示方法

误差的表示方法主要有以下几种：

1. 绝对误差

根据JJF 1001《通用计量术语及定义》，当有必要与相对误差相区别时，式(1－4－1)定义的误差也可称为测量的绝对误差。即：

$$绝对误差 = 测量结果 - 参考量值 \tag{1-4-2}$$

注意：绝对误差不要与误差的绝对值相混淆，后者为误差的模。

2. 相对误差

根据JJF 1001《通用计量术语及定义》，相对误差为测量误差除以被测量真值(参考量值)。即：

$$相对误差 = 绝对误差/被测量真值 \times 100\% \tag{1-4-3}$$

例如：用量油尺测量液位的高度是1m，得值1.001m，则误差为0.001m；用同一把尺测量液位高度是10m的油高，得值10.001m，则误差亦为0.001m(不考虑尺本身的误差)。从两个测量结果来看，它们的绝对误差是相同的，但相对误差是不同的。前者的相对误差为：

$$0.001/1 \times 100\% = 0.1\%$$

后者的相对误差为：

$$0.001/10 \times 100\% = 0.01\%$$

与绝对误差比，相对误差能更好地描述测量的准确度。显然，后者的测量准确度要比前者高。

3. 引用误差

根据JJF 1001《通用计量术语及定义》，引用误差为测量仪器或测量系统的绝对误差除以仪器的特定值。该特定值一般称为引用值，例如，可以是测量仪器的量程或标称范围的上限。这里量程是指标称范围两极限之差的模。即：

$$引用误差 = 测量仪器的绝对误差/特定值 \times 100\% \tag{1-4-4}$$

引用误差通常应用于多挡和连续分度的仪器仪表中。

例 1-4-1 测量上限为 98N(牛顿)的工作用测力计(俗称拉力计或弹簧秤)，在示值为 49N 的实际作用力为 48N，则此测力计在这一点的引用误差为：

$$(49-48)/98\times100\%\approx1\%$$

对于电工仪表，把用百分比表示的最大引用误差去掉百分号(%)后的值即为仪表的准确度等级。共分为 0.1、0.2、0.5、1.0、1.5、2.5 和 5.0 七个准确度等级，它表示仪表的引用误差不能超过的界限。再如液体容积式流量计分为 0.1、0.2、0.3、0.5、1.0、1.5、2.5 七个准确度等级，它们都是仪表最大允许示值误差，若实际最大引用误差在两级之间，则该仪表归属到最相近的较低的那一级，如最大引用误差为 0.5% 的仪表应属 0.5 级。

一般而言，如果仪表准确度等级为 s 级，仅说明仪表的最大引用误差不会超过 $s\%$，而不能认为它在各刻度上的示值误差都具有 $s\%$ 的准确度(这可从引用误差的定义看出)。假定仪表的量程为 $0\sim y$，测量点为 x，则该仪表在 x 点邻近的示值误差应为：绝对误差 $\leqslant y\cdot s\%$；相对误差 $\leqslant y/x\cdot s\%$。

显然，$x\leqslant y$，故当 x 越接近 y 时，其相对误差越小，即准确度最高；反之，x 离 y 越远，其准确度越低。这就要求我们在使用这类仪表测量时，尽可能在仪表邻近上限值处或 2/3 量程以上测量。另外，在应用这类仪表测量时，要充分考虑仪表对测得值的影响，不能单纯地追求等级。

引用误差都是对满量程而言的，而相对误差是相对于被检点的示值而言的，相对误差随示值而变化，显然，实际工作当中更关注相对误差。

例 1-4-2 某待测电压约为 100V，现有 0.5 级 0~300V 和 1.0 级 0~100V 两个电压表，问用哪一个电压表测量较好？

解： 用 0.5 级 0~300V 电压表测量 100V 电压时的最大相对误差为：

$$r_1=y/x\cdot s\%=300/100\times0.5\%=1.5\%$$

用 1.0 级 0~100V 电压表测量 100V 电压时的最大相对误差为：

$$r_2=y/x\cdot s\%=100/100\times1.0\%=1.0\%$$

比较两者的最大相对误差不难发现，只要量程选择合理，用 1.0 级仪表测量比用 0.5 级仪表测量时的最大相对误差还要小。因此，在选用仪表进行测量时，应根据被测量的大小，并兼顾仪表的等级和测量上限或量程，合理地选择仪表。

4. 修正值与偏差

根据 JJF 1001，修正值指用代数方法与未修正测量结果相加，以补偿其系统误差的值。即：

$$修正值=真值-未修正测量结果$$

所以：

真值=未修正测量结果+修正值=未修正测量结果-误差

未修正测量结果加上修正值后就可消除误差的影响．也就相当于从未修正测量结果中扣除误差，修正值与误差的符号相反。

在准确的计量中，通常都采用加修正值的办法来保证量值的准确一致。计量标准器或工作计量器具送上级计量机构检定，其目的之一就是获得一个准确的修正值。比如用一支经检定合格的密度计，测得汽油的密度为0.7350g/cm^3，而该密度计在0.7350g/cm^{3}分度上的修正值是-0.0002g/cm^3，则汽油的实际密度是0.7350+(-0.0002)=0.7348g/cm^3。

在油料计量中也常涉及修正值的使用，如量油尺、温度计、密度计等。一般情况下，检定部门给出的计量器具合格证书都附有该器具的分段修正值表，其中量油尺是每间隔1m给出一个修正值，温度计是至少每隔10℃给出一个修正值，密度计则是每隔0.01g/cm^{3}给出一个修正值。而我们具体测液高、油温、密度时，在计量器具上显示的读数不可能恰好落在有修正值的那个刻度上，大多数情况是在两相邻刻度之间，此时如何计算修正值呢？

对于温度计和密度计，我们采用比例内插法(线性插值法)求被测量的修正值，其计算公式如下：

$$\Delta x=\Delta x_1+(\Delta x_2-\Delta x_1)/(x_2-x_1)\cdot(x-x_1) \tag{1-4-5}$$

式中　x、Δx——测量示值和其对应的修正值；

x_1、x_2——测量示值x的下、上邻近被检分度值；

Δx_1、Δx_2——分度值x_1、x_2的修正值。

对于量油尺则一般按就近原则进行修正，这是因为量油尺每米误差不会大于±1mm(检定合格要求)。设$x_1\leqslant x\leqslant x_2$，则有：

当$x-x_1<x_2-x$时，取$\Delta x=\Delta x_1$；

当$x-x_1>x_2-x$时，取$\Delta x=\Delta x_2$；

当$x-x_1=x_2-x$时，取$\Delta x=\Delta x_1$，亦可取$\Delta x=\Delta x_2$。

例1-4-3　用石油玻璃温度计测得煤油的温度为14.6℃，已知此温度计在10℃和20℃时的修正值分别为-0.2℃和+0.1℃，求修正后的实际油温是多少？

解：根据比例内插法公式，$\Delta x=-0.2+[0.1-(-0.2)]/(20-10)\times(14.6-10)=-0.062\approx-0.1$℃(保留一位小数)

故修正后的实际油温$t=14.6+(-0.1)=14.5$℃。

例1-4-4　用石油密度计测得汽油的视密度为0.7258g/cm^3，已知此密度计在0.7200g/cm^{3}分度的修正值是+0.0002g/cm^3，在0.7300g/cm^{3}分度的修正值是+0.0005g/cm^3，求修正后的视密度。

解：根据比例内插法公式，$\Delta x=0.0002+(0.0005-0.0002)/(0.7300-$

0.7200) × (0.7258 - 0.7200) = 0.000374 ≈ 0.0004g/cm^3(保留四位小数)

故修正后的视密度 $\rho_t{}' = 0.7258 + 0.0004 = 0.7262 g/cm^3$

☆ 例 1-4-5 用量油尺测得油高 5847mm，已知该尺在 5m 处的修正值为 -2.2mm，在 6m 处的修正值为 +3.8mm，求修正后的真实油高。

解： 按就近原则，$x = 5847mm$ 接近 6m，使用 6m 处的修正值进行修正，即：

$\Delta x = \Delta x_2 = +3.8mm$

故修正后的油高

$h = x + \Delta x = 5847 + 3.8 = 5850.8 \approx 5851mm$(取整数)

根据 JJF 1001《通用计量术语及定义》，偏差的定义为一个值减去其参考值。参考值也就是我们通常所说的标称值，偏差描述了标称值偏离(约定)真值的程度，即：

$$偏差 = 实际值 - 标称值$$

例如标称容量为 100L 的标准金属量器，经上一级标准量器检定，结果为 100.004L，该金属量器的偏差 = 100.004 - 100 = 0.004L = 4mL。

二、产生误差的原因

要做到减少或消除误差，就必须了解产生误差的原因。一般误差主要有以下四个方面的来源。

(一)装置误差

计量装置是指为确定被测量值所必需的计量器具和辅助设备的总称。由于计量装置本身不完善和不稳定所引起的计量误差称为装置误差。其来源有：

1. 标准器误差

标准器是提供标准量值的器具，如石油用标准温度计、标准密度计等。它们的量值(标称值)与其自身体现出来的客观量值之间有差异，从而使标准器自身带有误差。

2. 仪器、仪表误差

仪器、仪表是指将被测的量转换成可直接观测的指示值或等效信息的计量器具，如天平、电桥等比较仪器和秒表、流量计等指示仪器都会引起误差，因为这些仪器的误差受到设计原理、制造与安装、调整与使用等多方面的影响。

3. 附件误差

为测量创造一些必要条件，或使测量方便进行所使用的各种辅助器具，均属测量附件，如电学测量中的转移开关、电源及连接导线等，它们均会引起误差。

(二)环境误差

由于各种环境因素与测量所要求的标准状态不一致，以及随时间和空间位置的变化引起的测量装置和被测量本身的变化而造成的误差，称为环境误差。这些因素包括温度、湿度、气压、振动、照明、重力加速度、电磁场和野外工作时的风效应、阳光照射、透明度、空气含尘量等。

(三)人员误差

测量人员由于受分辨能力、反应速度、固有习惯和操作熟练程度的限制以及疲劳或一时疏忽的生理、心理上的原因所造成的误差，称为人员误差，简称为“人差”。如视差、观察误差、估读误差等。

(四)方法误差

采用近似的或不合理的测量方法和计算方法而引起的误差叫作方法误差。例如，在计算中取 $\pi \approx 3.1416$，以近似代替圆周率所造成的计算结果的误差，即为方法误差。

值得注意的是，以上各种误差来源有时是联合起作用的。在误差分析中，几个误差联合起作用时，可作为一个独立误差因素考虑，这样就可能使它与其他各个因素独立或无关，从而使误差合成得到简化。

三、误差表现形式及其分类

在误差理论中，按照误差表现的特性可分为系统误差、随机误差和粗大误差。下面分别介绍它们的特性。

(一)系统误差

根据 JJF 1001《通用计量术语及定义》，系统误差是指在重复测量中保持不变或按可预见方式变化的测量误差的分量，也可理解为在重复条件下，对同一被测物进行无限多次测量所得结果的平均值与被测量的参考量值之差。

系统误差的参考量值是真值，或是测量不确定度可忽略不计的测量标准的测得值，或是约定真值。

系统误差及其来源可以是已知或未知的。当真值未知时，系统误差及其原因不能完全获知；对于已知的系统误差可采用修正补偿。系统误差等于测量误差减去随机误差。

由于只能进行有限次数的重复测量，真值也只能用约定真值替代，或者就是参考量值，因此可能确定的系统误差只是估计值，并具有一定的不确定度。

系统误差表现为：在同一条件下，对同一给定量进行多次重复测量的过程中，其误差的绝对值和符号均保持不变；或当条件改变时，误差按某一确定的规律变化，且可以表示为某一个或某几个因素的函数，而这些因素的变化情况是我们可以掌握的。这就为减少或消除误差提供了方便。

(二)随机误差

根据 JJF 1001《通用计量术语及定义》，随机误差是指在重复测量中按不可预见方式变化的测量误差的分量。随机误差的参考量值是对同一测量由无穷多次重复测量得到的平均值。随机误差也可理解为测量结果与在重复性条件下，对同一被测量进行无限多次测量所得结果的平均值之差。

一组重复测量的随机测量误差形成一种分布，该分布可用期望和方差描述，其期望通常可假设为零。

随机误差等于测量误差减去系统误差。因为测量只能进行有限次数，故可以确定的只是随机误差的估计值。

随机误差是由许多微小的、难以控制的或尚未掌握规律的变化因素所造成的。就单次测量而言，其误差值的出现纯属偶然，不具有任何确定的规律。但若反复测量的次数足够多，则可发现随机误差具有统计的规律性。随机误差的这种统计规律常称为误差分布率。

在测量误差理论中，最重要的一种分布是正态分布，因为通常的测量误差是服从正态分布的。当然，在有些情况下，随机误差还有其他形式的分布，如均匀分布、三角形分布、偏心分布和反正弦分布等。

通过大量的对测量数据的观察，人们总结出了大多数的随机误差具有如下三个特征，常被称作随机误差公理。

①有界性。在一定测量条件下(指一定的计量器具、环境、被测对象和人员等)，随机误差的绝对值不会超过一定的界限。

②单峰性。小误差出现的机会比大误差出现的机会要多。

③抵偿性。测量次数足够多时，绝对值相等、符号相反的随机误差出现的机会相等，或者说它们出现的概率相等。

由特征③不难推理，在实际测量条件下对同一量进行测量，当测量次数无限增加时，相应的随机误差的算术平均值将趋于零。

多数随机误差的上述三个特征，说明其分布实际上是有界限的和单一的峰值，且当测量次数无穷地增加时，这类误差还具有对称性(即相消性)。这种误差的分布规律称为正态分布。

(三)粗大误差

粗大误差是指明显超出规定条件下预期的误差，粗大误差又称过失误差或疏忽误差。这种误差主要是人为造成的，如测量者的粗心或疲劳，在测量时对错了标记而测错，将3错读成4，将6错记成5等。此外，在测量过程中受环境条件的变化影响，或在实验中实验状况未达到预想的指标，以及使用有严重缺陷的仪器等，都有可能造成这种误差。

含有粗大误差的测得值会歪曲客观现象，严重影响测量结果的准确性。这类含有粗大误差的测得值也称为坏值或异常值，这些值必须设法从测量列中找出来并加以剔除，以保证测量结果的正确性。

（四）误差的相互转换

在误差分析中，要估计的误差通常只有系统误差和随机误差两类。必须注意的是误差的性质是可以在一定的条件下相互转化的。如二等标准密度计的分度误差，对于制造密度计来说是随机误差，但若以它作为标准检定成批工作用的密度计时，该分度误差使得成批的测量结果始终偏大或偏小，这就成了系统误差。来源于随机误差的这类系统误差，常称为系统性随机误差或前次随机误差。

四、消除误差的方法

研究误差最终是为了达到减少或消除误差的目的，以提高测量准确度。下面介绍各类误差的消除方法。

（一）系统误差的消除

消除系统误差的基本方法有：以修正值的方法对测量结果进行修正；在实验过程中消除一切产生系统误差的因素；在测量过程中，选择适当的测量方法，使系统误差抵消而不致带入测量结果中。下面分别加以介绍。

1. 恒定系统误差的消除

检定修正法——将计量器具送检，求出示值的修正值，对测量结果进行修正。

异号法（反向对称法）——改变测量中的某些条件，如测量方向等，使两种条件下测量结果的误差符号相反，取其平均值，以消除误差。

交换法——本质上也是异号法，但形式上是将测量中的某些条件，如被测物的位置等相互交换，使产生系统误差的原因对测量结果起相反的作用，然后取交换前后测量结果的平均值，从而抵消系统误差。如用等臂天平称量时，若两臂存在微小的差异，为获得被测物的准确质量，就必须采用交换法。

替代法——保持测量条件不变，用某一已知量替换被测量，再进行测量以达到消除系统误差的目的。仍以天平称量为例，可先用某一平衡物与被测物平衡，然后拿掉被测物，用标准砝码替代并使之与平衡物平衡，假定两次实验中天平力臂没有发生变化，那么被测物的质量就是该砝码的质量。

2. 可变系统误差的消除

对呈线性变化的系统误差可采用“对称测量消除法”，即将测量程序按某时刻对称地再做一次，这可有效地消除随时间变化的线性系统误差；而对周期性变化的系统误差，根据周期变化的特点可采用“半周期偶数测量法”(对径测量法)消除；至于其他有规律性变化的系统误差，往往可以求出其变化函数关系，再进行修正，如消除由引线电阻引起的系统误差的“四步平衡消除法”。

(二)随机误差的消除

根据随机误差的对称性和抵偿性可知，当无限次地增加测量次数时，就会发现测量误差的算术平均值的极限为零。这就告诉我们只要测量次数无限多，其测量结果的算术平均值就不存在随机误差。因此，在实际工作中，虽不可能无限次增加测量次数，但我们应尽可能地多测几次，并取多次测量结果的算术平均值作为最终测得值，以达到减少或消除随机误差的目的。

(三)粗大误差的剔除

测量列中的粗大误差应在做数据处理之前将其剔除。这样剩下的测得值才会更符合客观情况。然而问题在于如何判别测量列中是否含有粗大误差。若人为地丢掉一些误差稍大但不属于粗大误差的测得值，如此产生的所谓“高精度”测量结果是虚假的，它恰恰使原有的准确度降低了。

判别粗大误差的方法很多，如拉依达准则(又称 3σ 准则)、肖维勒准则、狄克逊准则、罗曼诺夫斯基准则(又称 t 检验准则)，它们都是以数据按正态分布为前提的。

五、计量数据处理

计量数据处理是计量工作的一个重要环节，只有科学的数据处理，才能得到合理的测量结果。计量数据处理既不应提高测量准确度，也不应降低测量准确度，而应当真实可靠地反映测量准确度。在计量数据处理中常采用的方法有：最小二乘法、曲线拟合与多元回归分析法等。本节只简要叙述计量数据处理的基本要求，即测量准确度、重复性、复现性与测量不确定度等。

(一)基本术语

根据 JJF 1001《通用计量术语及定义》，上述术语定义如下：

1. 测量准确度

指测量结果与被测量真值之间的一致程度。准确度是一个定性的概念，所谓定性意味着可以用准确度高或低、准确度为0.25级、准确度为3等及准确度符合××标准等说法定性地表示测量质量。它不是一个量，不给出有数字的量值。当测量提供较小的测量误差时就说该测量是较准确的。

2. 测量正确度

无穷多次重复测量所得量值的平均值与一个参考量值间的一致程度。

测量正确度不是一个量，不能用数值表示；测量正确度与系统误差有关，与随机误差无关；测量正确度不能用测量准确度表示，反之亦然。

3. 测量精密度

在规定条件下，对同一或类似被测对象重复测量所得示值或测得值间的一致程度。

特别应注意，“精度”的概念目前已废除，被准确度所代替。另外，不要用术语“精密度”来表示“准确度”。因为精密度是反映在规定条件下各独立测量结果间的分散性。多次测量同一量所得的分散性可能很小，但并不表明测得值与真值一致。

精密度是保证准确度的先决条件，准确度高一定要求精密度高；但正确度高并不能说明测量准确度高，当精密度较差时，正确度高是由于大的正负误差相互抵消，使得结果不可靠。因此，在测量或实验中要求数据具有重复性。

4. 重复性

是指在一组重复性测量条件下的测量精密度。重复性测量条件是指：相同测量程序、相同操作者、相同操作条件和相同地点，并在短时间内对同一或类似被测对象重复测量的一组条件。

测量结果的重复性也就是指在重复测量条件下，对同一被测量进行连续多次测量所得结果之间的一致性。

测量重复性可以用重复性条件下对同一被测量进行多次测量所得结果的分散性来定量表示。而表示测量结果分散性的量，最为常用的是实验标准(偏)差。在重复性条件下按贝塞尔公式[公式(1-4-6)]算得的实验标准差被称为“重复性标准差”，并记以s_r。下标r被称为“重复性限”，它是重复性条件下两次测量结果之差以95%的概率所存在的区间，即两次测量结果之差落于r这个区间内或这个差$\leq r$的概率为95%。

5. 复现性

是指在复现性测量条件下的测量精密度。复现性测量条件是指：不同地点、不同操作者、不同测量系统，对同一或类似被测对象重复测量的一组条件。

测量结果的复现性是指在改变了的测量条件下，同一被测量的测量结果之间的一致性。这里变化了的测量条件包括：测量原理、测量方法、观测者、测量仪器、参考测量标准、地点、时间、使用条件。这些条件可以改变其中一项、多项或全部，它们会影响复现性的数值。因此，在复现性的有效表述中，应说明变化的条件。复现性可以用测量结果的分散性来定量地表示。它用复现性条件下，重复观测结果的实验标准差(称为复现性标准差)定量地给出。这里，测量结果通常理解为已修正结果。复现性又称为“再现性”。例如：在进行校准实验室比对或能力验证实验时，主导实验室将一块三等标准砝码逐次送往若干个参加实验室，要求各实验室按三等标准砝码检定规程规定的方法进行测量。这里，测量系统(包括测量原理、测量方法、使用条件)没有改变，但操作者、参考测量标准(二等标准砝码)、地点、时间等均发生了改变。

6. 测量不确定度

表征合理赋予被测量之值的分散性，与测量结果相联系的参数，被称为测量不确定度。在测量结果的完整表述中，应包括测量不确定度。

测量的目的是确定被测量的值或获取测量结果。测量不确定度就是对测量结果质量的定量表征，测量结果的可用性很大程度上取决于其不确定度的大小。所以，测量结果必须附有不确定度说明才是完整并有意义的。

不确定度按评定方式可分为A类不确定度和B类不确定度，还可划分为合成标准不确定度和扩展不确定度。

(1)A类不确定度：

标准不确定度的A类评定是指用统计分析一系列观测数据来评定的方法，并用平均值的实验标准差来表征。

由贝塞尔公式计算出的标准差表征的不确定度：

$$s = \sqrt{\frac{1}{n-1}\sum_{i=1}^{n}(x_i - \bar{x})^2} \tag{1-4-6}$$

式中 s——实验标准差；

n——测量次数；

x_i——第 i 次测量结果；

$\bar{x}$——n 次测量结果平均值。

例1-4-6 对某零件的长度进行9次重复测量，结果如下：11.5cm、11.7cm、11.4cm、11.5cm、11.3cm、11.6cm、11.5cm、11.6cm、11.4cm，求测量结果的A类不确定度。

解：

$$\bar{x} = \frac{1}{n}\sum_{i=1}^{n}x_i = 1/9 \times (11.5 + 11.7 + 11.4 + 11.5 + \cdots + 11.4) = 11.5\text{cm}$$

$$s = \sqrt{\frac{1}{n-1}\sum_{i=1}^{n}(x_i - \bar{x})^2} = 0.1225\text{cm}\ (\text{单次测量的不确定度})$$

$$s_{\bar{x}} = \frac{s_{x_i}}{\sqrt{n}} = 0.1225/3 = 0.0408\text{cm}(\text{平均值的不确定度})$$

(2)B类不确定度：

标准不确定度的B类评定(图1－4－1)(用 u_B 表示)是指用不同于统计分析的其他方法来评定，用其他借用和估计的标准差来表征。

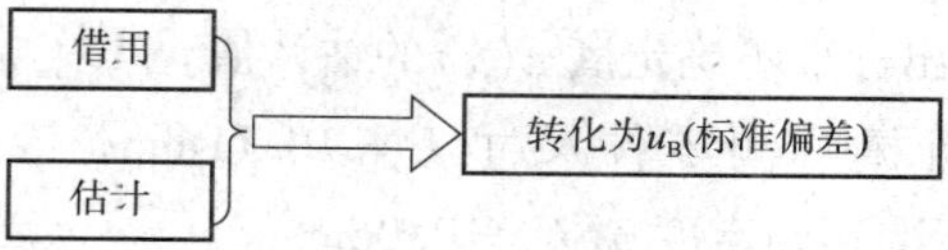

图1－4－1　标准不确定度的B类评定

1)B类评定的信息来源。为了获取评定测量不确定度的信息，按照国际标准的明确规定，除了采用自行测量的数据，还可合理使用一切非自行统计的其他有用信息源，如：

①以前的测量数据；

②证书、检定证书、测试报告及其他证书文件；

③生产厂家的说明书；

④引用的手册等；

⑤测量经验、有关仪器的特性和其他材料的知识。

2)B类评定的方法。属于B类评定的方法，有以下三种情形。

①根据可利用的信息，分析判断被测量的可能值不会超出的区间$(-e, e)$及其概率分布，由要求的置信水平估计包含因子k，得标准不确定度为$u(x)=e/k$(表1－4－1)。

例1－4－7　设校准证书给出名义值10Ω的标准电阻器的电阻$R=(10.00072\pm13)\Omega$，置信水平99%。按正态分布估计$u(R_s)=13\mu\Omega/2.58=5.0\mu\Omega$。

例1－4－8　机械师测零件尺寸$L=(10.11\pm0.04)$mm，经验估计置信水平50%。按正态分布估计$u(L)=0.04\text{mm}/0.68=0.06\text{mm}$。

例1－4－9　生产制造厂说明书指出，某数字电压表的准确度为$(14\times10^{-6}\times$读数$)+(2\times10^{-6}\times$量程$)$，其中读数值0.928571V，量程1V。按均匀分布$k=3^{1/2}$，估计$u(V)=(14\times10^{-6}\times0.928571+2\times10^{-6}\times1)\text{V}/3^{1/2}=8.7\mu\text{V}$。

表 1-4-1 正态分布情况下置信概率 p 与包含因子 k 的关系

p/%	50	68.27	90	95	95.45	99	99.73
k_p	0.67	1	1.645	1.960	2	2.576	3

②如根据有用信息，得知该 x 的不确定度分量是以标准差的几倍表示，则标准不确定度 $u(x)$ 可简单取为该值与倍数之商。

例 1-4-10 校准证书指出 1000g 不锈钢标准砝码的 $m_s=1000.00325$g，该值不确定度按三倍标准差为 240μg，故估计标准不确定度 $u(m_s)=80$μg。

③直接凭经验给出标准不确定度 $u(x)$ 的估计值。

例 1-4-11 机械师测零件尺寸 $L=10.11$mm，经验估计其标准差为 0.06mm，故估计其标准不确定度 $u(L)=0.06$mm。

(3) 合成标准不确定度（以 u_C 表示）：

当测量结果是由若干个其他量的值求得时，按其他各量的方差或协方差算得的标准不确定度，称为合成标准不确定度，以 u_C 表示。

假设 u_A 为 A 类不确定度，可通过测试数据计算得到；假设 u_B 为 B 类不确定度。

u_A 与 u_B 相互独立，合成不确定度的计算方法为：

$$u_C=\sqrt{u_A^2+u_B^2}$$

(4) 扩展不确定度（以 U 表示）：

扩展不确定度是确定测量结果区间的量，合理赋予被测量值分布的大部分可能包含在此区间，以 U 表示。

扩展不确定度规定了测量结果取值区间的半宽度，该区间包含了合理赋予被测量值分布的大部分。

$$U=ku_C$$

式中 k——包含因子，其值可以通过自由度 v 与置信概率 p 决定。

k 与自由度 v 的关系：v 大，测量次数多，k 小；v 小，测量次数少，k 大。

k 与置信概率 p 有关。p 为测量值落在 $[\bar{x}-U, \bar{x}+U]$ 范围的概率；显著水平 $\alpha=1-p$，表示测量值未落在 $[\bar{x}-U, \bar{x}+U]$ 范围的概率。

p 大，k 小；p 小，k 大。k 在国内外常取 2，即 $k=2$。

（二）测量结果的数字处理

用数字形式表示测量结果时，应正确处理“有效数字”，才可得到合理的测量结果。在计量过程中，对测量结果的数字进行处理时，应该确定用几位数字来表示测量和计算的结果。

1. 有效数字

所谓有效数字，就是从第一个不是零的数字起至最末一位数的所有数字。

如1/3的小数值为0.333……若取0.33，则其末位数的半个单位值为0.005，而误差绝对值为|0.333－0.33|＝0.003＜0.005，故0.33的有效数字为两位。

对测量数据的表达，要求其最小位应与所保留的位数相对齐并截断。必须注意，不能简单认为取位数越多越精确。总之，有效数字(包括数字0)的保留位数，应与误差相适应。如成品油计量中散装成品油重量计算时的数据处理，一般规定：

(1)若油重单位为吨(t)时，则有效数字应保留至小数点后第三位；若油重单位为千克(kg)时，则有效数字仅为整数。

(2)若油料体积单位为立方米(m^3)时，则有效数字应保留至小数点后第三位；若体积单位为升(L)时，则有效数字仅为整数；但燃油加油机计量体积单位为升时，有效数字应保留至小数点后第二位。

(3)若油温单位为摄氏度(℃)时，则有效数字应保留至小数点后一位，即精确至0.1。

(4)若油料密度单位为g/cm^3时，则有效数字应保留至小数点后第四位；若油料密度单位为kg/m^3时，则有效数字应保留至小数点后一位，且$kg/m^3=10^{-3}g/cm^3$。

注意，在计量器具检定时，应按要求进行数字处理。

2. 数字修约规则

数字的修约执行GB/T 8170国家标准。

(1)修约间隔：

指修约值的最小数值单位。修约间隔的数值一经确定，修约值即为该数值的整数倍。如指定修约间隔为0.1，修约结果值应为0.1的整数倍，相当于将数值修约到一位小数；指定修约间隔为10^{-n}(n为正整数)，即指将数值修约到n位小数；指定修约间隔为1，即指将数值修约到“个”数位；指定修约间隔为10^n(n为正整数)，即指将数值修约到10^n数位。

(2)数字修约规则：

数字修约规则：五下舍去五上入，单进双弃系整五。即当舍去部分的数值大于5时，则末位进1。当舍去部分的数值小于5时，就舍去。当舍去部分恰好等于5时，若末位是奇数，就进1而成偶数；末位是偶数时，仍保持原末位数字，末位总是变成或保持偶数。

经过修约后的数字，称为有效数字。其目的在于今后应用数据表达测量结果时，已有足够的位数保证误差不迅速累积，并且使数字表达不会过长。但必须注意的是，在数字修约时，只能一次修约，而不能逐次修约。如将数据314.627 486 5保留至小数点后三位，应为314.627。若逐次修约势必会变成314.627 486 5→314.627 486→314.627 49→314.627 5→314.628，这样对数字的修约显然是错误的。

例1-4-12 试按上述修约规则，对下面左边的数进行修约取舍。

原数	截取后	说明
50.3627m^3	50.363m^3	五上入
5312.5L	5312L	整五双弃
14.75℃	14.8℃	整五单进
0.823614g/cm^3	0.8236g/cm^3	五下舍
1860.504kg	1861kg	五上入
42.324500t	42.324t	整五双弃

(3)特殊数字修约：

除上述之外，在计量工作中，常常需要对一些数据进行特殊修约，如0.5单位修约、0.2单位修约和0.25单位修约。

1)0.5单位修约。

0.5单位修约是指按指定修约间隔对拟修约的数值0.5单位进行的修约。

0.5单位修约方法如下：将拟修约数值x乘以2，按指定修约间隔对$2x$按数字修约规则修约，所得值$(2x)$再除以2。

例1-4-13 将下列数字修约到"个"数位的0.5单位修约。

拟修约数值x	$2x$	$2x$修约值	修约值
60.25	120.50	120	60.0
60.38	120.76	121	60.5
60.28	120.56	121	60.5
-60.75	-121.50	-122	-61.0

2)0.2单位修约。

0.2单位修约是指按指定修约间隔对拟修约的数值0.2单位进行的修约。

0.2单位修约方法如下：将拟修约数值x乘以5，按指定修约间隔对$5x$按数字修约规则修约，所得值($5x$)再除以5。

例1-4-14　将下列数字修约到“百”数位的0.2单位修约。

拟修约数值 x	$5x$	$5x$ 修约值	修约值
830	4150	4200	840
842	4210	4200	840
832	4160	4200	840
-930	-4650	-4600	-920

3)0.25单位修约。

0.25单位修约是指按指定修约间隔对拟修约的数值0.25单位进行的修约。

0.25单位修约方法如下：将拟修约数值 x 乘以4，按指定修约间隔对 $4x$ 按数字修约规则修约，所得值($4x$)再除以4。

例1-4-15　将下列数字修约到“个”数位的0.25单位修约。

拟修约数值 x	$4x$	$4x$ 修约值	修约值
37.70	150.8	151	37.75
22.45	89.8	90	22.50
13.10	52.4	52	13.00
-12.125	-48.5	-48	-12.00

练习题

1. 计量和测量有什么区别？
2. 计量按专业通常可划分为哪几类？
3. 计量为什么具有法制性？
4. 计量的特性有哪些？
5. 计量立法的目的是什么？
6. 什么叫法定计量单位？
7. 法定计量单位有哪些主要特性？
8. 我国法定计量单位由哪几部分组成？
9. 什么是误差公理？
10. 误差有哪些表示方法？
11. 请写出用线性插值法计算量具修正值的公式，并说明误差与修正值的关系。

12. 说说误差主要有哪几方面的来源？
13. 按误差理论可将误差分成哪几类？
14. 系统误差和随机误差是如何定义的？
15. 何谓测量准确度？

第二章　油料静态计量

石油在容器中处于静止状态下的计量称为静态计量，它以容器为主体，通过采集容器内油料的一系列基本数据，计算其容积来实现。本章介绍各种常用储油容器的基本知识和油料数量的测量方法和计算。

军队油料计量的主要任务就是正确地测量和准确地统计油库场站在储存、收发中油料的数量，确保油料的供应管理。

第一节　油库的分类

凡是专门用来装卸、储存、发放石油的企业和单位，均称为油库。目前油库大体上可按以下方法分类。

一、按业务性质分类

按照我国现行管理体制，油库可分为独立经营油库和企业附属汨库，如图2－1－1所示。

- 油库
  - 独立经营油库
    - 民用油库
      - 储备油库
      - 中转油库
      - 分配油库
    - 军用油库
      - 储备油库
      - 转运油库
      - 供应油库
  - 企业附属油库
    - 油田原油库
    - 炼厂原油库及成品油库
    - 民航、港务、农机站、林场等油库

图2－1－1　按油库业务性质分类

独立经营油库指专门独立接卸、储存、发放石油的企业和单位的油库。民用油库主要由中国石化销售公司经营，军用油库则由军事部门或主管国家物资储备的部门来管理。

民用储备油库主要用于协调生产，调节市场供应，满足国家各种应急需要，可起“蓄水池”的作用。民用中转油库主要指经营散装和桶装成品油的以中转业务为主的中央及地方级油库。民用分配油库主要指以经营散装和桶装成品油发放业务为主的小型油库。

军用储备油库主要承担储油任务；军用转运油库主要承担批量转运油料任务；军用供应油库主要承担及时供应周围部队油料的任务。

企业附属油库指工业、交通、运输等部门的企业为了保证自身生产的正常运行，各自分别设置的油库。

二、按油库建造的位置分类

按照油库主要储油罐建造的地理位置，可分为地上油库、地下油库、半地下油库、山洞油库、水封油库和水下油库等。

地上油库是指将主要储油罐设置在地面上的油库。地下油库是指将主要储油罐埋在地下的油库。山洞油库是指将主要储油罐建在人工开挖的或天然的洞内的油库。水封油库是指利用稳定的地下水位，将油封存于开挖的地下洞室中，洞内储油被周围岩体里的地下水包围，不需要另建付油容器。水下油库是为适应海上采油而发展起来的，其储油罐建在水下。

三、按油库容量大小分类

根据 GB 50074《石油库设计规范》，油库按总容量大小可分为六级，如表 2－1－1 所示。

表 2－1－1　油库分级

等级	油库总容量 TV/m^3
特级	$1200000 \leq TV \leq 3600000$
一级	$100000 \leq TV < 1200000$
二级	$30000 \leq TV < 100000$
三级	$10000 \leq TV < 30000$
四级	$1000 \leq TV < 10000$
五级	$TV < 1000$

注：1. 表中总容量 TV 指油罐容量和桶装油料设计存放量之总和，不包括零位罐、中继罐和放空罐的容量。

2. 当油库存放液化石油气时，液化石油气罐的容量应计入油库总容量。

第二节 容器的分类与结构

石油及液体石油化工产品的储存、运输和计量的容器主要是油罐、铁路罐车、汽车罐车和油轮、油驳。

一、油罐

(一)油罐的分类

油罐的种类按建造材料划分，有金属罐和非金属罐；按油罐的建造位置划分，有地上罐、地下或半地下罐和山洞式罐。其中金属罐的种类是按几何形状划分的，主要有立式圆柱形罐、卧式圆柱形罐和球形罐三种。

(二)油罐的结构

1. 立式圆柱形金属罐

根据罐顶结构又将立式圆柱形金属罐分为桁架顶罐、无力矩罐、梁柱式顶罐、拱顶罐、浮顶罐。目前根据油罐结构特点、建造难度、投资费用和适用性，普遍推广使用的是拱顶罐和浮顶罐。其结构由基础、罐底底板、罐壁和罐顶组成的。

(1)基础：

油罐坐落在基础上，软基础的油罐最下层是素土，向上是灰土层、砂垫层和沥青砂防腐层。油罐建成后，应注水至最高液位，并持续48h，要求基础沉降量不超过50mm，48h以后仍发现基础有明显下降时，应延长注水时间。对软基础的油罐，设计上允许有较大沉降时，沉降量不受50mm的限制。

近年来，设计油罐的基础时，逐渐采用了硬基础结构，硬基础是在地基层按要求打上混凝土水泥桩，硬基础油罐可有效地解决油罐罐底的变形问题。

(2)罐底底板：

油罐底板是由多块钢板焊接而成的。底板本身不受力，而是将罐内介质和罐体的重量直接传递到基础上。但是底板外表面与基础接触，容易受潮，内表面接触油中沉积的水分和杂质，易腐蚀，罐底四周与罐壁连接，应力复杂，所以底外缘应采用较厚的钢板。一般容量3000m^3以下的油罐，采用4~6mm厚的钢板；5000~50000m^3的油罐，采用8~12mm厚的钢板。

(3)罐壁：

罐壁是油罐的主要受力部件。在罐内液压作用下，它承受环向拉应力。液体压力随液面升高而增大，壁板下部的环向拉应力大于上部，所以罐壁从上至下逐渐加厚。壁板是由多圈钢板焊接而成的，圈板的上下之间排列有对接式、交互式、套筒式和混合式四种(见图2－2－1)。

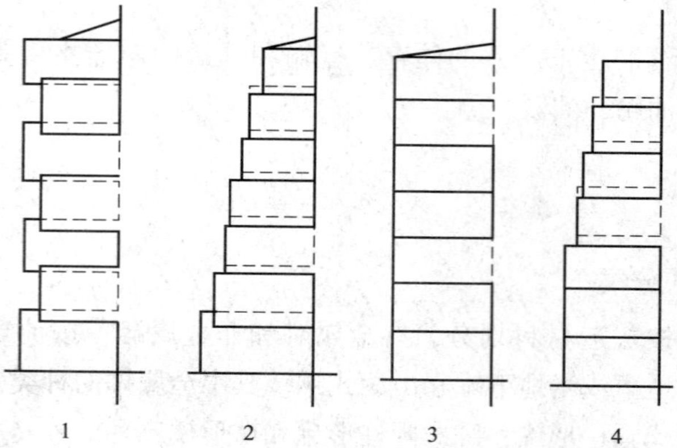

图2－2－1　立式圆柱形金属罐圈板配置图

1—交互式；2—套筒式；3—对接式；4—混合式

(4)罐顶：

1)拱顶。油罐的罐顶为球缺形，它有较大的刚性，拱顶结构简单便于施工，拱顶罐的容积一般不宜大于10000m^3，因为容积太大，单位容积用钢量比其他类型的油罐多。

2)浮顶。浮顶罐的罐顶随油面升降浮动。由于浮顶与液面之间基本上不存在气体空间，因而基本消除了大小呼吸损耗，常用浮顶罐储存原油和易挥发的燃料油等轻质油料，用来减少蒸发损耗、大气污染和发生火灾的危险性。

浮顶罐又分内浮顶罐和外浮顶罐。

外浮顶罐是由敞口的立式圆柱形罐体和浮在油面上的金属圆盘顶构成的整体。

浮顶由浮盘、密封装置、浮盘附件等组成，如图2－2－2所示。

浮顶的外圈是双层浮舱，使浮顶有足够的浮力。中心部分是单层钢板。浮顶的下面有许多支柱，当浮顶下落时，支柱把浮顶支在罐底上，不致使浮顶直落到罐底。下雨时浮顶上的雨水汇集到中间，通入浮顶下面的折管将雨水排出罐外。折管随浮顶升降而伸缩。油罐顶部有抗风圈的加强环以增大刚度。罐壁的顶有扶梯通向浮顶，浮顶升降时扶梯可沿浮顶上的专门轨道滑动，并不断改变倾斜角度。浮顶罐一般都有导向量油管，供导向和计量用。浮顶有双盘式和单盘式。5000m^3以下的油罐做成双盘式，它由两层钢板构成，中间分隔成许多舱。油罐容积较大时，为节省钢材，在保证足够浮力条件下可做成单盘式，只在外圈做成双层浮舱，中间部分是单层钢板。

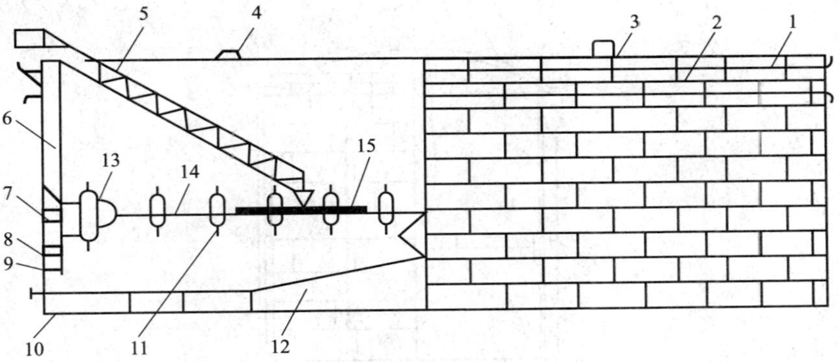

图 2－2－2　浮顶罐结构

1—抗风圈；2—加强环；3—包边角钢；4—泡沫消防挡板；5—转动扶梯；6—罐壁；
7—管式密封；8—刮蜡板；9—量油管；10—底板；11—浮顶立柱；
12—排水折管；13—浮舱；14—单盘；15—扶梯滑动轨道

浮盘周边与罐壁间都有一个环形空间，为了使浮顶顺利上下运动，防止油料在环形空间产生蒸发损耗，在浮顶外缘应制作专门的密封装置。常见的密封装置有机械密封、弹性密封和管式密封。

机械密封有重锤式、弹簧式和炮架式，机械密封采用耐油橡胶织物密封浮顶边缘与罐壁之间的空隙。这种密封加工和安装工作量大，使用时容易腐蚀和失灵，已逐步被取代。

弹性密封和管式密封克服了机械密封的缺点。弹性密封是把有弹性的泡沫塑料用密封胶带包起来，填塞在浮顶与罐壁的环形空间内，密封性能好，而且可使浮顶运动平衡。但当浮顶产生水平位移时，造成摩擦力迅速增加而影响浮顶升降的灵活性。长期使用还会使弹性材料发生一定程度的永久变形。

大型浮顶罐采用管式密封。管式密封是用充液的密封管来充填浮顶与罐壁之间的环形空间。管式密封装置由密封管、吊带、充液管、防护板等组成。密封管用尼龙织物外覆耐油橡胶制成，管内充填柴油或水。这种密封装置紧贴在罐壁上，密封管受挤压时，管内液体可自由流动，因而与罐壁之间的摩擦力不会有很大的增加。

内浮顶罐是在普通的立式圆柱形拱顶罐内建造浮顶，它兼有拱顶罐和浮顶罐的优点。内浮顶可用钢板或铝板制成。内浮顶罐结构如图 2－2－3 所示。

浮盘附件包括入孔、浮盘支柱与吊杆、取样管或井、排液管、透气阀等。

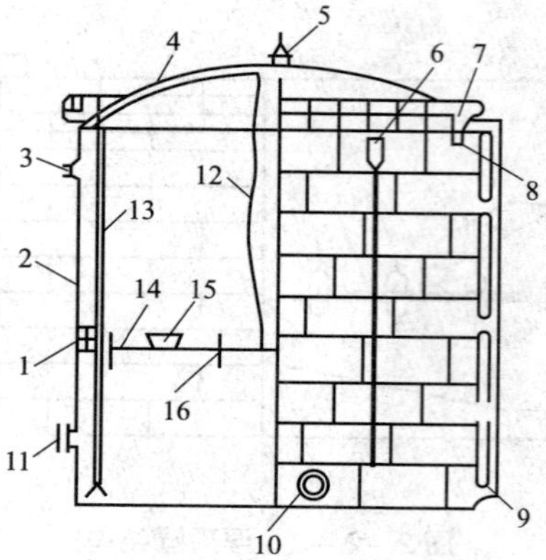

图 2-2-3 内浮顶罐结构

1—软密封；2—罐壁；3—高液位报警装置；4—固定罐顶；5—罐顶通气孔；6—泡沫消防装置；7—罐顶入孔；8—罐壁通气孔；9—液面计；10—罐壁入孔；11—带芯入孔；12—静电导出线；13—量油管；14—内浮盘；15—浮盘入孔；16—浮盘立柱

2. 卧式圆柱形金属罐

卧式圆柱形金属罐能承受较高的正压和负压，有利于减少油料蒸发损耗。高压卧式罐可用于储存石油液化气和蒸发性强的化工产品。我国制造的卧式罐承受内压的能力为 0.1 ~ 2MPa，卧式罐的容积为 2 ~ $400m^3$，它可以作为储存、计量和运输石油及液体石油化工产品的容器，适用于小型油库和加油站。

卧式罐由筒身、端板、加强环组成，如图 2-2-4 所示。筒身由钢板焊接而成。端板形状有平顶、弧形顶、圆台顶、锥顶、球缺顶、半椭球顶。加强环是用角钢煨成的，焊在罐壁上，环中间还有三角支撑。

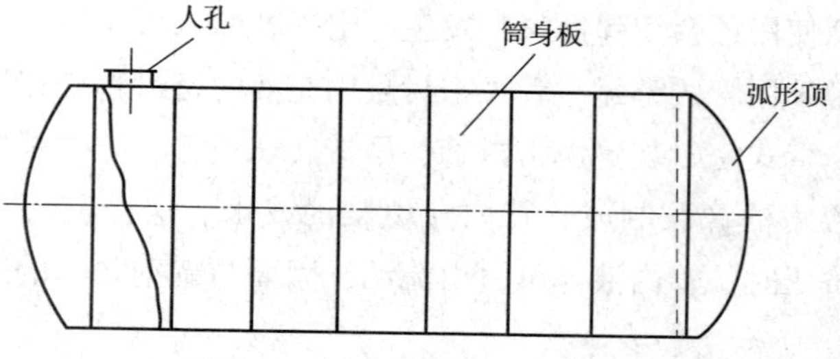

图 2-2-4 卧式圆柱形金属罐

3. 球形罐

球形罐用于储存液氨、液化石油气、液化天然气及各种压缩气等，其结构如图 2-2-5 所示。

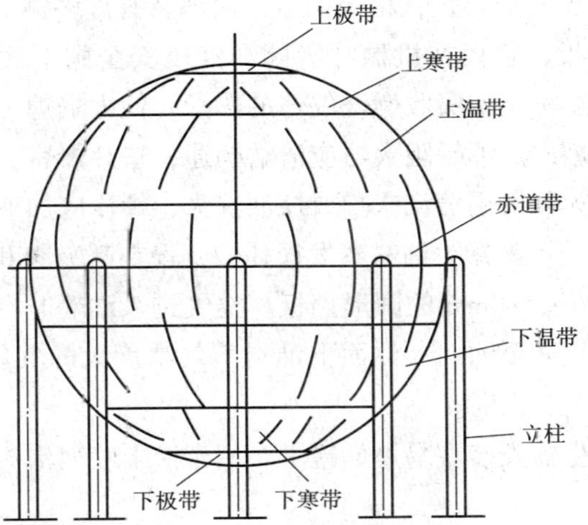

图2-2-5　球形罐结构

支承结构焊接在球壳上，有与赤道壳板连接的立柱，连接立柱的拉杆，立柱底板和盖、地脚螺栓、加强筋等。

其他附件及设施包括扶梯、平台、中间平台、中间通道、气相或液相物料的进出口回流接管、排污管、液面计、压力表、安全阀、消防喷淋装置及静电接地装置和隔热保冷设施等。

(三)油罐及附属设施的使用要求

1. 油罐完好

罐体应无严重变形、无渗漏，罐体倾斜度不超过设计高度的1%。油罐应具有在有效期内的检定证书。

2. 附件齐全

附件应齐全有效。如各种阀、阻火器、计量口、入孔、透光孔、静电接地装置等。扶梯栏杆应牢固，各种管线应畅通、不漏。

(1)保证油罐安全的轻油罐和原油罐的专用附件。

1)机械呼吸阀的工作原理是利用自身阀盘的重量来控制油罐的呼气压力和罐内真空度。

当罐内气体压力达到阀的控制压力时，阀被顶开，气体从罐内逸出；当罐内达到控制的真空度时，罐外大气顶开真空阀进入罐内。对呼吸阀应经常检查，给螺栓加油，使阀杆上下滑动灵活，保持阀壳网罩完好，及时清扫灰尘、水珠，天冷时注意防冻。

2)阻火器是防火安全装置，箱式构造，内部装有许多铜、铝等高比热容金属制成的丝网或皱纹板，它设在机械呼吸阀和液压安全阀下面。当火焰经阻火器时，金属丝网或皱纹板迅速吸收燃烧气体的热量，使火焰熄灭，从而防止外界的火焰经呼吸阀进入罐内。油罐阻火器应清洁畅通，垫片严密，无腐蚀现象。每月检查一次，清洗阻火器可用蒸汽吹扫或煤油洗涤，螺栓应加油保护。

3)呼吸阀挡板是用来减少油料蒸发损耗的，设在呼吸阀和阻火器的下面，是伸入罐内直径为210～510mm的圆形挡板。空气进入油罐时经挡板反射折向油罐四周，使气流不会直冲至油面，油面上油料蒸气浓度大的气体层就不会被冲散。因此，可减少油料蒸发损耗。

4)空气泡沫产生器安装在易燃储罐上，用于液上喷射泡沫灭火。每月检查一次，螺栓加油防锈。

(2)重油罐、润滑油罐的专用附件。

1)通气管一般装在罐顶中央，使油罐直接和大气相通，作为油罐收发作业时的呼吸通道。

通气管一般为弯管，可与进出油管的直径相同。通气管截面上应装有铜丝或其他金属丝网。每季检查一次，检查防护网是否破损并清洗，冬季和风大地区应适当增加检查次数。

2)加热器用于加热高黏度、高凝固点的重质燃料油、原油和润滑油，以防止凝固，提高流动性。常用的加热法是在油罐内安装管式加热器，加热器中流动的水蒸气或废热水的热量通过加热器散热，使油料升温。加热器在长期使用中，由于温度变化大，使金属胀缩，在管壁和接头焊缝处易产生裂纹、锈蚀，引起泄漏，所以在日常作业检查中，应注意冷凝水中有无带油现象、油罐底部有无底水增加的现象等，不使用时应打开排水阀排出积水，入冬前注意检查，消除隐患。

3)起落管(多安装于润滑油罐)与进出油管相接，连接处用转动接头，油中的水和其他杂质易沉降至油罐底部，利用起落管可以发出油罐上部的油料。

4)油罐搅拌器一般安装于润滑油罐中。近年来，有的大型原油罐也安装油罐搅拌器，其作用是使罐内油料混合均匀。油罐搅拌器的结构如图2－2－6所示。

3. 卧式罐采用弹簧式呼吸阀

卧式罐的附件和立式罐相似，只是尺寸不尽相同。附件大部分装在罐口的大盖上。由于卧式罐承压能力较强，储存轻油时应采用弹簧式呼吸阀。这种呼吸阀是把正负压阀盘的重力改由正负弹簧的弹力代替。

4. 球形罐的检查

球形罐的附件在球形罐结构中已经陈述过。正常使用的球形罐，日常应检查其外观是否异常，有无泄漏产生的异味；定期检查安全阀等主要附件的性能。

(1)安全阀每年拆卸一次，进行动作试验，可用空气或不燃性气体进行，作用压力必须为开始排出压力(设定压力的±3%)，不许阀前及开阀有泄漏现象。安全阀的作用压力超过规定范围时，应查清原因，清扫灰尘、锈或更换失灵的弹簧部件，若有泄漏，应修理阀座再进行试验。

图2-2-6　油罐搅拌器

(2)紧急切断阀必须每个月检查一次。每3年拆开检查一次，以确认紧急切断阀能正常工作和了解重要部件的恶化程度。

(3)球形罐上的压力表应半年检定一次。

二、铁路罐车

铁路罐车在我国石油、石化及化工行业物料的运输中占有很重要的地位，截至2000年底，全国的铁路罐车已有约10万辆，其中属于铁道部路内系统的铁路罐车约4万辆，属于各企业自备铁路罐车约有6万辆。铁路罐车在铁路运输车辆中属于专用车辆，也是计量容器。

(一)铁路罐车的基本组成

铁路罐车由五部分组成，如图2-2-7所示。

1. 走行部

走行部的作用：一是承受车辆自重和载重；二是在钢轨上行驶，完成铁路运输的位移功能。

2. 制动装置

其作用是保证高速运行中的铁路罐车能在规定的距离内停车，在运行中减速，或使调车作业的罐车停车的装置。

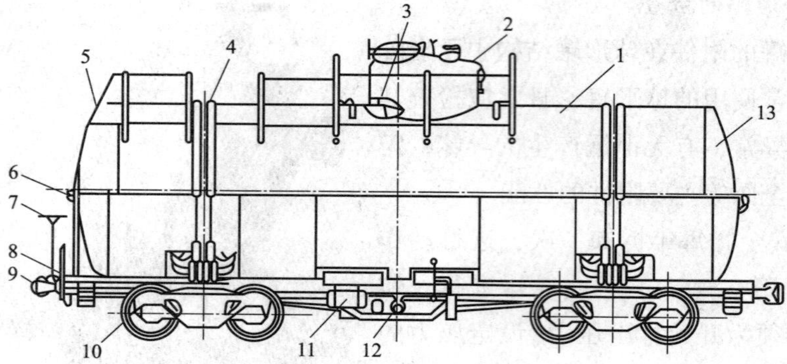

图2－2－7　黏油罐车的一般结构

1—罐体；2—空气包；3—内梯；4—卡带；5—外梯；6—加温套；7—手制动；8—底架；9—车钩缓冲装置；10—转向架；11—制动装置；12—排卸装置；13—端板

3. 车钩缓冲装置

其作用有三：一是将机车与车辆、车辆与车辆之间互相联挂，联结成为一组列车或车列；二是传递纵向作用力，包括机车传动的牵引力和制动时产生的冲击力；三是缓和机车与罐车间的动力作用。车钩缓冲装置由钩尾框、车钩、缓冲器组成。

4. 车体

铁路罐车的车体由底架与罐体等组成。底架是车体的基础，主要承受作用于车辆上的牵引力、冲击力和载重。罐体承受载重和其他力，如图2－2－8所示。

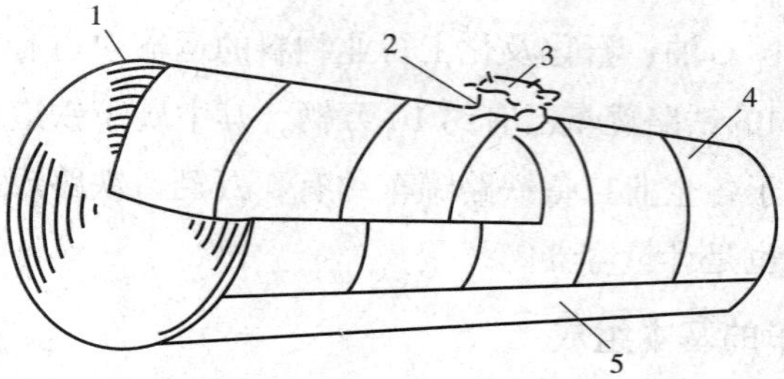

图2－2－8　罐体结构

1—端板；2—进入孔(或气包)；3—进入孔盖(或气包盖)；4—上板；5—底板

上板一般厚度为8～10mm，底板厚度为10～12mm，端板厚度为10～12mm，空气包为圆形或椭圆形，也有无空气包铁路罐车，进入孔内径560mm，另外，车体还包括聚油窝、筋板、内梯、外半加温套、内火管(部分车有)、内加温管(Gc－J－60罐车有)、内衬等。铁路罐车罐体的材质通常为碳钢、不锈钢、合金钢、合金铝、玻璃钢等。

5. 车辆上的装置

主要包括①呼吸阀：当内压强大于0.15MPa时呼气阀打开，降低罐内压强；当罐内产生负压时，压强小于-0.02MPa时吸气阀打开，增高罐内压强。②泄油阀。③外梯。④走板。⑤吸油口。⑥进气口。⑦遮阳罩等。

(二)铁路罐车的分类

世界各国的铁路罐车形状、型号、规格多种多样。我国现在使用的铁路罐车已有几十种，根据所运货物的不同，铁路罐车可以分为轻油罐车、黏油罐车、酸碱罐车、液化气体罐车和粉装货物罐车五类。

轻油罐车充装的液体货物黏度较小，密度≤0.9kg/m^3，如充装汽油、煤油、柴油的铁路罐车都属于轻油罐车。由于轻油类液体货物的渗透能力很强，极易渗漏，所以采用上装上卸式。轻油在环境中易膨胀，为了减少外界辐射热源的影响，减少轻油类货物的挥发损失和体积膨胀，罐体外部为银白色，轻油罐内容积较大，内径有2.6m、2.8m、3m等。我国目前采用的轻油罐车有：G_6、G_9、G_{13}、G_{15}、G_{16}、G_{18}、G_{19}、G_{50}、G_{60}、G_{60A}、G_{17G}、G_{70}、G_{70A}、G_{70B}等。

黏油罐车充装的液体货物黏度较大、密度在0.9～1kg/m^3，如充装原油、润滑油、食用油脂的铁路罐车都属于黏油罐车。由于充装介质黏度、密度较大，不易渗漏，所以采取下卸式(食用油除外)。因在低温时易凝，外设半加温套给罐体加温。运送原油的铁路罐车，罐体外表面为黑色；运送成品黏油的铁路罐车，罐体外表面涂成黄色。我国目前常采用的黏油罐车有G_3、G_{12}、G_{12S}、G_{14}、G_{17}、G_{17A}、G_{17B}、GS、GL、GL_A、GL_B等。

另外，铁路罐车按罐车结构特点可分为有空气包铁路罐车和无空气包铁路罐车；按罐车底架结构可分为有底架铁路罐车和无底架铁路罐车；按罐车卸货方式可分为上卸式铁路罐车和下卸式铁路罐车。

(三)铁路罐车的罐体容积

1. 总容积(V_Z)

铁路罐车罐体所包容除空气包及入孔鞍形容积之外的结构容积，也就是当液体灌装到与罐体上外表面相平时，液体所占罐体的容积叫总容积。一般用m^{3}表示，容积计量时用dm^{3}表示，总容积是计算罐体有效容积、编制套表和制作容积表的依据。

2. 有效容积(V_X)

可以用来装运液体、流体货物并能保证铁路罐车安全的容积，既能保证货物不超装、不超载，又能保证货物体积膨胀后在运输过程中不外溢的体积。

3. 空容积(V_K)

留作液体升温膨胀及冲击振动不外溢的空载容积。以前空容积与有效容积之比在设计中选用2%～3%，目前应选用4%～5%，或更大些。

4. 全容积(V_Q)

罐体内能够灌装液体，静态时不外溢的容积。

5. 检定容积(V_J)

对铁路罐车容积强检测试或标定后所给出的容积称为检定容积，检定容积与总容积相近。总容积与检定容积的容积误差为总确定度≯±0.4%。

几种容积间的关系

$V_Z > V_X > V_K$

$V_Z = V_X + V_K$

$V_K = (4\sim5)\% V_X$ 或 $(2\sim3)\% V_X$

$V_J = (1 \pm 0.4)\% V_Z$

(四)铁路罐车的标记

为了便于铁道车辆的使用和管理，人为地将车辆型号、性能、配属及使用注意事项等在车体的明显部位用规定的符号标示出来，这种规定的符号叫作车辆标记，铁路罐车的标记是铁道车辆标记中的一种，其标记分为多种类型，与计量相关的标记如图2－2－9所示。

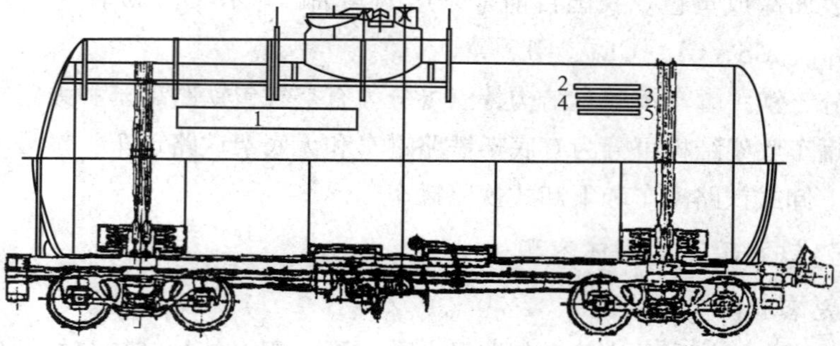

图2－2－9　铁路罐车的标记

1—车型、车号；2—载重；3—容积；4—自重；5—换长

1. 车型

车型即车辆型号，它是标明车辆种类和结构特点的代码。车型代码由三部分组成：第一部分为货车所属的编码，用一位大写字母表示，作为车型的首部，这些字母多是货车名称的第一个汉字的汉语拼音首字母，铁路罐车用“G”表示；第

二部分为货车重量系列或顺序系列，用一位或两位数字或大写字母表示；第三部分为货车材质和结构，用一位或两位大写字母表示。第二和第三部分位于第一部分的右下角，如 G_{70B}。

车型编码示例：

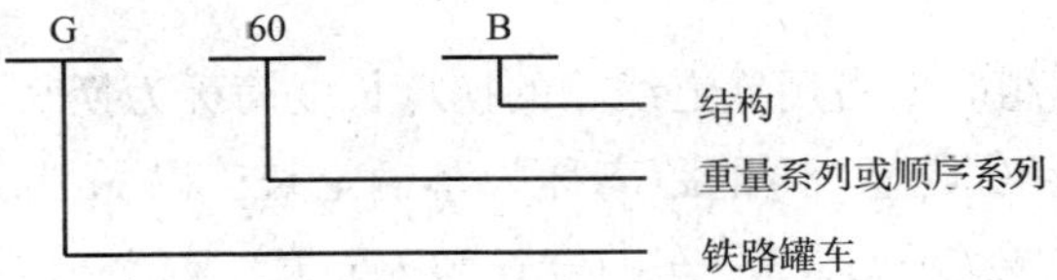

2. 车号

按铁道部规定的规则编排的车辆顺序号码。车号采用 7 位数字代码，每辆车的车号在全国范围内唯一。

车号编码规则：

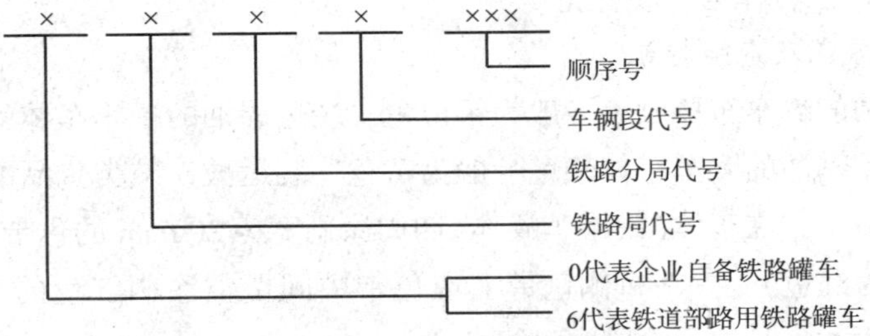

目前，铁路罐车编码范围为 6000000 ~ 6309999；预留范围为 6310000 ~ 6999999；自备车范围为 0000001 ~ 0999999。

3. 载重

表示该货车的最大装载货物能力，以 t 为计量单位。

4. 自重

在空车状态时，车辆自身的重量，以 t 为计量单位。新造铁道车辆以定型生产的前三辆车的平均自重为准。在改造和修理后，当发生 100kg 以上的自重变化时，要对自重标记进行修改。因此，铁路罐车的自重标记显示的标记自重，不能作为铁路罐车重量的计量依据，原因是：

①标记的自重是定型生产的前三辆罐车自重的平均值，并非该车的真实自重。

②标记自重的理论误差为 100kg。

③在使用过程中，铁路罐车的 8 个车轮会被磨损，将给标记自重带来约

1017kg 的最大误差。

④铁路罐车的 8 块闸瓦厚度在运行中可被磨损到 10mm 厚，可给其标记自重带来约 1017kg 的最大误差。所以，铁路罐车的空车重量必须以衡器称量的重量为准。

5. 换长

铁道车辆在编组时所占用铁道线路的换算长度简称为换长。一辆车两车钩钩舌内侧面(钩舌在闭锁位置时)的距离称为车辆全长，以 m 为计量单位。车辆全长除以 11m 为换长数(因 C_1 型货车的全长为 11m)，保留一位小数。尾数四舍五入。换长无计量单位。

6. 容积

铁路货车可供装载货物的容量称为货车容积，铁路罐车(行李车、邮政车)等以 m^3 表示；平车以长、宽替代容积标记；其他货车以内长 × 内宽 × 内高标记，以 m 为计量单位，作为容积标记。

7. 车体颜色及危险标记

装运轻油的罐车车体颜色一般为银白色，装运原油的罐车车体颜色一般为黑色，装运成品黏油的罐车车体颜色一般为黄色。装运酸、碱类货品的罐车及运送危险品的特种车，在车体(或罐车罐体)四周涂刷宽为 200mm 的色带(有毒品为黄色、爆炸品为红色)，并在每侧色带上或色带中间留空涂刷红色的“危险”字样。如果车体已为黄色时，只涂刷“危险”字样。

8. 车辆检修标记

铁道车辆应涂刷各类检修标记，注明检修单位、检修日期及到期日期等。

厂修、段修标记涂刷在一处，上部为段修标记，下部为厂修标记。右侧为本次检修的年、月和检修单位简称，左侧为下次检修年、月。厂修、段修标记涂刷在车体两侧左端下角。

例如：

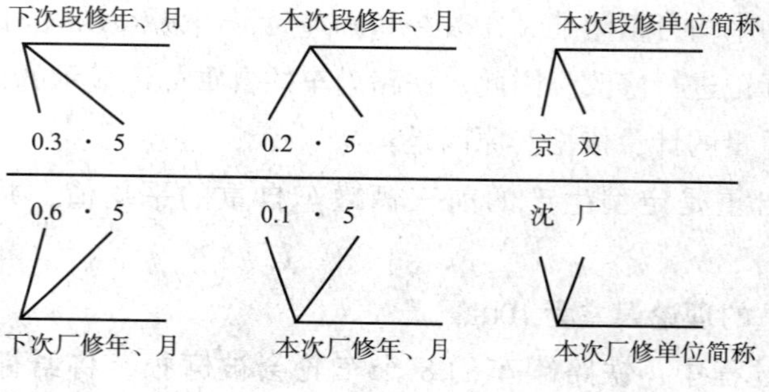

铁路罐车的厂修标记是该辆罐车容积检定日期的证明，是该辆罐车罐体上喷涂容积表号是否在有效期内的依据，也是顾客向国家铁路罐车容积计量站检索查询该罐车相关信息的基础资料。

9. 铁路罐车的检修周期与检定周期

铁路罐车的检修周期与检定周期如表2－2－1所示。

表2－2－1　铁路罐车的检修周期与检定周期

车种	段修/年	厂修/年	容积检定周期/年
油品类铁路罐车	1	5	5
化工类铁路罐车	1	5	4
酸、碱类铁路罐车	1	4	无防腐措施者为2
食用油铁路罐车	1	5	粮食行业定为3 商业部定为2.5

（五）铁路罐车计量员的工作程序

铁路罐车是一种可移动的特殊的计量器具。特别是在装卸货物时，罐车仍然停留在铁路的路轨上，因此对从事此工作的计量员有些特殊的要求，其工作程序共分为四个阶段。

1. 计划阶段

从管理计划开始，到提出检尺计量任务为止。整个阶段由管理人员完成。

2. 准备阶段

从计量员接受检尺计量任务开始，到实际测试操作前为止。主要的工作有“七确认”，即：

确认罐体型号和容积表号是否正确；

确认罐内液体的种类和质量好坏；

确认所装油料装入罐车的准装高度；

确认环境条件良好，罐体正常；

确认安全防护设备性能良好，安装正确；

确认劳动保护用品作用良好，穿戴齐全；

确认计量器具及记录用品作用良好、齐全，主要包括量油尺、保温盒、温度计、取样筒、密度计、笔、纸（表）等。

3. 测试阶级

测液高、取样、测液温、测视温和视密度。

4. 处理阶段

包括数据审核、软件计算和计量单的核发等。

三、油船

(一) 油船的分类

油船是散装油料的水运工具。油船可分为油轮和油驳。油轮有动力设备，可以自航，一般均有输油、扫舱、加热以及消防设施等。油驳不带动力设备，必须依靠拖船牵引并利用油库的油泵和加热设备装卸和加热油料。大的油轮载重数万吨，小油轮载重几千吨。

(二) 油船舱

油船舱是散装油料容器。典型的油轮结构如图 2－2－10 所示。

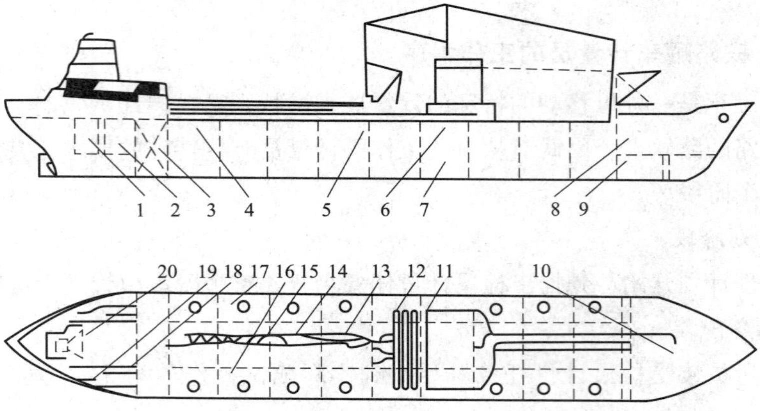

图 2－2－10　油轮结构示意图

1，19—锅炉舱；2，17—引擎舱；3—燃油舱；4—栈桥；5，12—泵房；
6—驾驶台；7，16—油舱；8—干货舱；9—压载舱；10—水泵房；
11—管组；13—油舱(中间舱)；14—输油管；
15—油舱(边舱)；18—生活间；20—冷藏间

(三) 油轮管系

油轮主要有以下管路系统。

1. 输油管系

由与输油软管或输油臂连接的结合管接头、输油干管及伸向各油舱的输油支管组成。

2. 清舱管系

用于吸净输油干管不能抽净的舱内残油。设在油舱底部，与泵房内专用清舱油泵相连。

3. 蒸汽加热管系

在油舱内设有蛇形蒸汽加热管，以便对黏度大、凝固点高的油料加热。

4. 通气管系

每一个油舱均有通气管，以免运输中温度变化致使油料体积变化，使船体及舱壁受到异常压力。每一个油舱通气管均设有防火安全装置及节气阀，以便在发生火灾时，隔绝各舱气体。

5. 消防及惰性气体管系

在油轮上装有一系列固定的消防管路系统，如蒸气灭火系统、二氧化碳灭火系统、水灭火系统及泡沫灭火系统等。

6. 洒水系统

必要时为降低甲板温度，减少舱内油料挥发须打开洒水系统。它设在栈桥下，沿主甲板全长敷设带有喷水孔的管道。

7. 量油口

油舱艉端的隔舱壁附近设有垂直的量油口，供测量舱内油深。

(四)油驳

油驳的载重量有100t、300t、400t、600t、1000t、3000t等多种。油驳一般有6~10个油舱，并有一套可以相互连通或隔离的管组，可装载两种以上的油料。油驳是单条或多条编队，由拖轮拖带或顶推航行。拖轮上有完备的消防设施。

四、汽车罐车

(一)汽车罐车的类型和结构

汽车罐车是公路运输液体石油化工产品的特种专用车。规则的汽车罐车由专门设备制造厂生产。目前我国汽车罐车容量一般为$5m^3$、$8m^3$、$10m^3$、$15m^3$。不规则的汽车罐车也可由有相应技术条件和生产许可证的单位制造安装，其容量范围一般为$2\sim30m^3$。

汽车罐车由油罐、汽车车身(包括车架、底盘、发动机)和附属设备三部分组成。油罐罐体形状是根据公路运输燃料油的流动性特点，结合车型等设计制造的，一般为椭圆形，如图2－2－11所示。也可根据用户特别要求制造，罐体用4～13mm厚的钢板焊接制成，罐体顶部有帽口(人孔)，底部有进、出油管和阀门等。

GJ5106GJY(柴油机)
油罐容积15300L

GJ5105GJY(汽油机)
油罐容积8300L

图2－2－11　汽车罐车示意图

(二)汽车罐车技术要求

汽车罐车的罐体应无渗漏，罐内洁净，罐体上的呼吸阀、人孔、垫圈、放油管、放油阀、排污阀、接地线以及油泵和灭火器等附属设备应齐全完好，汽车罐车的设计、制造、安装和使用均应符合易燃易爆石油化工产品的有关安全规定。

第三节　静态油料手工计量

一、容器内液位测量

(一)容器内液位测量的有关术语

①计量口(又称检尺口)：容器顶部的一个孔，用于手工测量液位、取样和油温测量。

②参照点(又称上基准点)：检尺口上的一个固定点或标记，即从该点起进行计量。

③检尺点(又称下基准点)：容器底部或容器底部的检尺板上，测量液位时，量油尺尺砣接触的点。

④油高：从油料液面到油水界面的距离。

⑤水高：从油水界面到检尺点的距离。

⑥空距(空高)：从参照点至容器内油料液面的距离。

⑦参照高度：从参照点至基准点的距离。

⑧检实尺：用量油尺直接测量容器内液面至检尺点的距离的过程。

⑨检空尺：测量参照点至容器内液面(空距)的过程。

⑩试油膏：一种膏状物质，测量容器内油料液面高度时，将其涂在量油尺上，可清晰地显示出油料液面在量油尺上的位置。

⑪试水膏：一种遇水变色而与油不起反应的膏状物质，测量容器底部明水高度时，涂在检水尺上，浸水部分会发生颜色变化，可显示出容器底部明水在检水尺上的位置(图2－3－1)。

⑫试水纸：一种遇水变色而与油不起反应的纸条。在测量容器底部水高时，将其固定在检水尺上，浸水部分发生颜色变化，从而可清晰显示出水面在检水尺上的位置。

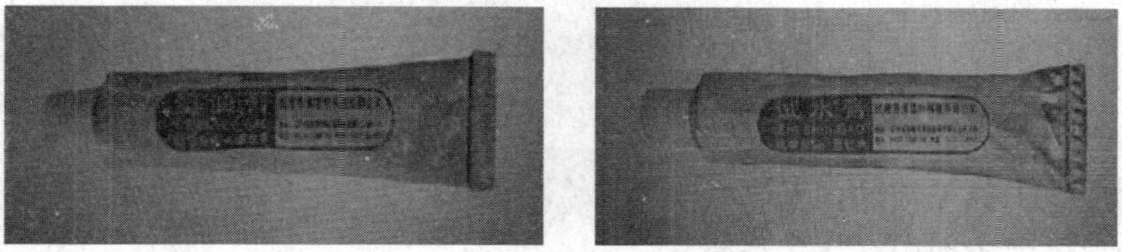

图2－3－1 试油膏和试水膏

(二)液位测量器具

1. 量油尺

量油尺是用于测量各种油罐和油船油舱中的石油和液体石油产品的液面高度以及油层下的垫水层高度的专用量具。由尺砣、尺架、尺带、挂钩、摇柄、手柄等部件组成。其结构如图2－3－2所示。

量油尺的规格有：5m、10m、15m、20m、25m、30m、40m和50m八种。最小分度值为1mm。

测深量油尺尺砣按其质量不同分成两种，较轻的尺砣用于测量黏度较低的轻质油料，其质量为700g；较重的尺砣用于测量重质油料和原油，其质量为1600g。

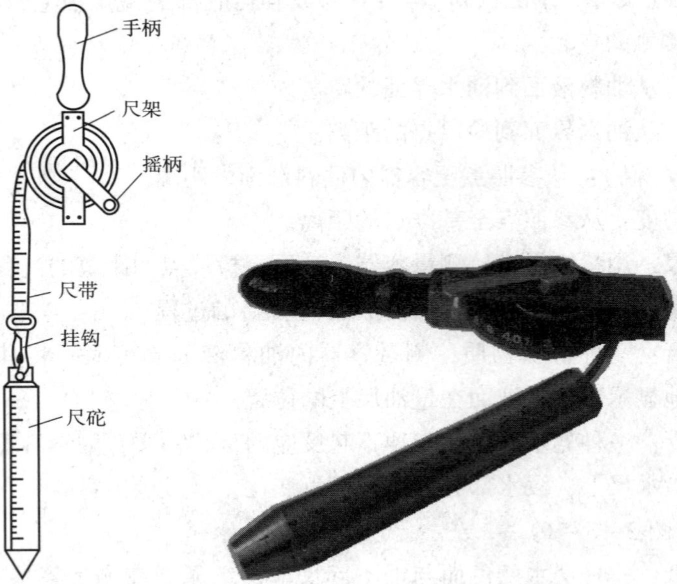

图2－3－2　量油尺

使用量油尺前，应注意检查量油尺是否合格，使用中的量油尺必须符合以下规定：

①尺带不许扭折、弯曲及镀接；

②刻度线、数字应清晰；

③尺砣尖部无损坏；

④有检定周期内的修正值表；

⑤使用量油尺前应校对零点，并检查尺砣与挂钩是否连接牢固。

量油尺使用后应擦净，收卷好，放在固定的尺架上。油料交接计量使用的量油尺检定周期最长不超过6个月。

2. 量水尺

量水尺又称检水尺，用来测量储油容器内底部游离水水面高度，如图2－3－3所示。

量水尺形状为圆柱形或方形，采用与金属摩擦不产生火花的黄铜或铝合金制成，全长300mm，最小分度值为1mm。

(三)液位测量

所有测量操作应符合GB/T 13894《石油和液体石油产品液位测量法(手工法)》的规定。

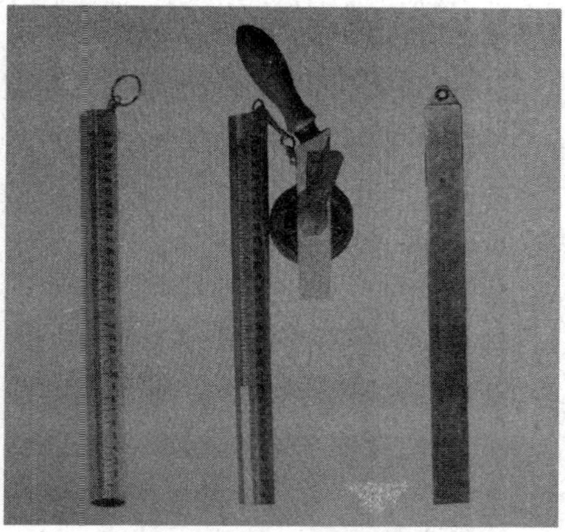

图 2-3-3　量水尺

1. 操作前的准备

上罐操作前，首先检查计量器具及试剂是否合格和携带齐全，了解被测量的储油容器及相连管线的储油工艺情况及液面稳定时间。油料交接计量前，应先排放罐底游离水。

2. 操作方法和要求

对于没有底部障碍物或沉淀物的容器，应用直接测量油高的方法(图 2-3-4)。测量操作前，站在上风口打开计量口，待油蒸气散去后进行测量操作，操作时一手握尺小心地沿着计量口的下尺槽下尺。尺砣不要摆动，另一手拇指和食指轻轻地固定下尺位置，使尺带下伸，尺砣将接触油面时应缓慢放尺，以免破坏油面的平稳。当下尺深度接近参照高度时，用摇柄卡住尺带，手腕缓缓下移，手感尺砣触底后核对下尺深度(下尺深度应等于参照高度)，以确认尺砣触底。对于轻油可立即提尺读数，对于黏油稍停留数秒钟后提尺读数。读数时可摆动尺带，借助光线折射读取油痕的毫米数，再读大数。轻油易挥发，读数应迅速。若尺带油痕不明显，可在油痕附近的尺带上涂试油膏。连续测量 2 次，读数误差不大于 1mm，取第一次的读数，超过时应重新检尺。

对于原油、重质燃料油、重质润滑油应检空尺(图 2-3-5)。待油面稳定后，站在容器顶部计量口的上风口，一手握尺，小心地沿参照点的下尺位置下尺。下尺时尺砣不要摆动，尺砣接近油面时应缓慢下尺，以防静止的油面被破坏。当尺砣和部分尺带进入油层后，卡住尺带；用另一手指压住尺带，对准计量口的参照点停留 1min 后，读取与参照点相重合的尺带刻线示值 L，L 值最好是整数，否则可将尺带继续下伸，使 L 值的刻线读数是厘米以上的整数。提尺后读取尺带的浸油深度 L_1，$L-L_1$ 即为空间高度（空距）。容器的总高减去空间高度，即为容器内油面的高度。表达式为：

$$H_1 = H - (L - L_1)$$

式中 H_1——油面高度，m；

H——容器参照高度，m；

L——尺带下尺高度示值，m；

L_1——浸油深度，m。

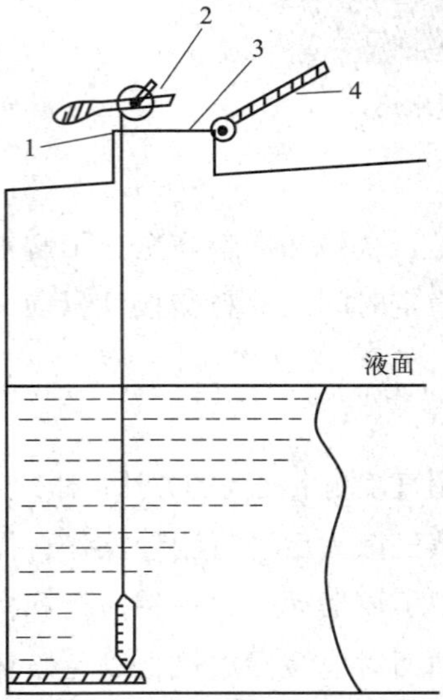

图2-3-4 检实尺法测量油高

1—参照点；2—量油尺；
3—计量口；4—计量口盖

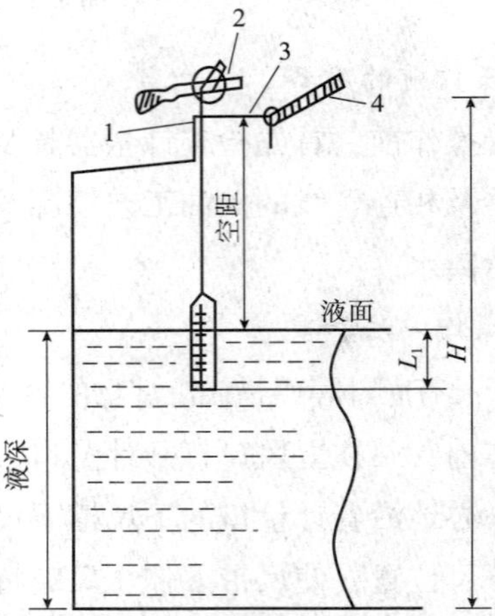

图2-3-5 检空尺法测量油高

1—参照点；2—量油尺；
3—计量口；4—计量口盖

空距应连续测量2次，读数误差不得超过2mm。若2次读数误差不超过1mm时，取第一次测量值；若超过1mm时，取两个测量值的平均值。

3. 其他规定

（1）检尺部位：

立式金属罐、卧式金属罐均在罐顶计量口的下尺槽或标记处（参照点）进行检尺。

铁路罐车在罐体顶部人孔盖铰链对面处进行检尺。

油船舱上有两个以上计量检测口时，应在舱容表规定的计量口进行检尺。

(2)液面稳定时间：

收、付油后进行油面高度检尺时必须待液面稳定、泡沫消除后方可进行，液面稳定时间有如下规定。

通常，轻油液面稳定时间不少于15min，重油液面稳定时间不少于30min。

(3)新投用和刚清洗后的立式油罐应往罐底垫1m以上的油后，再进行收、付油料交接计量。

(4)浮顶罐的油料交接计量，应待浮顶起浮后进行量油，以避免收、付油前后浮顶状态发生变化产生计量误差。

(5)油料交接计量前后，与容器相连的管路工艺状态应保持一致。

4. 容器内底水的测量

将量水尺擦净，在估计水位的高度上，均匀地涂上一层薄薄的试水膏，然后将量水尺在容器计量口的指定下尺槽降落到容器内，直至轻轻地接触罐底。应保持量水尺垂直，停留5～30s后，将量水尺提起，在试水膏变色处读数，即为容器内底水高度。

当容器内底水高度超过300mm时，可以用量油尺代替量水尺。

5. 自动化液位测量仪

多年来，我国石油储运行业一直沿用油罐静态手工计量，在实际工作中，由于人为因素带来的误差和各类纠纷屡见不鲜。为改变这种技术管理上的落后状况，我国近年来吸取国外先进经验，引进并研制了多种油罐静态自动计量仪表，以实现油罐液位自动监测。许多单位在实现油料计量自动化管理方面做出了一些有益的尝试。目前，英、美、日等先进国家都在油料静态自动计量方面实现了计算机联网管理，随着新技术的引进和推广应用，相信我国石油储运行业也会实现这种先进的管理技术。下面就国内外较常见的容器计量自动化仪表作一简介。

(1)浮子式钢带液位计：

浮子式钢带液位计主要由检测部分(浮子及导向钢丝)、传送部分(穿孔钢带及滑轮组)和指示部分(恒力盘簧、链轮、钢带及收、放轮和盘簧轮)组成。浮子为扁平柱形，利用导向钢丝由弹簧张紧器紧固在油罐内，当液位变化时，浮子在两导向钢丝之间滑动，具有抗扰动性，平稳、可靠、灵敏。

图2-3-6中所表示的状态为浮子在平衡位置时的受力情况。浮子所受的浮力F、重力W，以及恒力弹簧提供的拉力P，这三个力的合力为零，浮子呈静止

状态。即：

$$F + W + P = 0$$

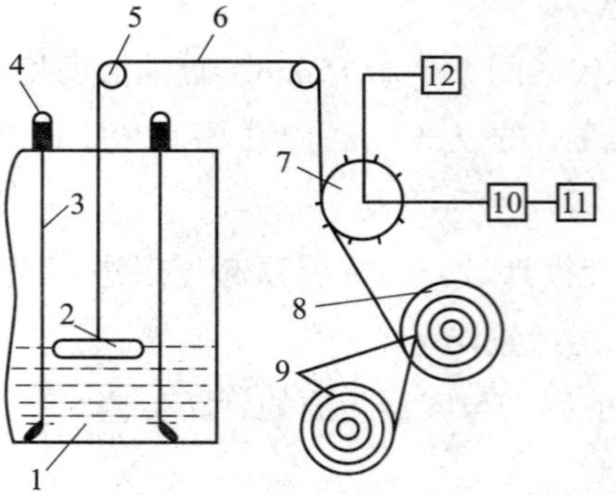

图2-3-6 浮子式钢带液位计示意图

1—油罐；2—浮子；3—导向钢丝；4—调节器；5—滑轮；6—穿孔钢带；7—链轮；8—收、放轮；9—恒力盘簧；10—分度盘；11—计数器；12—变送器

当被测罐内的液位上升时，浮子导向钢丝向上运动，带动穿孔钢带向右运动，钢带张力减小，这时恒力盘簧顺时针方向转动，将穿孔钢带卷绕在钢带收、放轮上。钢带上因冲有等距离的、准确度很高的小孔，它精确地与链轮相啮合，并带动链轮转动，驱动计数器计数，显示新的液位，同时输出角位移量作为远传信号。

(2)油罐雷达液位计：

雷达液位计是近些年来推出的一种新型的油罐液位测量仪表，其特点是采用了全固体状的雷达测距技术，整个仪表无移动部件，无任何零件与油罐内的介质接触，控制单元采用了数字处理技术，测量准确度高，很易扩展到油罐的监控系统。维护保养的工作量很少。

由振荡器产生的脉冲雷达信号被送往检测系统，检测器同时向油罐液面发出脉冲雷达信号，并接收由液面反射回来的脉冲雷达信号，由此产生一个时间差，即：

$$D = \frac{1}{2}c\Delta t$$

式中 D——雷达天线至油罐液面之间距离(空尺)；

c——雷达在介质中的传播速度，c 为光速，3×10^8m/s；

Δt——发射雷达和接收反射雷达的时间差。

根据上述原理，要准确地测出 t 必须制作高分辨率的时间检测器。因此，将脉冲雷达直接用于测距，尤其是测短距离是难以实现的。

(3)光导式液位计：

光导式液位计在钢带液位计的基础上运用了光导技术，使其适用于任何防爆区域。光导式液位计采用钢带液位计的机械检测部分作为一次仪表，信号传输转换部分有投光光纤、受光光纤和安装于罐下的光机变换器，在控制室装有计算机、光发射器和光接收器等。其结构框如图2－3－7所示。

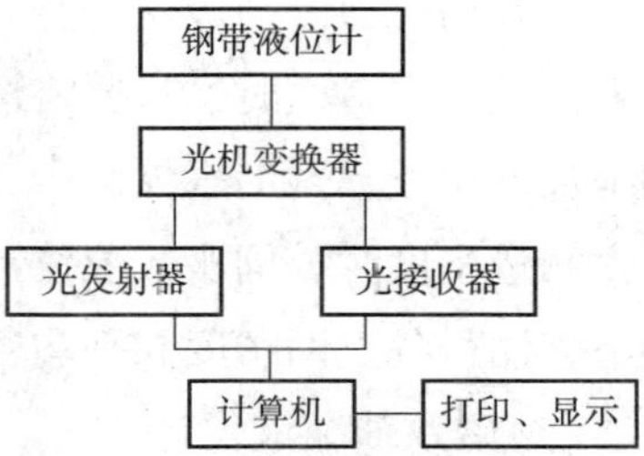

图2－3－7　光导式液位计结构框图

当罐内液位发生变化时，钢带随浮子上下移动。由于钢带上冲有小孔，光源由控制室发出后，经过投光光纤传输到罐下部的光机变换器，穿孔的钢带处于通光或不通光的状态，因而在受光回路中产生了相应的脉冲信号，完成了机械位移到光信号的转换。在光机变换器中有一反射膜片，受光光纤通过反射膜片将光脉冲信号传输到控制室中的光接收器。在光脉冲的照射下，光敏管产生脉冲电流，完成了从光到电的转换过程。计算机根据发回的脉冲信号进行数据处理，从而显示罐内液位的数值。

(4)伺服式液位计：

伺服式液位计是20世纪50年代出现的液位测量仪表。随着电子技术的飞速发展，该产品现已发展到第六代，出现了满足计量交接要求级的产品。伺服液位计在轻质油、化工产品、液化石油气、天然气方面应用得比较广泛。下面简单介绍某公司的计量级伺服式液位计。

伺服式液位计主要由接线端室、鼓室和电气单元室组成。在电气单元室内可以根据要求，分别插入点温、平均温度、压力、密度等测量卡件，实现罐内液位、油水界面、温度和密度的准确测量。

浮子由一根强度和柔性很高的钢丝悬挂于测量鼓上。浮子的密度大于被测液体的密度，浮子的一部分浸没于被测液体中，根据浮力原理，浮子受到一个向上正好等于浮子所排开液体重量的浮力。

浮子所受到向上的拉力即钢丝上的张力等于浮子的重量减去它所受向上的浮力，根据杠杆滑轮原理，钢丝上的张力直接被传到高准确度的力传感器上。一般情况下，浮子平衡在液面上，其所受的拉力被设定于伺服机构的控制器中，力传感器不断地测量钢丝上的张力。当液位下降时浮子失去向上的浮力，则力传感器测到的张力增加，力传感器和伺服控制器进行力的比较，使伺服马达带动测量鼓放下测量钢丝、浮子去追踪液位，直到浮子所受的拉力即钢丝上的张力等于力传感器设定的拉力。当液位上升时，这个过程相反。

测量油水界面时，只要将伺服机构控制器中拉力的设定值减小，浮子则会自动地从液位下降至油水界面。

测量密度时，伺服式液位计会自动地根据当前液位，命令浮子分 10 点浸入液下，测得各点的密度和平均密度。

(5)磁致伸缩液位计：

磁致伸缩液位计是近年来推出的新型油罐液位测量仪表，其特点是设计新颖、性能更可靠、安装更方便，其所有的电路单元均集成在一个直径为 15. 87mm 的传感器管内，特别适合油库的自动化系统改造。磁致伸缩液位计是针对各种液体介质连续测量的理想选择。

磁致伸缩液位计由三部分组成：探测杆(内装磁致伸缩线)、电路单元(集成在传感器管内)和浮子(图 2－3－8)。磁致伸缩线直径约 0. 635mm，经挤压和热处理后仍保持电磁特性。测量时，电路单元产生电流脉冲，该脉冲沿着伸缩线向下移动。由于浮子内装着一个环形永磁铁，所以浮子同时产生一个磁场，当电流磁场与浮子磁场相遇时，产生一个“扭曲”脉冲，或称“返回”脉冲。将“返回”脉冲与电流脉冲的时间差转换成 4～20mA 的信号，计算出浮子的实际位置，从而可测得液位。

图 2－3－8　磁致伸缩液位计

二、容器内油温测量

测量容器内油料液面高度后，应立即测量油温，选择一支适合容器内油料温度范围的便携式电子温度计 PET 或液体玻璃温度计进行温度测量。

油温测量操作应符合 GB/T 8927《石油和液体石油产品温度测量 手工法》的规定。

(一)测温器具及其测温方法

1. 便携式电子温度计 PET

PET 的最低分辨力为 0.1℃，其测温范围与准确度的关系如表 2-3-1 所示。

表 2-3-1　测温范围与准确度的关系

测温范围/℃	准确度/℃
-10 ~ 35	±0.2
-25 ~ 10	±0.3
35 ~ 100	

便携式电子温度计可以作为精确的测量装置使用，测量罐内一个或几个点的油料温度。它也可作为标准温度计使用，检验其他温度测量装置(固定安装的)的准确度。它应该具备合适的测温范围，覆盖预期测量的最低和最高温度。为温度计提供一个双度盘和范围变化开关，可以使其能够覆盖预期测量的最大范围。如果是数字式显示，其最低分辨力应为 0.1℃。显示器的数字应清晰醒目，即使存在光线散射的局部故障或其他原因，也不至于误判读数。便携式电子温度计在使用前，应该由有资质的校准实验室校准合格。

(1)在便携式电子温度计首次使用前，应进行如下检验：

1)检查便携式电子温度计是否符合温度计的规格要求，表面有无损伤。

2)检查电池状态，必要时应更换电池或重新充电。

3)用已经校准过的标准温度计检查 PET。如果 PET 配备了检验装置，按下校验按键或插入校准电阻。

4)检查温度计的响应时间。当指示温度的变化稳定在 0.1℃达 30s 时，则平衡建立，检查温度计的响应时间，即温度计响应已知温度梯度变化所用的秒数。

注：考虑到油罐计量的适用性，响应时间通常少于 15s。

在存放 PET 时为避免电缆/尺带的纠缠和折弯，应将它们缠绕在卷线轴上。当暂时不用时，可充电仪器应进行及时充电，非充电仪器在长期存储之前，应卸掉电池。

(2)PET 的使用步骤：

①在打开计量口或蒸汽闭锁阀之前，将 PET 的壳体放到罐体上接地。

②在每次用于交接计量前后，检查电池的电量。

③在可能的情况下，使用随机配带的检验装置检查电子电路和显示器。

④把传感探头降落到第一个预定的液深位置，重要的是将 PET 传感器浸入正

确深度，通过观察尺带或电缆上的刻度可以简化操作。

⑤在预定液深上下大约0.3m的高度内，上下缓慢提拉传感器，使传感器与周围液体迅速达到平衡。当指示温度在30s内的变化不超过0.1℃时，就可认为温度计与周围液体达到平衡。

⑥在确保读数稳定后，读取记录温度计的读数，作为该点的测量温度。

⑦如果需要多点温度，则在其他液深位置重复上面的步骤。

⑧如果测量记录了多个液位温度而且最高和最低的温度之差在1.0℃以内，则可直接计算平均温度，否则，应在相邻两点中间的液深位置再依次补测温度，然后再计算平均温度。

2. 液体玻璃温度计

如果没有可供使用的PET，液体玻璃温度计也可以优先替代它测量温度。可以优先使用酒精玻璃温度计代替水银玻璃温度计，但首先应保证其测量的准确度和分辨力达到实际需要。温度计的分辨力应不低于0.2℃。实际上，对于油罐取样法使用的温度计，在油料温度小于40℃时，其分辨力应达到0.1℃；在40～80℃时应达到0.25℃；在大于80℃时应达到0.5℃。在－10～35℃时，准确度应达到±0.1℃；在－40～－10℃和35～80℃时应达到±0.25℃；在80～120℃时应达到±0.5℃。

在油罐取样法中组合使用来测量散装油料温度的液体玻璃温度计在各种工况条件下的建议温度范围，如表2－3－2所示。

表2－3－2　液体玻璃温度计的建议温度范围

油料特性和环境条件	温度范围/℃
寒冷气候下的非加热油料	－40～30
温暖气候下的非加热油料	－15～40
酷热气候下的非加热油料	10～65
加热油料	35～120
船上的非加热和加热油料	0～80

(1)液体玻璃温度计应该符合如下要求：

①所有液体玻璃温度计应为固体杆管充气(非空气)型(棒式)。

②温度计的杆管应由合适的玻璃管制成，而且有一个釉质背面。

③温度计感温泡应由经过选材和处理过的测温玻璃制成，使成品温度计能达到GB/T 514所规定的性能。

④管径扩张部分(如膨胀和收缩室)距刻度部分应大于10mm。

⑤刻度标记应清晰蚀刻而且具有一致的线宽，不超过0.15mm。刻线应垂直于温度计中心轴。当从前面并且在一个垂直位置观察温度计时，所有标记应终止于一条线，即平行于温度计轴线的左侧标尺基线。

⑥每支温度计应标注所使用的浸液深度，例如“60mm浸液”。

⑦每支温度计应标记唯一的系列号，在每次校准时，该系列号应登记在校准证书上。

⑧通过热处理降低玻璃中的应力，热处理的水平应足以使由机械或热冲击引起的破碎可能性减到最小。

⑨通过恰当的热处理使温度计人为老化，确保其稳定性。

⑩准备作为标准温度计使用的温度计应由能溯源到国家基准的上级校准机构校准合格，标准温度计的最低准确度和分辨力应符合有关规定。

在选择温度计时，预计的测量温度应该在两终端刻线的范围内，而且到任一终端刻线的温度数在1℃以上。避免使用刻板对面有大量釉面磨损的温度计。这种温度计应该报废或用合适的釉面漆重新填补。在任何情况下，都不应使用需要进行热处理的釉面漆。

(2)液体玻璃温度计的使用应符合如下规定：

①为避免由视差引起的误差，读数时应抓住温度计，使视线与杆管基本垂直。温度计的感温泡应始终浸泡在液体中，读数时应按温度计校准时的浸液深度将液柱部分浸入液体中。

②当温度计不在校准的浸液条件下使用时，为获得正确的读数，应按规定进行露出液柱的修正。

温度计读数的修正值可由式(2-3-1)估算：

$$\text{露出液柱时的读数修正值} = na(t - t_F) \qquad (2-3-1)$$

式中　t——温度计的观测读数；

n——油面(或温度套管的嘴部)与观测读数之间的分度数；

t_F——露出杆管的平均温度；

a——从液体体膨胀系数中减去玻璃体膨胀系数获得的玻璃相对于感温液体的表观体膨胀系数。对于水银玻璃温度计，在采用摄氏温度时，a 约为0.00016。

3. 油罐取样法测温装置

油罐取样法测温装置有三种：杯盒温度计、充溢盒温度计和取样瓶，它们是用来测量常压罐中接近环境温度的液体温度。

(1)杯盒温度计：

杯盒可以由涂过漆的硬木或不打火花的防腐材料制成，拥有一个容量至少为100mL的杯子，其几何尺寸能保证感温泡到杯壁的最近距离不小于10mm，感温泡底部在杯底以上(25±5)mm的位置。杯盒内玻璃温度计的准确度和分辨力应符合要求(图2－3－9)。

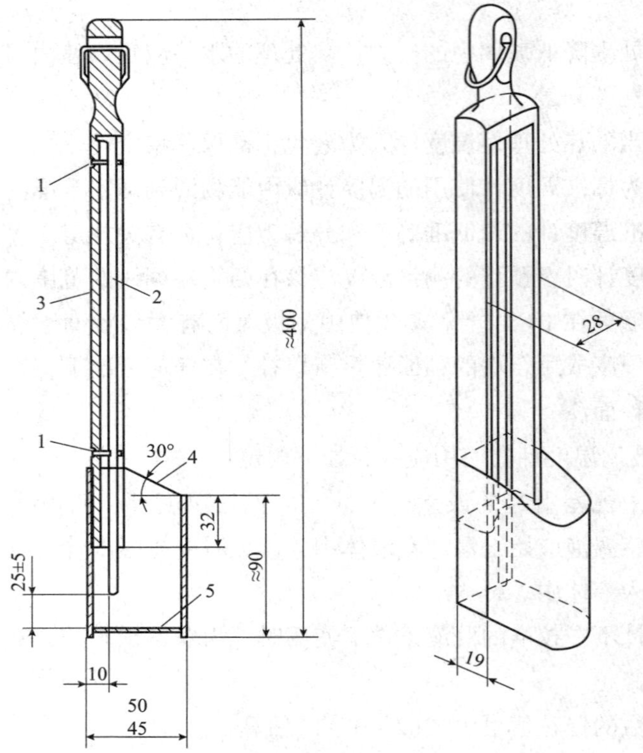

图2－3－9　杯盒温度计(单位mm)

1—固定夹；2—温度计；3—硬木或金属框；4—耐腐蚀的金属杯，100mL；5—密封底

1)杯盒的使用步骤是：

①将杯盒温度计放到按表2－3－3选择的第一个液深位置。

当常压罐中与环境温度相差超过15℃时，在测温位置采集样品前，杯盒组件开始应至少浸入两次(每次浸没后倒空杯盒)，有助于在每次测温前使杯盒温度计尽快从环境温度达到罐内油料温度。

②让杯盒在该位置保持足够长的时间，使其与周围油料达到温度平衡。

③从油料中提出杯盒温度计，应注意保护，避免受到不利气候条件的影响

（将杯盒保持在检尺口以下，可以起到一定的保护作用），按规定读取记录温度计的读数及取样高度。

④再按表2-3-3选择下一个液深位置，重复①~③，直到完成所有位置的温度测量。

⑤计算所有测量温度的平均值，修约至0.1℃，作为罐内液体的平均温度。

表2-3-3　不同油深下的温度测量位置和最少数目

油料深度/m	最少测量点数	测量位置
>4.5	3	上部、中部和下部
3.0~4.5	2	上部和下部
<3.0	1	中部

2）杯盒温度计使用的注意事项：

①必要的浸没时间取决于油料黏度、杯盒的热传导性以及油料与杯盒之间的温差。杯盒温度计达到热平衡所花费的时间应该通过实际实验评估温度计随周围环境温度梯度变化的响应来确定。在大约0.3m的高度内反复提放杯盒温度计，可以减少浸没时间。在表2-3-4中给出的是杯盒温度计的建议浸没时间。

表2-3-4　杯盒温度计的建议浸没时间

油料的标准密度/（kg/m^3）	杯盒运动时的浸没时间/min	杯盒静止时的浸没时间/min
<775	5	10
775~825	5	15
825~875	12	25
875~925	20	45
>925	45	80

②当取出杯盒组件读取温度时，杯盒应保持充满状态，而且读数时间应尽可能短。

③在用于原油或燃料油后，温度计及杯盒应当用煤油或汽油清洗并用布擦干，防止形成重油隔热膜。

（2）充溢盒温度计：

充溢盒应由至少200mL容量的圆筒和刚性连接到筒体的温度计保护管构成（图2-3-10）。充溢盒和保护管不应由铝或铝合金制成。温度计应连接到充溢盒上，感温泡底部应在盒底以上大约(25 ±3)mm 的位置。

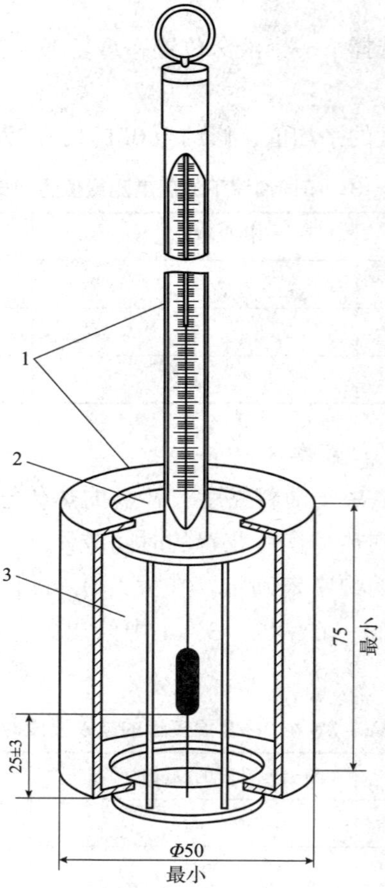

图 2 -3 -10　充溢盒温度计(单位 mm)

1—不打火花的金属；2—开启和关闭机构的某种设计；3—至少 200mL 的容积

筒体应由合适的能充分耐油的保温材料制成，或者配有某种能延迟热量损失的保温套。筒体的顶部和底部应该有一种能快速启闭的密封盖。在打开位置时，可以确保液体自由流过筒体内部及温度计的感温泡；在关闭位置时，密封盖应能够保存一满罐液体。

该设备的设计应该能够通过悬吊绳的急拉或某种合适的遥控来控制密封盖的开启和关闭。

该装置的材质和结构应使油料温度测定所需要的时间不超过规定的充溢时间。

由于读数时的温度计杆管未全部浸入油中，因此应对温度计进行局部浸入状态下的校准并且充溢盒中温度计的准确度和分辨力应符合规定要求。

1）充溢盒温度计的使用步骤：

①在充溢盒的液体进出口能自由开闭（其开口有的需提前打开）的前提下，将其放入油罐。

②充溢盒在入油时先进行初步充溢，后按表2-3-3将其放到从上往下数第一个液深位置。当放到该位置时，在大约0.3m的高度反复提放充溢盒，充溢至少2min。

当常压罐中与环境温度相差超过15℃时，开始时应该用罐内油料冲洗充溢盒至少两次。当用于加热到60℃以上的黏性油料时，连续充溢时间应增加到5min，确保充溢盒温度计与罐内油料有足够的平衡时间。

③当充溢盒温度计与周围液体达到温度平衡时，急拉操作绳关闭充溢盒（或操作遥控关闭机构）。收回充满油样的充溢盒，应尽可能避免不利气候条件的影响（将充溢盒保持在检尺口以下，可以起到一定的保护作用），按规定读取记录温度计的读数和取样高度。

④按表2-3-3选择下一个液深位置，重复①~③，直到完成所有位置的温度测量。

⑤计算所有测量温度的平均值，作为罐内液体的平均温度。

2）充溢盒温度计使用的注意事项：

①在提放期间，应注意避免急拉操作绳，防止充溢盒过早关闭。

②在用于原油或燃料油后，温度计及充溢盒应当用煤油或汽油清洗并用布擦干，防止形成重油隔热膜。

（二）测温位置

1. 立式金属罐

立式金属罐温度测量的位置和最少数目取决于罐内的液体深度，相关规定如表2-3-5所示。

油料的上部、中部和下部位置是指油料深度的5/6、1/2和1/6，在油面以下小于150mm的位置或液层底部以上小于150mm的位置，不应进行温度测量，用PET或液体玻璃温度计测量各位置的温度，按规定读取记录各个位置的温度读数，取各个位置测量温度的算术平均值，作为罐内油料的平均温度。

当油料温度与环境温度相差超过15℃时，为获得具有代表性的平均温度，可能必须在超过表2-3-5规定的最少点数的更多位置进行温度测量。如果液体深度远超过4.5m时，可以按同比例高度进行补充测量。如果怀疑油料存在温度分层，可以适当增加测温点数。

当只使用一个计量口时，将该计量口修约至0.1℃的平均温度作为油罐液体的平均温度。当使用一个中心口加几个外围口时，在不修约的情况下，首先依次计算出中心口平均温度与每个外围口平均温度的算术平均值。将这些算术平均值的总和除以平均值的个数，结果修约至0.1℃，作为罐内液体的平均温度。

对于立式圆筒形浮顶罐，通过打过孔的计量管或导向管测量温度。如果没有打过孔的计量管或导向管，则应该从靠近检尺台的检尺口，打开压盖，用温度计测量温度。

2. 卧式金属罐

在充满或接近充满的卧式圆筒罐中，应在相当于油料深度5/6、1/2和1/6的上、中、下三个高度进行温度测量。测量记录如上三点的温度，按照3倍的上部测量温度、4倍的中部测量温度和3倍的下部测量温度之和的1/10计算加权平均温度。

即：

$$t = \frac{3t_{上} + 4t_{中} + 3t_{下}}{10}$$

部分充满的卧式圆筒罐需要在对应总油料体积的5/6、1/2和1/6的高度进行测量。对应高度可以通过油罐容积表查到。按规定读取记录各点的温度读数，取各点温度的算术平均值，作为罐内液体的平均温度。当罐内液体深度小于2m时，只需在对应油料体积一半的高度测量一点温度，取该点温度作为罐内液体的平均温度。

当有理由怀疑油罐两端存在温度变化而且配备了适当的计量口时，应在油罐的每一端分别测量上、中、下温度。计算油罐每一端的平均温度，将如此得到的两个平均温度的算术平均值作为罐内油料的平均温度。

3. 汽车罐车和铁路罐车

按照常压罐中接近环境温度的液体规定的某种方法测量温度。在测量只运载一个油罐的车辆时，经协商一致，测量中部一点(即一半液体体积所对应的液深)一般就足够了。按规定读取记录温度计的读数，该温度通常就作为车载容器内液体的平均温度。

如果运载车辆分成若干个罐，通常应在每个罐的中部位置测量温度(如上所述)。然而，当多个罐车装载来自同一油罐的非加热油料时，经协商一致，可以随机选择至少10%(最少3个)的罐车测量温度，但所有罐车应具有相同的标称容量，并且全部为保温罐或裸罐，用玻璃温度计测量时，所有罐车还应处于相同的环境条件下。当为方便寒冷气候下卸油而对罐车进行加热时，每个罐都应在检尺的同时测量温度。

在所有罐装有同种油料时，可以采用每个罐测量的平均温度单独计量，也可以使用体积加权法计算总平均温度，进行整体计量。体积加权法就是将每罐液体的平均温度乘以它所装的体积，再将它们加在一起，然后除以总体积。由此计算的体积加权平均值修约到0.1℃，作为该批油料的平均温度。

4. 油船

油船的温度测量的位置和最少数目取决于油料深度，同样按表2-3-3确定。经交接双方协商一致，温度测量的点数也可以根据油料温度的分层情况适当增加。各点测量温度的算术平均值通常作为油舱内液体的平均温度。

如果船上的底油或残油量不允许进行温度测量，那么可以假设油料温度等于标准温度。大量底油或残油的温度(如倾斜状态)应在油层的中部进行测量。

三、容器内取样

(一)取样设备

在GB/T 4756《石油液体手工取样法》中列举了不少油料取样设备，结合成品油计量的需要和发展，在此介绍几种取样设备。

1. 配重取样桶

配重取样桶是有适当的容量并在液体成品油中能自由下沉的一种油料取样装置。目前被广泛应用于库存成品油计量中。

配重取样桶由提环、盖环、盖环螺母、上盖、弹簧、弹片、耳环、铆钉、筒体、垫铅等部件构成，如图2-3-11所示。

配重取样桶应满足的技术要求：

①取样桶材质应为铜、铝或与铁器撞击不产生火花的其他合金材料制成。

②取样桶自身重量应是排出液体重量的1.5~2倍。

③取样桶总容积应为1200mL。

④取样桶的假底内的垫铅不得活动；盖、塞要严密，松紧适度。

⑤取样桶连接在一根摩擦时不产生火花的材料制成的绳索上，以便能在容器中任何一个需要的位置取样。

⑥取样桶的主要尺寸结构应符合图2-3-11的要求。

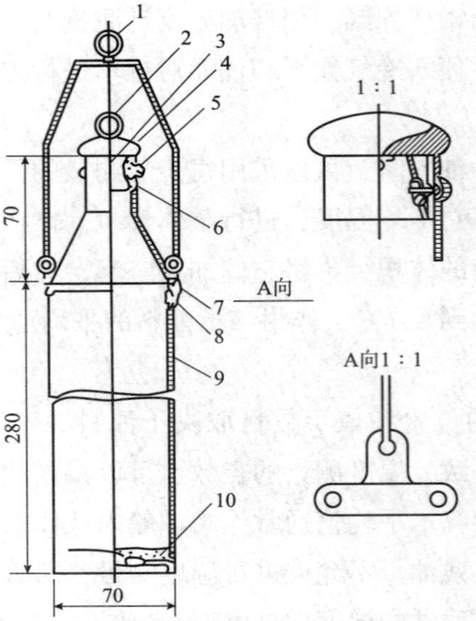

图 2－3－11　配重取样桶(单位 mm)

1—提环；2—盖环；3—盖环螺母；4—上盖；5—弹簧；6—弹片；
7—耳环；8—铆钉；9—筒体；10—垫铅

2. 取样笼

取样笼是一个金属的支座或笼子，有合适的结构以容纳容器，装配好的设备应具有能在被取样的液体成品油中迅速下沉的重量，并保证油样在任何要求的液面都能充满容器，如图 2－3－12 所示。

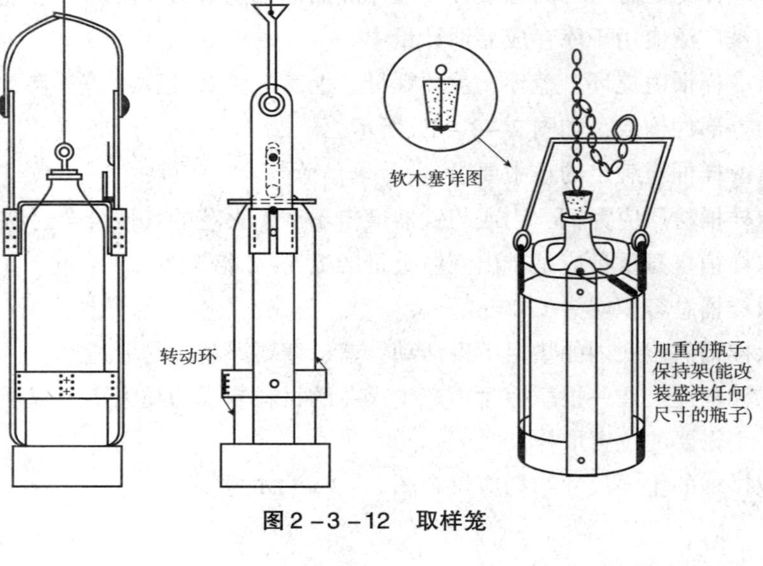

图 2－3－12　取样笼

为了与取样笼匹配，要求有特殊尺寸的玻璃试样瓶。对于透明的挥发性成品油(如汽油)，采用取样笼一般比配重取样桶要好。因为当从配重取样桶转移油样到另一个容器时，会产生轻质馏分的挥发。

3. 筒状取样器

筒状取样器是一个直径均匀的管状装置，配有上部和下部隔离翼阀或瓣阀。向上运动时，可以从罐中任意所选液面收集正确的和相对未经扰动的试样。但是所选择的液面不能低于罐底的上方 12mm，如图 2－3－13 所示。

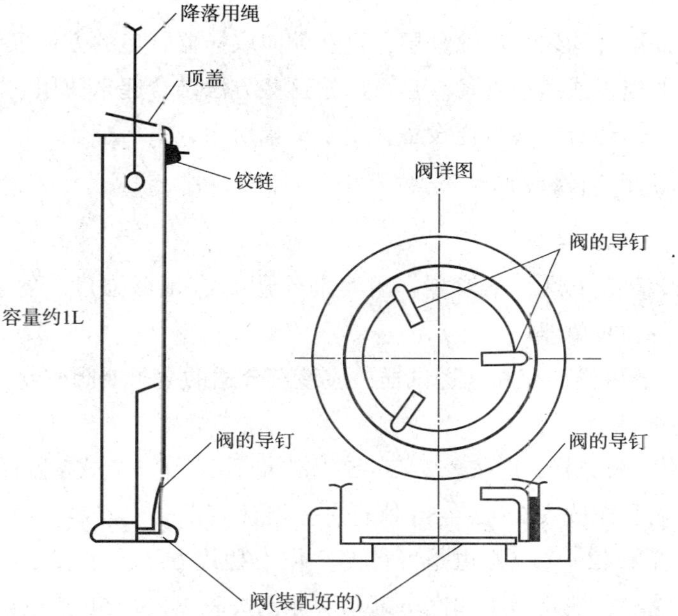

图 2－3－13　筒状取样器

4. 管线取样设备

管线取样设备是一个伸到管线内的取样器，其试样入口中心点应在不小于管线内径的 1/3 处(图 2－3－14)。取样点应位于湍流(当雷诺数超过 2000 时产生湍流)范围内，湍流常在管线的冲洗段或在泵的输出侧。如果没有冲洗段的话，取样器应水平安装在管线的垂直段，且靠近泵出口。取样线路应尽可能地短。建议取样点应距离所有组分的最后注入点的下游约 25 倍管线直径之处，以保证所有组分能充分地混合。

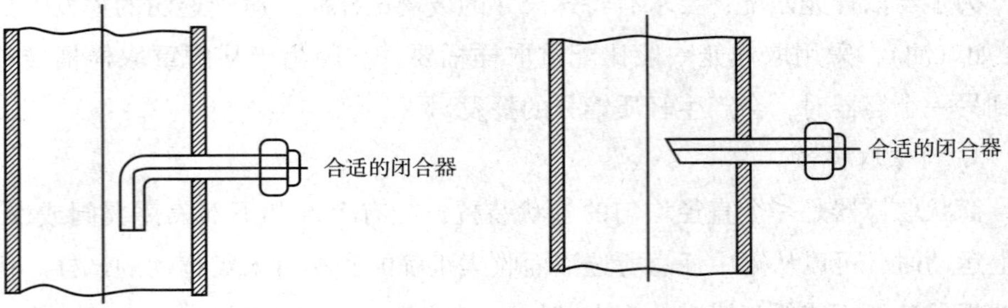

图 2-3-14　管线取样器

为了保证混合均匀和消除分层，可在朝向取样器开口的方向安装钻有小孔的板、一系列的挡板或缩小管径。也可以把这些方法结合起来使用。

除此之外，还有一些取样设备，由于篇幅所限，不再细述。

(二)容器内油料取样

1. 取样前的准备

(1)选择清洁干燥、不渗漏、耐溶剂作用并有足够强度、容量适合的取样器、取样设备和收集器。

(2)收集器可供储存和远送试样，应该有合适的塞子或阀密封试样。

2. 取样部位

为取得代表性试样，应按表 2-3-5 规定执行，其中：立式罐取样按表 2-3-5a 执行；卧式罐取样按表 2-3-5b 执行，需要注意的是：经各方同意，在装油体积一半的位置采集一个点样也是可行的。作为替代方法，按表 2-3-5a 中的方法也是可接受的；铁路罐车和汽车罐车取样也按表 2-3-5b 执行(仅适用于开口取样)，对于一列装有相同产品的铁路罐车，各方就有限数目罐车中采样达成一致，应按表 2-3-5c 所述通用方法的取样计划，从据此选择的罐车取样，但应包括首车。

表 2-3-5a　立式罐取样部位

液位(h)/m	取样的点数和位置		
	上部	中部	下部
$h \leqslant 3$		√	
$3 < h \leqslant 4.5$	√		√
$h > 4.5$	√	√	√

注："√"代表采样点。

表 2 -3 -5b　卧式罐、铁路罐车及汽车罐车取样部位

液体深度（直径百分数）	取样位置(罐底以上直径的百分数)			组合样(各部分的比例)		
	上部	中部	下部	上部	中部	下部
100	80	50	20	3	4	3
90	75	50	20	3	4	3
80	70	50	20	2	5	3
70		50	20		6	4
60		50	20		5	5
50		40	20		4	6
40			20			10
30			15			10
20			10			10
10			5			10

表 2 -3 -5c　取样数

罐车总个数/舱室总个数	最少取样舱室数
2 ~ 8	2
9 ~ 15	3
16 ~ 25	5
26 ~ 50	8
51 ~ 90	13
91 ~ 150	20
151 ~ 280	32
……	……

油船舱取样按表 2 - 3 - 5a 执行(仅适用于开口取样)，对于一艘由多个舱室组成且装有相同原油和液体石油产品的油船，应尽可能在每个舱室取样。由于各种因素的限制，当不能在所有舱室进行取样时，经交接各方协商，可按表 2 - 3 - 5c 进行随机取样，但应包括首舱。

3. 取样方法及操作注意事项

①取样时，首先用待取样的油料冲洗取样器一次，再按照取样规定的部位、比例和上、中、下的次序取样。

②试样容器应有足够的容量，取样结束时至少留有 10% 的无油空间(不可将

取满容器的试样再倒出，造成试样无代表性)。

③试样取回后，应分装在两个清洁干燥的瓶子里密封好，供试样分析和仲裁使用。贴好标签，注明取样地点、容器(罐)号、日期、油料名称、牌号和试样类型等。

④操作应遵照国家安全规程和石油安全操作规范执行。采用人工取样、计量、测水和测温时，器具应符合安全要求，器具上提速度不应大于0.5m/s，下落速度不应大于1m/s。

四、油料密度测定

油料密度测定的操作应符合GB/T 1884《原油和液体石油产品密度实验室测定法(密度计法)》的规定。

(一)密度测定相关术语

1. 密度

在一定温度下，单位体积所含物质的质量，用ρ_t表示，单位为kg/m^3、g/cm^3。

2. 视密度

在实验温度下，石油密度计在液体试样中的读数，用ρ_t'表示，单位为kg/m^3、g/cm^3。该值未进行玻璃的膨胀或收缩修正。

3. 标准密度

我国规定在20℃下的密度为标准密度，用ρ_{20}表示，单位为kg/m^3、g/cm^3。

4. 实验温度

在读取密度计读数时的液体试样温度，用t'表示，单位为℃。

(二)密度测量器具

测量油料密度的器具主要有：石油密度计、液体玻璃温度计和玻璃量筒。

石油密度计，又称为浮计，工作原理为阿基米德定律，根据其浸入液体的深度来测量液体的密度。

石油密度计由压载室、躯体和干管三部分组成(图2-3-15)。

目前我国使用的石油密度计型号主要有：SY-02型，最小分度值为$0.2kg/m^3$；SY-05型，最小分度值为$0.5kg/m^3$；SY-10型，最小分度值为$1.0kg/m^3$。

密度计应满足以下技术要求：

①密度计的玻璃应光洁、透明、无裂痕和其他影响读数的缺陷；

②密度计的分度标尺刻线和数字应清晰，标尺纸条应牢固地贴于干管内壁，

并应有判断标尺是否发生移动的标记；

③密度计的金属弹丸不得有明显的移动；

④应有检定周期内的修正值表。

（三）密度测量

在油料计量测定密度时，实验温度应在容器中实际油温 ±3℃范围内。黏稠试样应达到足够的流动性，对原油样品，实验温度应高于倾点 9℃以上，或高于浊点 3℃以上中较高的一个温度。

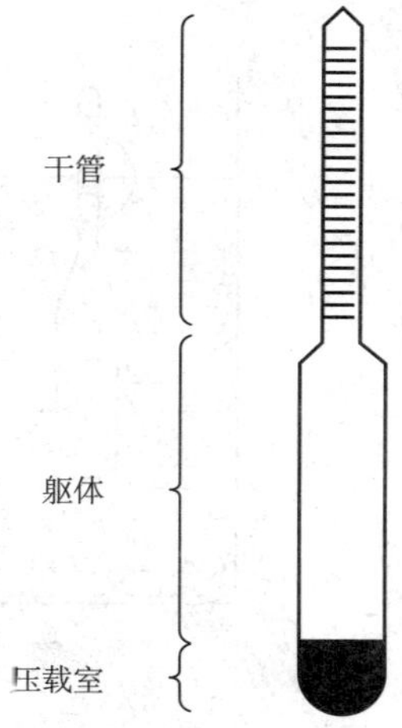

图 2－3－15　石油密度计

具体操作步骤如下：将均匀的试样小心地倾入量筒中。把温度计插入试样中并使水银温度计读数示值保持全浸。再将选好的清洁、干燥的石油密度计轻轻地放在试样中，待石油密度计静止后，将石油密度计压入试样两个刻度，再放开，应有充分的时间让石油密度计静止，使其达到平衡。当密度计静止并离开量筒壁自由地漂浮时，即可读取密度计刻度值。必须指出，读取密度计读数即视密度的时候，必须按照密度计上标注的规定方法进行。依据新的石油密度计技术条件 SH/T 0316 制造的密度计，可按下列方法读数。

若测定透明液体，应先使眼睛稍低于液面的位置，慢慢地升到表面，先看到一个不正的椭圆，然后变成一条与密度计刻度相切的直线（图 2－3－16）。密度计读数为液体的水平面与密度计刻度相切的那一点。

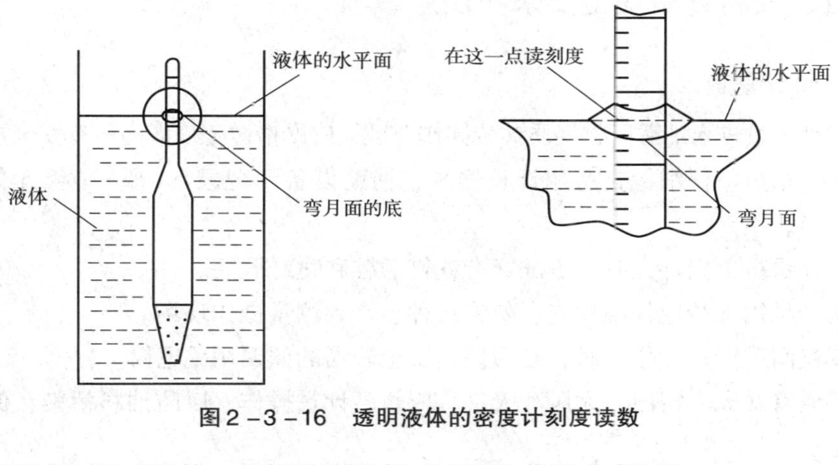

图 2－3－16　透明液体的密度计刻度读数

若测定不透明液体，应使眼睛稍高于液面的位置观察（图 2－3－17）。密度计读数为液体上弯月面与密度计刻度相切的那一点。

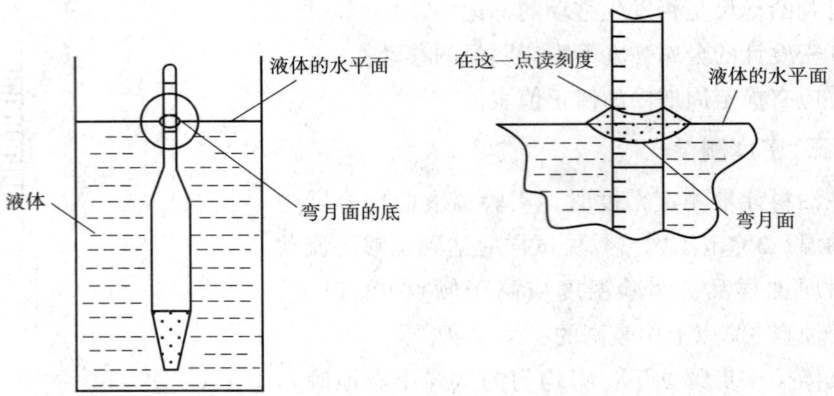

图2-3-17　不透明液体的密度计刻度读数

由于密度计读数是按液体下弯月面检定的，对不透明液体，应按表2-3-6中给出的弯月面修正值对观察到的密度计读数作弯月面修正。

表2-3-6　弯月面修正值

型号	弯月面修正值/(kg/m^3)
SY-02	+0.3
SY-05	+0.7
SY-10	+1.4

五、油料计量安全要求和注意事项

(一)计量前

①计量员进入油罐区、轻质油装卸作业区，应严格遵守该区内所有安全规定。

②计量员应仔细检查所用计量器具、辅助设备及记录本(册)是否齐备、正常和洁净。

③计量员上岗计量时，不准穿有铁钉的鞋和化纤服装。

④计量用棉纱应仔细检查，勿将火种裹带到测量操作现场。

⑤夜间进行计量作业时，必须使用安全防爆的照明用手电筒。

⑥遇有暴风、雷雨、大风沙天气，应暂停计量操作，以防油料污染，保障人身安全。

⑦计量用取样筒、温度计的系绳必须是铜链或纯棉绳，不得使用含有化纤材料的制品，以防静电事故发生。

⑧盘点计量应尽可能选择在罐内外压力平衡时。

⑨浮顶罐浮顶未浮起时，进出油速度不宜大于1m/s。浮顶浮起后12～18h，不允许计量油和取样(中间计量除外)。

⑩中间计量每隔2h一次，发现异常及时查明原因。

(二)计量中

①测油高时投尺部位：铁路罐车在帽口加封处，油罐及其他储油容器在计量口上专门设有投尺槽(或投尺标记)。

②对于整批收发同品种、同规格油料的铁路罐车、汽车罐车，应逐车依次测量油高和计量温度。

③计量员在登油罐、车、船时，脚步要轻，要把好扶手(梯)，防止滑倒跌伤和导除人体静电。

④油库在输油作业过程中测油高时，为防止静电放电，金属量油尺一端要和油罐跨接或用带木槌绝缘皮尺测量油罐空间。

⑤计量员在开启计量口的盖子时，要站在上风处；关闭计量口盖时动作要轻缓。若测量含铅汽油要戴防护口罩和橡胶手套。

⑥计量员读数时要既快又准，平时应注意严格训练。

(三)计量后

①测量完油高后，要及时收卷量油尺的尺带，不得将其散放于罐顶或操作现场。对所用的计量工具，测量结束后，要擦拭干净，妥善保管。

②计量员在完成全部测量工作，离开操作现场前，应仔细检查全部测定数据是否有错记、漏记现象，如发现疑问，应重复测量，予以核准。

③计量员在每次交接班时，要做好记录，并将本班所完成的工作记录详细、清楚。对要交给下班去完成的工作也要交代清楚。

第四节 静态油料油量计算

目前，国内以油料在空气中的重量作为贸易结算依据，因此，散装油料手工计量的最终目的是要得到容器内油料的准确重量。通过手工计量得到成品油重量计算的有关技术参数，可以根据GB/T 19779《石油和液体石油产品油量计算 静态计量》及相应技术文件(表)加以换算，得到容器内散装成品油的准确重量。

一、相关术语

(一)标准温度

确定某些随温度变化的物理量时选定的一个参照温度。我国规定20℃为标准温度。世界各国成品油计量中所使用的标准温度是不同的，如美、英等国采用60℉，日本采用15℃，俄罗斯等独联体国家与我国一样采用20℃。

(二)计量温度

储油容器或管线内的油料在计量时的温度，用t表示，单位℃。

(三)计量体积

在计量温度下，测量得到的储油容器或管线内的油料的体积，用V_t表示，单位m^3或L。

(四)标准体积

在标准温度20℃下的体积，用V_s或V_{20}表示，单位m^3或L。

(五)标准密度

在20℃和101.325kPa下，单位体积液体的质量，用ρ_{20}表示，单位kg/m^3。

(六)游离水(FW)

在油料中独立分层并主要存在于油料下面的水。V_{FW}表示游离水的扣除量，其中包括底部沉淀物。

(七)沉淀物和水(SW)及其修正系数(*CSW*)

油料中的悬浮沉淀物、溶解水和悬浮水总称为沉淀物和水。其质量分数或体积分数、体积和质量分别用SW%、V_{SW}和m_{SW}表示。

为扣除油料中的沉淀物和水(SW)，将毛标准体积修正到净标准体积或将毛质量修正到净质量的修正系数，即为1－SW%。

(八)体积修正系数(*VCF*)

将油料从计量温度下的体积修正到标准体积的修正系数。用标准温度下的体积与其在非标准温度下的体积之比表示。等同于液体温度修正系数(*CTL*)。

$$V_{20} = V_t \cdot VCF \tag{2-4-1}$$

(九)罐壁温度修正系数(*CTSh*)

将油罐从标准温度下的标定容积(即油罐容积表示值)修正到使用温度下实

际容积的修正系数。

$$CTSh = 1 + 2\alpha(t_s - 20) \quad (2-4-2)$$

式中 α——罐壁材质的线膨胀系数(低碳钢取 $\alpha = 0.000012$),℃$^{-1}$;

t_s——油罐计量时的罐壁温度,℃;

(十)表载容积($V_{表}$)

油罐标准温度下的标定容积(即油罐容积表示值)。容积表一旦编成,规定范围内的某一高度对应的容积就确定了,即某一高度对应的油罐容积表值,与油罐是否装油、装油温度多少均无关。

(十一)总计量体积(V_{to})和毛计量体积(V_{go})

总计量体积:在计量温度下,所有油料、沉淀物和水以及游离水的总测量体积。

毛计量体积:在计量温度下,已扣除游离水的所有油料以及沉淀物和水的总测量体积。

(十二)净标准体积(V_{ns})和毛标准体积(V_{gs})

净标准体积:在标准温度下,已扣除游离水及沉淀物和水的所有油料的总体积。从毛标准体积中扣除沉淀物和水可得到净标准体积。

毛标准体积:在标准温度下,已扣除游离水的所有油料以及沉淀物和水的总体积。通过计量温度和标准密度所对应的体积修正系数修正毛计量体积可得到毛标准体积。

(十三)表观质量(m)和表观质量换算系数(WCF)

表观质量:有别于未进行空气浮力影响修正的真空中的质量,表观质量是油料在空气中称重所获得的数值,也习惯称为商业质量或重量。通过空气浮力影响的修正也可以由油料体积计算出油料在空气中的表观质量。

表观质量换算系数:将油料从标准体积换算为空气中的表观质量的系数。该系数等于标准密度减去空气浮力修正值。标准取空气浮力修正值为 1.1kg/m^3。

(十四)毛表观质量(m_g)和净表观质量(m_n)

毛表观质量:与毛标准体积(V_{gs})对应的表观质量。

净表观质量:与净标准体积(V_{ns})对应的表观质量。

(十五)油船的底油(OBQ)和残油(ROB)

底油:油船装油前就存在的除游离水外的所有油、水和油泥渣等物质。

残油:油船卸油后残留的除游离水外的所有油、水和油泥渣等物质。

二、空气浮力对油料计量的影响

理论上，根据密度的定义，只是将石油在某一温度下的体积与该温度下的密度相乘，即可得到石油的质量，用公式表示就是 $m = V \cdot \rho$，这也正是我们在计量工作中实际使用的方法。而根据量值传递的原理和目前科技发展的水平，确定物体质量的基本方法是使用砝码进行平衡比较(使用天平、弹性机构或者压力传感器)。当使用砝码"称"油料重量时，因油料的体积比与之质量相当的砝码的体积大得多，油料将受到额外的空气浮力，这使得与之比较的砝码只需要比油料小一些的质量就可以与该油料平衡了。因为在生活和贸易中对油料数量的衡量都是在空气中进行的，这就使油料被"称"出来的质量永远都比它真正的、理论上的质量小。这个用砝码衡量的质量，被称为"空气中的质量""空气中的重量"或者"商业质量"。

空气浮力修正的方法是使用空气浮力修正值 1.1kg/m³，这个修正值是用下述方法得到的。

设空气密度为 e、砝码密度为 ρ 和油料密度为 ρ_1。因为空气密度 e 与砝码密度 ρ 的比值是一个很小的数，有

$$1/(1 - e/\rho) \approx 1 + e/\rho$$

所以可将 $m = V\rho_1(1 - e/\rho_1)/(1 - e/\rho)$ 变换为

$$\begin{aligned} m &\approx V\rho_1(1 - e/\rho_1)/(1 + e/\rho) \\ &= V\rho_1(1 - e/\rho_1 + e/\rho - e^2/\rho_1\rho) \end{aligned}$$

同样，$e^2/\rho_1\rho$ 也是一个极小的数值，可以略去，得到：

$$\begin{aligned} m &= V\rho_1(1 - e/\rho_1 + e/\rho) \\ &= V(\rho_1 - e + e \cdot \rho_1/\rho) \\ &= V[\rho_1 - e(1 - \rho_1/\rho)] \end{aligned}$$

令 $\beta = e(1 - \rho_1/\rho)$，即可得 $m = V(\rho_1 - \beta)$，在标准温度下即为：

$$m = V_{20}(\rho_{20} - \beta) \qquad (2-4-3)$$

砝码密度为常数 814.3kg/m³，空气密度在标准状况下也是常数为 1.2kg/m³，当油料密度 ρ_{20} 在 600～1000kg/m³ 范围内时，可以举例算出 β 的值为：

$$\rho_{20} = 600\text{kg/m}^3,\ \beta = 1.11\text{kg/m}^3$$

$$\rho_{20} = 700\text{kg/m}^3,\ \beta = 1.10\text{kg/m}^3$$

$$\rho_{20} = 800\text{kg/m}^3,\ \beta = 1.08\text{kg/m}^3$$

$$\rho_{20} = 900\text{kg/m}^3,\ \beta = 1.07\text{kg/m}^3$$

$$\rho_{20} = 1000\text{kg/m}^3,\ \beta = 1.05\text{kg/m}^3$$

可以看出在油料的密度范围内，β 值都接近 1.1kg/m^3，因此可以取 1.1kg/m^3 作为空气浮力修正值进行空气浮力修正。将 $\beta = 1.1$kg/m^3 代入式(2－4－3)，即得用常数 1.1kg/m^3 进行空气浮力修正的油量计算公式：

$$m = V_{20}(\rho_{20} - 1.1) \tag{2-4-4}$$

三、温度对量油尺读数的影响

量油尺测量容器内液面高度，包括油水总高、水高(容器底部的水垫层时)或油高(容器底部无水垫层时)。根据 GB/T 19779《石油和液体石油产品油量计算 静态计量》要求，量油尺所测的读数应进行温度修正。

用量油尺直接测量油料实高时，量油尺应按式(2－4－5)进行温度修正：

$$H_t = H_d \times F = H_d[1 + \alpha \times (t_d - 20)] \tag{2-4-5}$$

式中 H_t——量油尺所测的实际高度，mm；

H_d——量油尺所测油高的读数值，mm；

F——修正系数；

α——量油尺材质的线膨胀系数(通常取 $\alpha = 0.000012℃^{-1}$)，$℃^{-1}$；

t_d——测量时量油尺的温度，℃。

若将 α 值代入式(2－4－5)，则

$$H_t = H_d \times [1 + 0.000012 \times (t_d - 20)] \tag{2-4-6}$$

☆ 例 2－4－1 卧式罐，量油尺测得罐内油高的读数为 2236mm，油料计量温度为 12.2℃，试问罐内实际油高为多少？(不考虑量油尺修正值)

解： 将 $H_d = 2236$mm、$t_d = 12.2$℃ 代入式(2－4－6)

$$\begin{aligned} H_t &= H_d \times [1 + 0.000012 \times (t_d - 20)] \\ &= 2236 \times [1 + 0.000012 \times (12.2 - 20)] \\ &= 2235.8\text{mm} \\ &\approx 2236\text{mm} \end{aligned}$$

☆ 例 2－4－2 浮顶罐，罐内油料计量温度为 31.6℃时，量油尺测得油高值为 17387mm，试求其实际油高为多少？(不考虑量油尺修正值)

解： $H_d = 17387$mm、$t_d = 31.6$℃ 代入式(2－4－6)

$$\begin{aligned} H_t &= H_d \times [1 + 0.000012 \times (t_d - 20)] \\ &= 17387 \times [1 + 0.000012 \times (31.6 - 20)] \\ &= 17389.4\text{mm} \\ &\approx 17389\text{mm} \end{aligned}$$

例 2-4-3 立式油罐，实际测得罐内油温 -0.3℃，量油尺读数 12368mm，求罐内油高实际值。（不考虑量油尺修正值）

解： 将 $H_d=12368\text{mm}$、$t_d=-0.3℃$ 代入式（2-4-6）

$$
\begin{aligned}
H_t &= H_d\times[1+0.000012\times(t_d-20)]\\
&=12368\times[1+0.000012\times(-0.3-20)]\\
&\approx 12365\text{mm}
\end{aligned}
$$

1. 对于非保温罐

假定检尺口总高的变化仅由罐壁浸液部分的膨胀收缩引起，而且浸液罐壁温度等于液体温度，浸液罐壁只发生竖直方向的膨胀或收缩。用检尺口总高减去观测空高，再乘以修正系数 F，计算出油料实高。

2. 对于保温罐

假定油气空间和液体空间与罐内液体具有相同的温度，而且油罐检尺口总高整体膨胀或收缩，在油气空间的测空量油尺也膨胀或收缩。用检尺口总高减去观测空高，再乘以修正系数 F，计算出油料实高。对于外浮顶保温罐，液位高度的修正方法同非保温罐。

需要说明的是，以上空高测量仅针对手工计量时的情形，而对于带有非接触式 ATG 的油罐，由于油气空间不会对雷达液位计的测量空高造成影响，结果会有所不同。对于非保温罐，液位高度的修正方法与手工计量时相同。对于非保温罐，首先将油罐检尺口总高乘以修正系数 F，再减去雷达液位计的测量空高，即可计算出罐内的液体实高。

四、基础数据规范

在油量计量过程中会涉及诸多参数，测量得到的原始数据的小数位数会受测量仪器准确度的影响，为了规范使用，记录时应按照相应标准规定的位数修约，数值修约方法应符合 GB/T 8170。例如，量油尺测量油高值为 231.3mm，根据测量仪器准确度要求应包含一位小数，但 GB/T 13894 规定量值报告至 1mm，故记录油高的数据时应取整毫米数。

在进行油量计算时，各参数小数位数应符合表 2-4-1（GB/T 19779）规定位数要求，表中数据不可认为是测量仪器准确度的要求。表 2-4-1 中参数位数的要求基本源自其相应的方法标准，只有油料温度和罐壁温度数据要求与其相应的方法标准有所差异。需要说明的是，数据记录仍然按相应方法标准要求执行，而在进行油量计算时需按表 2-4-1 中要求执行。例如，测得某立式油罐罐内上、中和下部油料温度分别为25.2℃、25.4℃和24.8℃，因GB/T 8927规定修约至0.1℃，故油料平均温度为25.1℃，这是测量油料温度记录的正确数据；而在进行油量计算时，因GB/T 19779规定温度数据修约至0.25℃，故油料平均温度结果为25.00℃。数值上虽不同，但由于石油计量表中的温度分度限制到0.25℃，使用时采用就近原则，即油料温度为25.1℃时，也是按25.00℃查表，故两者的差异并不影响最终油量计算的结果。

表2-4-1 各参数有效数值

量的名称	单位名称及符号	小数位数
油(水)高	毫米(mm)	×××.0
密度	千克每立方米(kg/m^3)	××××.×
密度	克每立方厘米(g/cm^3)	×.××××
VCF		×.××××
SW%		××.×××
油料温度①	摄氏度(℃)	×.×5
罐壁温度②	摄氏度(℃)	×××.0
CTSh		×.×××××
CSW		×.×××××
体积	立方米(m^3)	…,×××.×××
体积	升(L)	…,×××.0
质量	千克(kg)	…,×××.0
质量	吨(t)	×××.×××

①记录测量结果时，采用GB/T 8927规定，数据修约至0.1℃；进行油量计算时，采用GB/T 19779，数据修约至×.×5。

②对于保温罐，进行油量计算时，以油料温度作罐壁温度，但此时要将油料温度修约至整数；而对于非保温罐，以实际油料温度代入式(2-4-14)计算罐壁温度，计算结果修约至整数。

五、容积表及其使用

容积表编制是以容器的形状、几何尺寸及容器内的附件体积等技术资料为依据，经过实际测量、计算后编制。计算容器内的储油量，首先应查容积表。容积表反映了容器中任意高度下的容积，即从容器底部基准点起，任一垂直高度下该容器的有效容积。

容积表一般是以厘米或分米为单位，依照容器满量程的检尺高度，按序排列编制的。不足分米或厘米的，用线性插值法计算(如球形罐和卧式罐)。若在某一区间内单位高度的容积不变，可以单独列毫米高度容积表(如立式罐)。下面介绍各类油罐容积表的编制和使用方法。

(一)立式金属罐容积表

1. 立式金属罐容积表的编制依据

立式金属罐的罐体是一个直立的圆筒，它分若干层，从下至上依次为第一圈板、第二圈板……若不考虑罐体变形，则每圈板的容积 V_i 为：

$$V_i = \pi/4 \cdot d_i^2 \cdot h_i \quad (2-4-7)$$

式中 d_i——第 i 圈板的内径；

h_i——第 i 圈板的内高。

立式罐总容积为：

$$V = \sum_{i=1}^{n} V_i \quad (2-4-8)$$

式中 $i=1, 2, 3, \cdots, n$，是圈板的序号。

由此可知，在立式罐容积检定中，只要测量出各圈板的内高和内径，即可从计量基准点起，从下至上求出该罐的部分容积，并以表格的形式编制出液位高度和它所对应的容积间的函数关系。

若考虑罐底不平和罐内附件体积的修正值以及液体静压力引起罐壁弹性变形的修正值，则每一圈板的容积 V_i 为：

$$V_i = \pi/4 d_i{}^2 h_i + \Delta V_{压} + \Delta V_{件} + \Delta V_{排} + \Delta V_{斜} \quad (2-4-9)$$

式中 $\Delta V_{压}$——液体静压力修正值；

$\Delta V_{件}$——罐内附件体积，其体积使罐内有效容积增加时，$\Delta V_{件}$ 为正值，反之为负值；

$\Delta V_{排}$——罐底不平度修正值；

$\Delta V_{斜}$——罐倾斜的修正值。

2. 立式金属罐容积表的结构形式

容积表是指罐不同高度对应不同容量，以 1dm(cm)为间隔，从计量基准点算起，直到罐的装液安全高度对应的容积值。

立式罐容积表一般包括以下三部分：

(1)主容积表：

从计量基准点起，以间隔 1dm(cm)高对应的容积，累加至安全高度所对应的一列有效容积值。

(2)附表：

又称小数表。按圈板高度和附件位置划分区段，给出每区段高度 1 ~ 9cm 与 1 ~ 9mm 的一列对应的有效容积值。

(3)静压力修正表：

一般是以 4℃的水为储存介质，其密度为 1.0000g/cm³，储存高度从基准点起，以 1dm 间隔累加至安全高度所对应的一列罐容积增大值。

因罐底起伏不平，有时将确定高度下的罐底量作为一个固定量处理，编容积表时，将这个固定量和它所对应的高度作为主容积表的编表起点值。计量时，液位应在此高度以上。

3. 立式金属罐容积表的使用

立式金属罐容积表的使用，就是通过检尺测得的油高(或油水总高)查该立式罐对应的容积表的过程。

使用时，依据油高(或油水总高、水高)在立式罐容积表上查出分米整数高度对应的容积 V_{dm}，在小数表上先由油高(或油水总高、水高)找到对应的区间，再在该区间内查出分米数容积 V_1、厘米数容积 V_2、毫米数容积 V_3，最后应在静压力修正表上查出静压力修正量 ΔV_c 并乘以储存油料的 20℃下的相对密度即 ρ_w/ρ_c，可以由式 2-4-10 表示：

$$V = V_c + \Delta V_c \cdot \frac{\rho_w}{\rho_c} = V_1 + V_2 + V_3 + \Delta V_c \cdot \frac{\rho_w}{\rho_c} \quad (2-4-10)$$

$$\rho_w = \rho_{20} \times VCF \quad (2-4-11)$$

式中　V——该油高下油罐标定容积值，m^3(L)；

V_1——整分米数对应容积，m^3(L)；

V_2——在小数表对应区间的厘米位厘米数对应容积，m^3(L)；

V_3——在小数表对应区间的毫米位毫米数对应容积，m^3(L)；

ΔV_c——由油料高度查液体静压力容积修正表得到的油罐在标定液静压力作用下的容积膨胀值，m^3(L)；

ρ_c——编制油罐静压力修正表时采用的标定液密度，通常为水的密度，kg/m^3。

ρ_w——油罐运行时工作液体的计量密度，可用标准密度(ρ_{20})乘以计量温度下的体积修正系数(VCF)求得。

4. 对容积表容积的修正

上述查表得到的 V 为容积表的标定值，装油后油罐会受罐壁温度的影响，导致计量温度下装油的实际体积值与相同高度的容积标定值并不一定相等，因此需要对容积表的标定值进行罐壁温度修正，将油罐容积值($V_{表}$)修正为油料的计量体积(V_{to})

(1)保温罐：

可以将罐内油料的平均温度近似作为罐壁温度，即 $t_s=t$。

$$V_{to}=V_{表}\times CTSh=V\times[1+2\alpha\times(t_s-20)] \quad (2-4-12)$$

式中 V_{to}——修正后的油料计量体积，m^3(L)；

$V_{表}$——查表得到的油罐标定容积，m^3(L)；

t_s——油罐计量时的罐壁温度，可以罐内油料计量温度代替，结果修约至整数，℃；

α——罐壁材质的线膨胀系数，$℃^{-1}$。

常用材质线膨胀系数有：碳钢 $\alpha=0.000012℃^{-1}$；硬铝 $\alpha=0.000023℃^{-1}$；不锈钢 $\alpha=0.0000100℃^{-1}$。

通常金属油罐的罐壁材质为碳钢，则：

$$V_{to}=V_{表}\times[1+0.000024\times(t_s-20)] \quad (2-4-13)$$

(2)非保温罐：

油库储油罐一般为非保温罐，因为轻油罐一般不加保温层，油罐周围设防火墙。保温罐与非保温罐油量计算的差别就是罐壁温度变化对罐壳胀缩的影响，从而使油料体积随罐体变化。保温罐的罐壁温度可用罐内油温代替。对于非保温罐，罐壁温度通常受罐内油料温度和罐外环境温度的影响，因此在计算罐壁温度对标定容积的影响时，均应给予考虑。

按照 GB/T 19779《石油和液体石油产品油量计算 静态计量》的规定，对非保温罐，罐壁温度为

$$t_s=[(7\times t)+t_\alpha]/8 \quad (2-4-14)$$

把 t_s 代入式(2-4-13)计算 V_{to}。

式中 t_s——油罐计量时的罐壁温度，结果修约至整数，℃；

t——罐内油料的平均温度，℃；

t_α——油罐周围的环境空气温度，取整数，℃。

5. 查表步骤及举例

例 2-4-4 423 号油罐，经检测液位高 8.024m，试求该高度下油罐表载容积。

解：查附录一表2的423号罐容积表知：

8.02m高的容积：$V_1 = 1319.616\text{kL}$

查小数表

4mm高的容积：$V_2 = 0.661\text{kL}$

8.00m高时水的静压力修正值(查423号罐静压力修正表)：$\Delta V_c = 0.649\text{kL}$

该高度下油罐表载容积：

$$\begin{aligned} V_{表} &= V_1 + V_2 + \Delta V_c \\ &= 1319.616 + 0.661 + 0.649 \\ &= 1320.926\text{m}^3 \end{aligned}$$

油罐受压后的容积增大值与装油高度和油料密度有关。为了使用方便，常常将容积静压力修正表按罐内4℃纯水的密度1.0000g/cm³编制，所以在计算装液高度下的容积静压力修正值时，应用液位下的表载容积修正值乘以罐内介质的实际相对密度D_c^w，即$D_c^w = \rho_w / \rho_c$，而$\rho_w = \rho_{20} \times VCF$。

例2-4-5　若423号罐装油液位高8.126m，油料的标准密度为0.7220g/cm³，油温24.0℃，求该罐油料的体积。(假设该罐为保温罐)

解：查附录一表2的423号罐容积表得：

8.12m高的容积：

$$V_1 = 1336.134\text{kL}$$

6mm高的容积：

$$V_2 = 0.991\text{kL}$$

8.10m对应的水静压力修正值

$$\Delta V_c = 0.666\text{kL}$$

$t = 24.0℃$　$\rho_{20} = 0.7220\text{g/cm}^3$，查表得$VCF = 0.9949$

计算该罐油料的体积：

$$\begin{aligned} V_{to} &= V_{表} \times CTSh = (V_1 + V_2 + \Delta V_c \times \rho_{20} \times VCF) \times [1 + 0.000024 \times (t_s - 20)] \\ &= (1336.134 + 0.991 + 0.666 \times 0.7220 \times 0.9949) \times [1 + 0.000024 \times (24 - 20)] \\ &\approx 1337.732\text{m}^3 \end{aligned}$$

上述计算油料数量V_{to}的步骤中，只修约油料数量的最终结果。如果必须报告中间结果，按要求进行修约，但修约结果不得插入计算过程中使用。例如，$CTSh = 1.000096$，如果按表2-4-1进行修约，则$CTSh = 1.00010$，显然对最终的结果会产生影响。

以上两个都是使用主容积表是厘米表、小数表是毫米表的例子。下面将学习使用主容积表是分米表、小数表是厘米表与毫米表的例子。

例 2-4-6 立式罐(附录一表 1)，罐内油料实际高度 10382mm，计量温度 16.4℃，环境温度为 11.3℃，油料标准密度为 0.7262g/cm³，试求罐内油料的计量体积。

解：求总计量体积 V_{to}

查立式罐容积表 1，得到分米容积油高 10382mm 的分米整数 103dm，即 10.3m 对应容积：

$$V_{dm} = 4462434\text{L}$$

查表 1 附件一小数表：油高 10382mm 位于 9.689～10.685m 区间，则 8cm 对应容积：

$$V_1 = 34386\text{L}$$

2mm 对应容积为：$V_2 = 860\text{L}$

查表 1 附件二，静压力修正表：

10382mm 更靠近 10.4m

在表中横行 10m 与纵列 4dm 的交叉容积：

$$\Delta V_c = 2908\text{L}$$

$t = 16.4℃$　$\rho_{20} = 0.7262\text{g/cm}^3$，则 $VCF = 1.0044$

$$t_s = (7 \times t + t_a)/8 = 15.8℃ \approx 16℃$$

$$\begin{aligned} V_{to} &= V_{表} \times CTSh = (V_{dm} + V_1 + V_2 + \Delta V_c \times \rho_{20} \times VCF) \times [1 + 2a \times (t_s - 20)] \\ &= (4462434 + 34386 + 860 + 2908 \times 0.7262 \times 1.0044) \times [1 + 0.000024 \times (16 - 20)] \\ &\approx 4499369\text{L} \\ &\approx 4499.369\text{m}^3 \end{aligned}$$

(二)浮顶罐容积表

浮顶罐容积表的编制形式和方法同立式金属罐。只是在容积表检定证书说明一栏中，应注明浮顶重量(kg)、浮顶最低液面起浮高度(mm)和非计量区间。

使用浮顶罐容积表时，应注意油料交接计量时的液位一定要避开非计量区间。因为在这一区间内，浮顶在油罐中的状态似浮非浮，难以确定浮顶在油罐中排开液体的体积和重量。

计量时的液位高于浮顶最低起浮高度(非计量区间的上限)时，液位下的容积表体积减去浮顶排开罐中介质在实际温度下的体积，才是油罐实际液位下介质的表载容积。

液位低于非计量区间下限时，容积表的使用同立式罐。因为此时浮顶已落在罐底支架上，液面在浮顶以下。一般情况下，当浮顶完全浮起时，计算油量时可采取扣除浮顶重量的方法而不扣除浮顶的排油体积。因为当油温变化时，油的密度 ρ_t 和体积 V_t 都有变化，所以浮顶的排油体积也有改变。但是浮顶的排油重量是不变的，始终等于浮顶的重量，完全符合我国石油贸易计量的要求（计量结果以重量单位结算）。

浮顶罐的容量和质量计算应注意以下情况：

装油的油面在浮顶最低点以下，为第一区间。在计算容量时与普通拱顶立式罐相同。

例 2-4-7 测得073号浮顶罐90号汽油油高1236mm，求存油量是多少？已知 $\rho_{20}=0.7300\text{g/cm}^3$，$VCF=1.0000$。（不考虑罐壁温度修正）

解：查表可知，油高1236mm，在浮顶最低点1600mm以下，浮盘没有起浮，实际相当于立式油罐，查主表1.200m时容量为481995L；小数表查0.079～1.555m区间，3cm对应容积值和6mm对应容积值，分别为11920L和1192L；查静压力修正表的容积值为25L。

故存油量为：$481995+11920+1192+25\times0.7300\times1.0000=495125\text{L}$。

注：如油面在1.600～1.800m区间，此区间浮盘似浮非浮，占据的体积不能确定，因此，此区间的液位不能计量；如浮盘起浮后为第三区间，这时浮盘已自由起浮，计算出油料的重量时应扣除浮盘重量（m_{fr}）。

另外，关于立式浮顶油罐有以下情况的测量数据不得作交接计量用：

(1) 总高明显不符；

(2) 浮顶已浸没，但尚未起浮；

(3) 空罐进油后没有垫水，垫水低于最低垫水高度，而容积表上没有底量表以及发油后油高低于出口以上20cm；

(4) 低量表上没有水高为零的容积，而水高又在容积表规定的第一间隔之间；

(5) 内浮顶内水高超过导向管下缘。

（三）卧式罐容积表

1. 卧式罐容积表的使用

卧式罐是一个两端封顶的水平放置的圆筒，其容积由两端封顶和圆筒两部分组成。卧式罐容积表以1cm为间隔，单位高度的容积不等，也没有线性关系。当计算卧式罐的毫米高度容积时，按线性插值法近似计算。若卧式罐容积表说明上标注了液高修正值，在使用该容积表时，应将实际测量高度 H 加上液高修正值 ΔH 以后，再查容积表。即：

$$H_1 = H + \Delta H \qquad (2-4-15)$$

式中　ΔH——液高修正值；

H——下尺点的液高；

H_1——修正后的液高。

卧式罐容积表使用时，只有高度的毫米位为0时，能在表中直接查得对应的容积。否则要根据高度查出最邻近的两个高度及对应的容积，再用内插法计算。计算式如下：

$$V_{表} = V_a + \frac{V_b - V_a}{H_b - H_a} \cdot (H_i - H_a)$$

或

$$V_{表} = V_a + (V_b - V_a) \cdot (H_i - H_a) \qquad (2-4-16)$$

式中　$V_{表}$——卧式罐容积表表载容积值，m^3(L)；

H_i——卧式罐内实际油高，cm；

H_a——与 H_i 相邻的较小高度，cm；

H_b——与 H_i 相邻的较大高度，cm；

（这里 $H_b - H_a = 1$cm）

V_a——与 H_a 相对应的表载容积值，L；

V_b——与 H_b 相对应的表载容积值，L。

2. 对 V_{to} 进行温度修正方法与立式罐相同

查表步骤及举例。

例 2-4-8　附录一表4，10号罐油高2.712m，求罐内液位下的表载容积。

解：2.712m 在 271～272cm，

查10号罐容表得：

271cm 高时，容积为50313L；

272cm 高时，容积为50332L；

油高为271.2cm 时的表载容积为：

$V_{表} = 50313 + (50332 - 50313)/(272 - 271) \times (271.2 - 271) \approx 50317$L

若10号罐液高修正值为 +2mm，求油高272.5cm 时的表载容积。

解：查容积表的液高应修正为：

$$272.5 + 0.2 = 272.7\text{cm}$$

272.7cm 高的表载容积为：

$V_{表} = 50332 + (50348 - 50332)/(273 - 272) \times (272.7 - 272) \approx 50343$L

如果题中要求出计量体积，则需要对 $V_{表}$ 进行 *CTSh* 的修正。

(四)铁路罐车容积表

铁路罐车容积表是铁路罐车作为计量器具进行容积计量和容重计量的技术依据，也是罐内安全装载监控的科学依据。

铁路罐车容积表是人为地根据铁路罐车罐体结构的特点及若干个必要的几何参数，按照一定公式与规定的计算程序，预先计算出不同液面高度所对应的容积数值，将其按照一定规律编成的表格形式。1976 年后，我国使用的铁路罐车表为 XB 表。1986 年后铁道部标准计量所为了方便广大用户，按罐车型号排列编表，采用英文字母作每种型号的字头，共有 A、B、C、D、E、F、G、H、I、J、K、L、M、N、FA、FB、FC、FD、FE、FF 20 个字头，每个字头 1000 个表，将 8 万个容积表减少至 2 万多个容积表，成为现行的所谓 ABC 表，上述新旧铁路罐车容积表号对照如表 2 –4 –2 所示。

铁路罐车容积表与卧式罐容积表的使用方法基本一样，但是由于铁路车的型号、表号、牌号繁多而复杂，在使用中常发生错误，常常因收、发货方使用的表号不同而发生纠葛，给成品油贸易交接计量带来很多麻烦。

随着我国铁路运营能力的不断提高，近几年来，运载石油成品油的铁路罐车单罐容量逐渐增大，如 TX386、G_{70}等罐车，这一部分铁路罐车被称为特种罐车，其他型号的罐车被称为普通罐车。

目前，普通罐车容积表主要用《简明铁路罐车容积表》，特种罐车则用新编制的容积表。

1. 普通铁路罐车容积表

(1)普通铁路罐车车型鉴别。

车型分类：

①按制造单位分，有国内生产的，也有国外生产的。国内生产单位主要有大连车辆厂、西安车辆厂、山海关桥梁厂、江南制造厂等厂家；国外生产单位主要有罗马尼亚、德国、苏联等国家的厂家。

②按罐车容积分，装石油用的主型罐车有 $30m^3$、$50m^3$、$60m^3$、$80m^3$ 四种；非主型罐容积一般在 $40m^3$ 以下。

③按车种分，主型罐车包括 G_3、G_6、G_9、G_{12}、G_{14}、G_{15}、G_{16}、G_{17}、G_{17A}、G_{18}、G_{19}、G_{20}、G_{60}、G_{60A}等车种。车种对鉴别车型有一定作用，除 600 型、604 型、605 型轻油车是 G_{50}外，其他车种均可代表车型。尤其是 G_{18}、G_{19}的车没有车型，是以车种代表车型的. 所以可以根据车种纠正错误的车型。

④按装油种类分，主要有两大类：润滑油罐车和轻质油罐车。在润滑油罐车

中一部分还有加温设备，有的罐车还有下卸阀。

(2)车型识别：

铁路罐车在罐体上一般不标示车型，要识别车型，就要根据上述分类方法，结合罐车特征来区别车型。区别车型的主要方法如下：

①以不同的“空气包”来区别，这是区别车型的主要特征。4型、600型、604型车是圆形空气包，4型车的空气包较600型车的空气包矮1/3；601型、602型、G_{18}的车是椭圆形空气包；605型、601型、662型、G_{19}的车没有空气包。

②以不同焊接来区别车型。604型与600型车的外表相似，其区别在于弧形顶与大圆筒的焊接不同。604型是对缝焊接，600型是搭焊接。

③以不同底架来区别车型。G_{16}车是605型没有底架的车；G_{17A}是662型装润滑油的车中没有底架的车；G_{60A}是662型轻油车中没有底架的车。

2. 铁路罐车容积表

1976年7月1日起实行的《铁路罐车容积表》中有1~134表；《铁路罐车容积表续一》中有161~174表。

容积表号涂印在罐体两侧容量计表中，润滑油罐车除涂在上述位置外，还在罐体两端的端上涂印表号。

为了区别油罐车的检定方法，凡是以新检定规程检定的，在容积表号之间加“XB”字样，“X”代表“新”字的第一个拼音字母，“B”代表“表”字的第一个拼音字母，“XB”即表示新容积表，如XB115。旧表均有“XB”字样。注意，在1987年原铁道部采用新的罐车容积表后，“XB”表又成为旧表。

3. 简明铁路罐车容积表(见教学用表)

原铁道部采用的新罐车容积表共有两万个，分为20个字头、每一个字头一千个表。即A000~A999直到FF000~FF999(见新旧铁路罐车容积表及表号对照表)。简明铁路罐车容积表把每个字头的一千个表分为十组，每组一百个表压缩为一个表，称为组表。如A字头十个组表是：A000~A099、A100~A199、A200~A299、A300~A399、A400~A499、A500~A599、A600~A699、A700~A799、A800~A899、A900~A999。每组表可以推算出100个容积表，其他字头的容积表也是这样编制的。这样将20000个容积表压缩成200个组表，其绝对误差不大于±2L，常装高度绝对误差不大于±1L。

简明铁路罐车容积表分上下册，上册编入A、B、C、D、E、F、G、H八个型号罐车容积表。常装高度部分编表间隔为毫米，非常高部分编表间隔为厘米。A、E型车常装高度2300~2700mm，其余各车型常装高度2200~2600mm。下册编入 K、L、I、J、M、N、FA、FB、FC、FD、FE、FF 十二个型号罐车容积表。其中 K、L、I、J 采用了原来的容积表，即 K 型车三个原表 175 ~ 177，L 型车三个原表 178 ~ 180，I 型车三个原表 2、5、7，J 型车三个原表 10、13、15。G、H 型车原表 173。其余各型车每型 10 个表，编表间隔为厘米。其他 8 个表与上册所述表的规定相同。

另外，为了方便查表，在下册还编入了《铁路罐车特征表》和《新旧表号对照表》。

(1)《铁路罐车特征表》：共收入了 10 个型号 21 个车型的特征对照。这 10 个型号的 21 个车型的车，包括了我国运输液体成品油的普通车型，能适应成品油计量的需要。其他一部分型号的车，主要是化工产品车及少数特殊车型没有收入。在实际使用中，有些罐车无表号或者根据特征确认打印错误时，可根据罐车查通用表。

(2)新旧表号对照表(表 2 - 4 - 2)：目前铁路罐车打印的既有旧表号(XB 表)，又有新表号，即《简明铁路罐车容积表》中的表号。为了方便无旧表的单位的使用，编了《新旧表号对照表》。这样，就可以用新表代替旧表进行体积计算。

对于确定铁路罐车的方法，有目测法、检索法、查证法、咨询法、仲裁法。

4. 铁路罐车容积表的使用

该简明铁路罐车容积表由基础表和系数表两个部分组成。使用时应首先确定应选哪一个表。例如铁路罐车上打印的表号为 A586 时应选用 A500 ~ A599 这个表。查表方法是：根据罐内油料高度在表中查得基础容积 V_j 和系数 K，然后将系数和表号相乘(表号只取后二位)把乘得结果加到基础容积上就是要查的容积。

表 2 - 4 - 2　新旧铁路罐车容积表及表号对照表

序号	车辆型号	罐体型号	新表号	XB 表号			代用表
				主表	续表	增补表	
1	G_{17A}(无中梁)	G_{17A}	A000 ~ A999				
2	G_{60A}(无中梁)	G_{60A}	A000 ~ A999				
3	G_{17}、G_{17A}、G_{60}、G_{60A}、G_3	662	A000 ~ A999	115 ~ 122	167 ~ 172	493 ~ 523	115
4	G_{12}、G_{50}、G_{13}	604	B000 ~ B999	59 ~ 72	161 ~ 162	432 ~ 444	67
5	G_{12}、G_{15}、G_{50}	605	C000 ~ C999	73 ~ 91		445 ~ 463	80
6	G_{50}	600	D000 ~ D999	135 ~ 134		524 ~ 564	129
7	G_{16}	G_{18}	E000 ~ E999	135 ~ 144			140
8	G_8、G_9		F000 ~ F999	25 ~ 87		422 ~ 408	
9	G_{15}	601	G000 ~ G999	106 ~ 114	165 ~ 166	480 ~ 492	106
10	G_{14}	602	H000 ~ H999	92 ~ 105	160 ~ 164	464 ~ 479	103
11	G_3(Φ2050)	500	1000 ~ 1999	1 ~ 8		401 ~ 409	8

续表

序号	车辆型号	罐体型号	新表号	XB 表号			代用表
				主表	续表	增补表	
12	G_3(Φ2100)	500	J000 ~ J999	9 ~ 24		140 ~ 421	20
13	G_{60}(圆空气包)	600A	K000 ~ K999		178 ~ 177		176
14	G_{60}(椭圆空气包)	660B	L000 ~ L999		178 ~ 160		179
15	GL_A、GL_B、GL	GL	M000 ~ M999				
16	G_{12B}	G_{12B}	M000 ~ M99				
17	H_{10}(对接)	G_{10} − DE	FA000 ~ 999			568 ~ 587	
18	G_{10}(搭接)	G_{10} − DA	FB000 ~ 999	38 ~ 48		558 ~ 567	
19	G_{11}(有空气包)	G_{11} − A	FC000 ~ 999	49 ~ 58		588 ~ 604	
20	G_{11}(无空气包)	G_{11} − B	FD000 ~ 999				
21	GAL、Gc − L − 60	GAL	FE000 ~ 999			605 ~ 647	
22	Gc − J − 60	Gc − J − 60	FF000 ~ 999			648 ~ 682	
23	G_{10}		S555		173		173
24	G_{70}	G_{70}	FG000 ~ 999				

其计算公式：
$$V_{表} = V_j + Kb \quad (2-4-17)$$

式中 V_j——对应的基础容积。

b——表号后二位数。

查表步骤及举例

例 2-4-9 铁路罐车，计量表号 B346，罐内油高 2438mm，油料计量温度 −4.3℃，试确定油料计量。(保温罐)

解：查附录一表 6(表号 B346)，

$V_j = 49382L$

$K = 24.4121$

$b = 46$

$t_s = t \approx -4℃$

代入计算公式：

$$\begin{aligned} V_{to} &= V_{表} \times CTSh \\ &= (V_j + Kb) \times [1 + 2\alpha \times (t_s - 20)] \\ &= (49382 + 24.4121 \times 46) \times [1 + 0.000024 \times (-4 - 20)] \\ &\approx 50476L \\ &= 50.476m^3 \end{aligned}$$

5. 特种铁路罐车容积表

特种铁路罐车，由于其单罐容量大，运营效率高，日益被广泛应用于液体成品油的运载。表 2-4-1 中 $T_1 \sim T_6$ 为部分特种罐车。

特种铁路罐车容积表构成与简明铁路罐车容积表不同。特种罐车外涂有车号和表号，只有车号与表号相统一，才可查表。如附录一表 7 所示。

表中的纵列 0、1、2、…、29 为油高的分米数，横行为油高的厘米数。

(1) 当油高值的毫米位为 0 时，可用纵列分米和横行厘米数交叉查得表载容积。如油高 2870mm = 287cm，车号 6270407，表号 TX386，查附录一表 7，得 V_{tb} = 71403L。

(2) 当油高值的毫米位不为 0 时，需要用内插法计算罐内油料表载容积。

例 2-4-10 特种铁路罐车，车号 6270407，表号 TX386，罐内油高值为 2868mm，试查表求表载容积。

解： 查附录一表 7。

$$V_{表} = 71282 + (71403 - 71282) \times 0.8 \approx 71379\text{L} = 71.379\text{m}^3$$

例 2-4-11 特种铁路罐车，车号 6270407，表号 TX386，罐内油高值为 2748mm，油料温度为 -4.7℃，试查表求油料体积。

解： $t_s = t \approx -5℃$

查附录一表 7。

$$V_{to} = V_{表} \times CTSh = [69522 + (69688 - 69522) \times 0.8] \times [1 + 0.000024 \times (-5 - 20)] = 69613\text{L} = 69.613\text{m}^3$$

(五) 油船舱容积表

1. 小型油轮、油驳舱容表

小型油轮、油驳舱容表是在船舱计量口的指定检尺位置的垂直高度上，从舱底基准点起。以 1cm 间隔累加至安全高度的一列高度与容积的对应值。计量时按照实际油高查舱容表，一般不作倾斜修正。如附录一表 16，云油一号油轮左 3 舱容表，当检尺实际高度为 1.380m 时，其查表容积为 66521 dm^3。

有时，为了排列和使用方便，在油轮、油驳舱容表上只给出各段的起讫点、高差、部分容积、毫米容积和累计容积。使用时取与油高最近又低于油高的那个

“讫点”的累计容积加上油高和这个讫点的高差与该段每毫米容积的乘积。

例 2-4-12 102 号油驳左 1 舱，油高 2452mm，求表载容积。

解：查附录一表 9，102 号左 1 舱容表，油高 2452mm 的讫点是 2130mm，累计容积是 62519.6L，高差为 2452-2130=322mm，每毫米容量为 28.960L，油高 2452mm 的表载容积为：

$$62519.6+28.960\times322\approx71845L$$

2. 大型油轮舱容表

大型油轮舱容大，若计量口不在液货舱中心，装油以后船体会有不同程度的纵倾，就会造成计量误差。

大型油轮的液货舱一般是按空距和水平状态编制的，舱容表上注明了舱容总高(参照高度)，还列出了与空距相对的实际高度。为了修正装油后的船体和编容积表时的船体状态不一致造成的误差，液位下的表载容积需要用纵倾修正值修正。纵倾修正值表将倾斜状态下测量的高度修正到水平状态时的高度。

例 2-4-13 大庆油轮左一舱空距 0.27m，水高 0.12m，测量时的前部吃水 0.6m，后部吃水 1.2m，求舱内装油体积。

解：计算前后部吃水差：1.2-0.6=0.6m

将测量空距进行水平空距修正：

查附录一表 17 附表液货舱纵倾修正值表

吃水差 0.6m 时，修正值为：+0.1dm(0.01m)

水平空距为：0.27+0.01=0.28m

查舱容表，空距 0.28m 时，其舱容为：

$$273.00-(273.00-268.48)\times0.8=269.184m^3$$

水高经水平修正后得：0.12-0.01=0.11m

计算水的体积，查舱容表得：

$$1.58+(3.40-1.58)\times0.1=1.762m^3$$

该舱装油体积为：$269.184-1.762=267.422m^3$

(六)汽车罐车容积表

1. 容积表的编制

汽车罐车一般由 1~3 个油仓组成。每个油仓均有计量基准点刻线。用于油料交接计量的汽车罐车须有经检定部门检定合格的证书和罐车容积表。罐车容积表可按 JJG 133 汽车罐车容量试行检定规程规定的容量法编制，也可按几何测量法、衡量法编制。

2. 容积表的使用

汽车罐车容积表的使用同卧式罐，汽车罐车计量的停车场应坚实、平整、坡度不大于0.5°。

例2-4-14　粤-A14380车装汽油，测得油水总高1073mm，水高50mm，求罐内油料的表载容积。

解：$V_{go}=V_{to}-V_{fw}$

查附录一表8(1)得液位1073mm时的表载容积为：

$V_{表}=4984+(5009-4984)/(1080-1070)\times(1073-1070)\approx4992L$

罐底水高50mm时的表载容积为：$V_{fw}=93L$

代入数据得罐内油料的表载容积为：$V_{go}=4992-93=4899L$

例2-4-15　沪B35470汽车装柴油，用量油尺测量计量口基准点下尺读数为536mm，尺带浸油183mm，求该车装油的表载容积。

解：求空高：

$$H_{空}=536-183=353mm$$

查附录一表8(2)，该罐空高353mm时，装油的实际表载容积为：

$$V_{表}=5031+(5071-5031)/(350-360)\times(353-360)=5059L$$

六、静态油料油量计算

(一)油料交接计量的计算方法

油料的油量计算公式为：

$$m=V_{20}\cdot\rho_{20}\cdot F \quad (2-4-18)$$

式中　m——油料在空气中的质量，t；

ρ_{20}——标准密度，kg/m³(由化验室提供或由计量员取样测定出视密度后，再换算到20℃下的标准密度)；

F——石油空气中重量换算系数(附录一表20)

也可用下式计算：

$$m=V_{20}\times WCF=V_{20}\cdot(\rho_{20}-1.1) \quad (2-4-19)$$

式中　1.1——空气浮力修正值。对于原油或其他含水油料，计算纯油量的计算式为：

$$m_n=m\times CSW=m(1-SW\%) \quad (2-4-20)$$

式中　$SW\%$——沉淀物和水的含量，%；

m_n——纯油的质量。

根据油量计算式可知，若求油料在空气中的重量，首先应求标准密度和容器内油料的标准体积。

(二)标准密度的换算方法

在容器内取得代表性试样后进行密度测定，得到的是实验温度(视温度)下的密度计读数，即视密度。它不能直接用于计算油料重量，需借助于GB/T 1885表59《标准密度表》进行换算。利用《标准密度表》可根据油料试样的实验温度和视密度查得标准密度。

(1)已知某种油料在实验温度(视温度)下的视密度，换算标准密度的步骤为：

①根据油料类别选择相应油料的标准密度表，原油、产品和润滑油的标准密度表表号分别为表59A、表59B和表59D；

②确定视密度所在标准密度表中的密度区间，并根据实验温度确定被查找的标准密度所在的表页；

③在视密度行中可查找已知的视密度值，在温度栏中找到已知的实验温度值。该视密度值所在列与实验温度值所在行交叉点上的数即为该油料的标准密度。

(2)如果已知的视密度值正好介于视密度中两个相邻视密度值之间，则可以采用内插法确定标准密度，但温度值不内插，采用就近原则取温度值查表。

当需要用内插法确定标准密度时，可以采用下面的公式进行计算：

$$标准密度=\rho_{基}+\frac{\rho_{上}-\rho_{下}}{\rho'_{上}-\rho'_{下}}(\rho'_{t}-\rho'_{基}) \qquad (2-4-21)$$

式中 $\rho'_{上}$、$\rho'_{下}$——介于被查视密度ρ'_{t}值的两个相邻上限和下限视密度值；

$\rho_{上}$、$\rho_{下}$——实验温度t'所在行与$\rho'_{上}$、$\rho'_{下}$所在列交叉点上的表载两个相邻上限和下限标准密度值；

$\rho'_{基}$——$\rho'_{上}$和$\rho'_{下}$中与$\rho'_{基}$较接近的视密度值；

$\rho_{基}$——$\rho'_{上}$和$\rho'_{下}$两者之中与$\rho'_{基}$对应的那个表载标准密度值。

例2-4-16 汽油试样温度22.0℃，视密度725.0kg/m^3，求试样的20℃的密度。

解：查附录一表14或GB/T 1885表59B：视密度纵列725.0，温度横行22.0℃，得到22.0℃的密度为726.8kg/m^3。

例2-4-17 原油试样温度32.2℃，视密度854.3kg/m^3，求试样的20℃密度。

解：查附录一表13或GB/T 1885表59A：视密度纵列854.0和856.0，温度

横行32.25℃，得20℃密度的上、下限表载数值为864.5和862.5，

密度尾数修正值=(864.5−862.5)/(856.0−854.0)×(854.3−854.0)=0.3

20℃的密度为862.5+0.3=862.8kg/m^3

☆ 例2−4−18　原油试样温度33.6℃，视密度863.6kg/m^3，求试样的标准密度。

解：查附录一表13或GB/T 1885表59A：视密度纵列862.0和864.0，温度横行33.50℃，得20℃的密度的上、下限表载数值为873.2和871.3，

$$\rho_{20}=871.3+(873.2-871.3)/(864.0-862.0)\times(863.6-862.0)$$
$$\approx 872.8\text{kg/m}^3$$

(三)标准体积的换算方法

计算油料数量时，需将计量温度(容器内油料的温度)下的油料体积换算为20℃的标准体积，才能与标准密度相乘求出油料质量。换算的方法是使用体积修正系数*VCF*。根据体积修正系数的定义，可以得到用*VCF*值法求标准体积的公式：

$$V_{20}=V_{\text{to}}\times VCF \qquad (2-4-22)$$

体积修正系数*VCF*可以通过GB/T 1885表60《体积修正系数表》查得。查表60，需要依据油料的计量温度t和标准密度ρ_{20}。

(1)已知某种油料的标准密度和计量温度，查找、换算体积修正系数的步骤为：

①根据油料类别选择相应油料的体积修正系数表，原油、产品和润滑油的体积修正系数表表号分别为表60A、表60B和表60D；

②确定标准密度所在体积修正系数表中的密度区间，并根据计量温度确定被查找的体积修正系数所在的表页；

③在标准密度行中查找已知的标准密度值，在温度栏中找到油料的计量温度值，该标准密度值所在列与计量温度值所在行交叉点上的数即为该油料的体积修正系数。

(2)如果已知的标准密度值正好介于标准密度横行中两个相邻标准密度值之间，则可以采用内插法确定体积修正系数，而温度值不内插，仅以较接近的温度值查表。

当需要用内插法确定体积修正系数时，可以采用下面的公式进行计算：

$$VCF=VCF_{基}+\frac{VCF_{上}-VCF_{下}}{\rho_{上}-\rho_{下}}\times(\rho_{20}-\rho_{基}) \qquad (2-4-23)$$

式中　$\rho_{上}$、$\rho_{下}$——与被查标准密度ρ_{20}值的两个相邻上限和下限标准密度值；

$VCF_{上}$、$VCF_{下}$——计量温度所在行与 $\rho_{上}$、$\rho_{下}$ 所在列交叉点上的表载两个相邻上限和下限体积修正系数值；

$\rho_{基}$——$\rho_{上}$ 和 $\rho_{下}$ 中与被查标准密度 ρ_{20} 较接近的标准密度值；

$VCF_{基}$——$VCF_{上}$ 和 $VCF_{下}$ 两者之中与 $\rho_{基}$ 对应的那个表载容积修正系数值。

例 2-4-19 容器内汽油的密度 $\rho_{20}=726.0\text{kg/m}^3$，体积 520m^3，温度 25.0℃，求 20℃的体积 V_{20}。

解：查附录一表 11 或 GB/T 1885 表 60B：20℃密度（纵列）726.0，温度（横行）25.0℃，得体积修正系数 VCF 为 0.9937。

$$V_{20}=520\times 0.9937=516.724\text{m}^3$$

例 2-4-20 容器内汽油的密度为 727.4kg/m^3，体积 520m^3，油温 15.7℃，求标准体积。

解：查附录一表 11 或 GB/T 1885 表 60B：20℃密度（纵列）726.0 和 728.0，温度（横行）15.75，得对应的体积修正系数上、下限表载数值为 1.0053 和 1.0054，

$$\begin{aligned} V_{20} &= V_{to}\times VCF \\ &=520\times[1.0053+(1.0054-1.0053)/(728.0-726.0)\times(728.0-727.4)] \\ &\approx 522.772\text{m}^3 \end{aligned}$$

例 2-4-21 原油油温 38.9℃，20℃的密度为 856.1kg/m^3，油的体积 520m^3，求标准体积。

解：查附录一表 10 或 GB/T 1885 表 60A：20℃密度（纵列）856.0 和 858.0，温度（横行）39.00，得对应的体积修正系数上、下限表载数值为 0.9841 和 0.9840，

$$\begin{aligned} V_{20} &= V_{to}\times VCF \\ &=520\times[0.9840+(0.9841-0.9840)/(858.0-856.0)\times(856.1-856.0)] \\ &\approx 511.683\text{m}^3 \end{aligned}$$

例 2-4-22 汽油的标准密度 725.4kg/m^3，标准体积 516.532m^3，求汽油的重量（用换算系数 F 计算）。

解：查附录一表 20

$\rho_{20}=725.4\text{kg/m}^3$ 时，$F=0.99850$

$$\begin{aligned} m &= V_{20}\cdot\rho_{20}\cdot F \\ &=516.532\times 725.4\times 0.9985 \\ &\approx 374130\text{kg} \end{aligned}$$

例 2-4-23　用减去空气浮力修正值 1.1kg/m^3 的方法计算上题。

解： $m = V_{20} \cdot (\rho_{20} - 1.1)$

$= 516.532 \times (725.4 - 1.1)$

$\approx 374124\text{kg}$

(四)立式金属罐交接油量计算

1. 计算步骤

①根据液位高度查容积表，得液位下的表载容积 $V_{表}$；

②根据罐底游离水高度查容积表，得罐底游离水体积 V_{fw}；

③计算装油后油罐受压引起的容积增大值：根据液位高度查静压力容积增大值表，得液位高度下装水的静压力容积增大值 ΔV_c，再乘以罐内油料的相对密度，使其换算成该液位高度下实际介质的静压力容积增大值 V_p；

即：
$$V_p = \Delta V_c \cdot D_c^w \tag{2-4-24}$$

将罐内液位高度下的表载容积，修正到罐壁平均温度下的实际体积 V_i(L)；

计算标准体积 V_{20}，准确至升。VCF 值取至小数点后第五位；

计算油料在空气中的重量，准确至 kg。

2. 油量计算式

对于保温油罐：

$$m_n = \{[(V_{表} + \Delta V_c \cdot D_c^w - V_{fw}) \times CTSh] \times VCF \times WCF - m_{fr}\} \times CSW$$

$$m_n = \{(V_{表} + \Delta V_c \cdot D_c^w - V_{fw}) \times [1 + 2a(t_s - 20)] \times VCF \times (\rho_{20} - 1.1) - m_{fr}\} \times (1 - SW\%) \tag{2-4-25}$$

式中　m_n——罐内纯油在空气中的重量(净表观质量)，kg；

$V_{表}$——罐内液位高度下的表载容积，含主表和附表容积之和，m^3；

V_{fw}——罐底明水高度下的表载容积，m^3；

D_c^w——罐内油料标准温度或计量温度下的密度和纯水密度的比值(纯水密度取 1000kg/m^3)；

ΔV_c——罐内液位高度下装水引起的静压力容积增大值，m^3；

α——油罐材质体积膨胀系数(碳钢材质一般取 0.000012)，$℃^{-1}$；

t_s——罐壁温度，℃(用罐内油温代替)，修约至整数；

VCF——体积修正系数；

ρ_{20}——罐内油料标准密度，kg/m^3

m_{fr}——油罐浮顶重量(质量)，kg；

$SW\%$——罐内油料的沉淀物和水的含量,%。

式(2-4-25)是立式金属罐油量计算的综合计算式。它适用于储存含沉淀物和水的立式金属浮顶罐内油料重量计算。若罐内油料不含沉淀物和水，视 $SW\%=0$；罐内无罐底游离水视 $V_{fw}=0$，若储存罐是一般的立式罐(无浮顶)，视 $m_{fr}=0$。按式(2-4-25)计算浮顶罐内油料重量时，严禁浮顶在非计量区(不可计量段)计量，即浮顶必须完全浮起来以后才能计量，或者浮顶完全由支柱支撑(即液体完全与浮顶不接触)时再进行计量。

对于浮顶罐油料交接计量，最好在交接油前、后使浮顶起浮与否保持一致，这样可以避免浮顶本身的状态变化给油料计量结果带来误差。

在上述计算油料数量的步骤中，只修约油料数量的最终结果。如果必须报告中间结果，则应按表2-4-1的规定进行数据修约，但修约结果不得插入计算过程中使用。

☆ 例2-4-24 原油罐付油后检尺，液位高1.360m，查表容积 $V_{表}=2400m^3$，罐底游离水高度50mm，表载容积 $V_{fw}=80m^3$，液位下水的静压力容积增大值查表得 $\Delta V_c=460\ dm^3$，油温38.0℃，$\rho_{20}=852.0kg/m^3$，沉淀物和水的含量为0.01%，求该罐纯油量。该罐浮顶重120t，1.700～2.300m为非计量区间。油罐为保温罐。

解：根据 $\rho_{20}=852.0kg/m^3$，$t_s=t=38.0℃$，查附录一表10或GB/T 1885表60A得 $VCF=0.98470$，将题中的已知条件和查表数值代入式(2-4-25)计算：

$$m_n=\{(V_{表}+\Delta V_c\cdot D_c^w-V_{fw})\times[1+2a(t_s-20)]\times VCF\times(\rho_{20}-1.1)-m_{fr}\}\times(1-SW\%)$$
$$=(2400+0.46\times0.8520\times0.98470-80)\times[1+0.000024\times(38-20)]$$
$$\times0.98470\times(852.0-1.1)\times(1-0.0001)$$
$$\approx1944853kg$$

☆ 例2-4-25 某保温原油罐检尺液位高12.943m，表载容积49087.256m³，水的静压力容积增大值为4.482m³，油温45.3℃，ρ_{20} 为859.6kg/m³，沉淀物和水的含量为1.7%，计算交油前罐内油量(浮顶重219t，1.70～2.05m为非计量区间)。

解：根据 $\rho_{20}=859.6kg/m^3$，$t=45.3℃$，$t_s=45.0℃$，查GB/T 1885表60A或附录一表10，用比例内插法值法计算 $VCF=0.9789+(0.9790-0.9789)/(860.0-858.0)\times(859.6-858.0)=0.97898$

将已知数值代入式(2-4-25)：

$$m = \{(49087.256 + 4.482 \times 0.8596 \times 0.97898) \times [1 + 0.000024 \times (45 - 20)] \times 0.97898 \times (859.6 - 1.1) - 219000)\} \times (1 - 0.017) = 40366425\text{kg}$$

例 2-4-26 073 号汽油罐检尺液面高 11.520m，罐底游离水高 150mm，罐内油温 21.5℃，标准密度 725.1kg/m³，求罐内储油量。付油后，罐内液位高 3.102m，油温 21.1℃，求付油量。

解：(1)求付油前罐内储油量：

查容积表(附录一表 3)

液面高 11.520m 时，查容积表体积为：4573386L + 7940L = 4581.326m³

罐底明水高 150mm，查容积表体积为：44912L + 19886L = 64.798m³

液面高 11.520m，按 11.500m 查静压力修正值表得：$\Delta V_c = 2.347\text{m}^3$

$t_s = 22.0℃$

根据 $\rho_{20} = 725.1\text{kg/m}^3$，$t = 21.5℃$，查 GB/T 1885 表 60B 或附录一表 11 得：

$VCF = 0.99810$

$$m_{n1} = (4581.326 + 2.347 \times 0.7251 \times 0.9981 - 64.798) \times [1 + 0.000024 \times (22 - 20)] \times 0.99810 \times (725.1 - 1.1) - 21471 \approx 3243666\text{kg}$$

(2)付油后罐内储油量：

因为付油前后，标准密度和罐底游离水高未变，则：$V_{fw} = 64.798\text{m}^3$

根据付油后液位高 3.102m，查容积表(附录一表 3)，

液面高 3.102m 时，查容积表体积为：1237309L + 795L = 1238.104m³

按 3.102m 查静压力修正值表得：$\Delta V_c = 0.138\text{m}^3$

$$t_s = 21.0℃$$

根据 $\rho_{20} = 725.1\text{kg/m}^3$，$t = 21.1℃$时，查 GB/T 1885 表 60B 或附录一表 11 得：

$$VCF = 0.99870$$

得：
$$m_{n2} = (1238.104 + 0.138 \times 0.7251 \times 0.99870 - 64.798) \times [1 + 0.000024 \times (21 - 20)] \times 0.99870 \times (725.1 - 1.1) - 21471 \approx 826991\text{kg}$$

付油量为 $m_{n付} = m_{n1} - m_{n2} = 3243666 - 826991 = 2416675\text{kg}$

3. 其他类型油罐的油量计算

球型罐、卧式罐、油船舱、铁路罐车的油量计算同立式罐一样，都是将液位下油高的表载容积换算成标准体积，再根据式(2-4-25)计算油料在空气中的重量。各类型油罐油量计算的差别就在于油料表载容积的求

值方法，本章中已经介绍，这里不再重述。

(五)散装成品油体积换算

在实际工作中，有时需将成品油重量折算为同温度的成品油体积，如流量计、燃油加油机付油。其体积折算方法为

$$V_{ns} = m_n / WCF = m_n / (\rho_{20} - 1.1) \qquad (2-4-26)$$

式(2-4-26)中参数的物理意义与计量单位要求与前述同。

例2-4-27 某石油库用流量计付油，测得试验温度16.6℃下汽油的视密度0.7356g/cm³，试问在计量温度20.0℃下1t油料折合体积为多少？

解： 由 $\rho'_t = 0.7356g/cm^3 = 735.6kg/m^3$ 和试验温度16.6℃查附录一表14得 $\rho_{20} = 732.5kg/m^3$

将 $m = 1000kg$ 和 ρ_{20} 代入式(2-4-26)，油料体积为

$$V_{ns} = 1000/(732.5 - 1.1)$$
$$\approx 1.367m^3$$
$$= 1367L$$

如果要计算的是计量温度下的体积，则需由标准密度和计量温度查表得出 VCF，再由式(2-4-27)计算得到油料计量体积。

$$V_{to} = V_{ns} / VCF \qquad (2-4-27)$$

(六)油料重量折算为桶数

在实际工作中，有时需将散装成品油重量折算为桶数，其计算方法如式2-4-28。

$$U = m \cdot U_m \qquad (2-4-28)$$

式中 U——折算的桶数，桶；

m——成品油重量，t；

U_m——每吨成品油折合桶的系数(桶/t)，可在GB/T 1885中查到。

例2-4-28 已知-10#柴油标准密度832.6kg/m³，试问100t成品油折合多少桶？

解： 查附录一表22或GB/T 1885 E1《产品20℃密度到15℃密度换算法》，得 $\rho_{15} = 836.2kg/m^3$

查附录一表23或GB/T 1885表E3 15℃密度到桶/t系数换算表

$$U_m = 7.537 + (7.537 - 7.528)/(836.0 - 837.0) \times (836.2 - 836.0)$$
$$= 7.5352(桶/t)$$

将 $m=100\text{t}$ 与 U_m 代入式 2－4－27

$U=100\times75352=753.52$（桶）≈754（桶）

练习题

1. 立式金属罐的结构由哪几部分构成？根据立式金属罐的结构特点说明为何检尺计量时，不许用前、后尺数相减之差去查容积表，求收（付）油量？

2. 浮顶罐与一般的立式金属罐在结构特点上有什么不同？浮顶的作用是什么？

3. 卧式金属罐和球形罐的结构特点与立式金属罐有何区别？有何用途？

4. 立式金属罐的主要附属设施有哪些？它们的作用是什么？怎样进行维护保养？

5. 铁路罐车计量员的工作程序是什么？

6. 解释下列名词术语

（1）检尺口；（2）参照点；（3）基准点；（4）参照高度；（5）空距。

7. 简述量油尺的材质、结构和使用规定。

8. 怎样测量油高？在人工检尺操作时应注意哪些规定？

9. 简述量水尺的技术要求和使用规定。

10. 测量容器内的油温应选择何种类型的温度计？

11. 详述用杯盒温度计测量油温的有关规定（包括测温部位和测温停留时间）。

12. 解释什么是密度、视密度、标准密度。写出其表示符号和法定计量单位的符号。

13. 测定石油密度应注意什么？

14. 石油密度计有哪几种类型？为油料计量测定密度应选择何种密度计？其最小分度值和量程范围是多少？

15. 简述密度计的结构及工作原理。

16. 简述立式罐、卧式罐、铁路罐车、油舱的采样规定。

17. 上罐检尺操作前应做好哪些准备工作？

18. 什么是标准体积、石油体积修正系数？其表示符号是什么？

19. 解释下列符号和常数的意义：

石油油量计算式中用的 FW、SW、CSW、VCF、$CTSh$、V_{to}、V_{go}、V_{gs}、V_{ns}、m、WCF、m_g、m_n、V_{tc}、OBQ、ROB、ρ_{20}、ρ_t'、α。

20. 计算油量时，为扣除空气浮力的影响，可以采用哪些修正方法？

21. 写出油量计算的基本公式，并说明各项符号的物理意义？

22. 计算标准密度和标准体积

(1)汽油试样温度25.2℃，视密度721.5kg/m³，求标准密度。

(2)原油试样温度32.3℃，视密度855.3kg/m³，求标准密度。

(3)汽油油温22.3℃，油的标准密度724.6kg/m³，体积为450.340m³，求罐内油料的标准体积。

(4)原油油温40.6℃，油的标准密度852.9kg/m³，查表体积1520m³，求标准体积。

23. 油量计算

(1)一原油罐，油高1.650m液位下的表载容积2532m³，罐底游离水量95.2m³，液位下的静压力容积增大值570L，油温39.2℃，标准密度852.3kg/m³，沉淀物和水的含量0.1%，求该罐储油量。(浮盘重110.5t，1.800～2.100m为非计量区间)

(2)073号汽油罐液位高13.500m，罐底水体积3500L，油温23.4℃，标准密度713.0kg/m³，付油后，液位2.512m，油温23.1℃，求付油量。

(3)423号罐装润滑油，检尺液位高7.245m，油温57.4℃，标准密度867.2kg/m³，求该罐储油量。

(4)若423号罐装汽油，检尺液位高10.524m，油温19.2℃，标准密度725.6kg/m³，罐底游离水高104mm，求该罐储油量。

(5)立式油罐(附录一表1)，罐内油料实际高度10382mm，计量温度-6.4℃，油料标准密度为0.7362g/cm³，试求罐内油料的计量体积。

(6)073号汽油罐液位高12.572m，罐底游离水高200mm，罐内油温23.2℃，标准密度723.4kg/m³，付油后罐内油温21.6℃，液位高3.520m。a. 求付油后罐内还有纯油量多少。b. 求付油量。

(7)铁路罐车表号A564，罐内装汽油，油高2.542m，油温21.7℃，视密度726.4kg/m³，试样温度21.4℃，求罐车储油量。

(8)铁路罐车装润滑油，表号B354，罐车内油高2.521m，油温54.3℃，标准密度0.8796g/cm³，求该罐车储油量。

第三章　油料动态计量

油料计量除了采用容器进行计量外，还经常使用流量计进行计量，也就是我们通常所说的动态计量。流量计是测量流量的仪表，它能指示和记录某瞬时流体的流量值，累积某段时间间隔内流体的总量值，可以测量体积流量或质量流量。这里所说的流量计，是指以石油及石油产品作为介质的流量计。它是油库重要的计量器具，也是油库进行油料交接计量的重要计量手段之一。本章主要介绍流量计的分类、使用和计算。

第一节　流量计概述

一、流量

在 JJF 1004《流量计量名词术语及定义》中，将流量定义为流体流过一定截面的量。流量是瞬时流量和累积流量的统称，其数量可以用体积或质量来表示。

在一段时间内流体流过一定截面的量称为累积流量，也称为总量，一般用符号 Q 表示。体积流量用符号 Q_v 表示，单位是 m^3、L；质量流量用符号 Q_m 表示，单位为 t、kg。当时间很短时，流体流过一定截面的量称为瞬时流量，一般用符号 q 表示，瞬时体积流量常用符号 q_v 表示，单位为 m^3/h、L/min；瞬时质量流量常用符号 q_m 表示，单位 t/h、kg/h；累积流量 $Q = q \times \Delta t$。质量流量与体积流量的关系为 $Q_m = Q_v \times \rho$，$q_m = q_v \times \rho$，ρ 为被测流体密度。

☆ 例 3－1－1　某流量计累积流量为 $20m^3$，若流体流过该流量计的时间分别为 2h 和 5h，问其平均瞬时流量分别为多少？

解：2h：（平均瞬时流量）$q = Q/t = 20m^3/2h = 10m^3/h$

5h：（平均瞬时流量）$q = Q/t = 20m^3/5h = 4m^3/h$

流量计能显示和记录瞬时流量、累计流量。

二、流量计的分类

流量计是测量流量的仪表。流量计的分类有多种，常见的按计量原理和流量检测仪表分类，本节介绍流量计按计量原理分类方式；以流量检测仪表的详细分类将在第二节内容中详细介绍。

(一) 速度式流量计

速度式流量计以测量流体在管道内的流速 v 作为测量依据。当已知管道截面积为 f，则流体的体积流量 $q=vf$，而重量流量 $g=\gamma vf$。这类流量计品种很多，包括涡轮流量计、节流差压式流量计、靶式流量计、转子流量计、超声流量计以及电磁流量计等。在工业流量测量中应用很广。但目前还只有涡轮流量计准确度高，可用于油料计量。

(二) 容积式流量计

这种流量计在油料计量中应用最广泛。它以单位时间内所排出流体的固定容积 v 的数目作为计量的依据。若单位时间内排出次数为 n，则体积流量为 $q=nv$，而重量流量为 $g=\gamma nv$，式中 γ 为油料重度。为了适应计量、管理、定量控制等需要，这类仪表具有就地指示、累计、打印、定量预调、信号远传以及温度自动补偿等功能。工业上常用的容积式流量计包括椭圆齿轮流量计、腰轮流量计、刮板式流量计、旋转活塞式流量计、往复活塞式流量计(加油机)等。

(三) 质量流量计

有直接式和补偿式两种。根据科里奥利效应，质量流量计内的测量管扭曲程度与流体的质量流量成正比，因此可以通过变送器输出此扭曲程度信号来获得质量流量数据。质量流量计测量流体的质量，不受流体的温度、压力、密度、黏度等条件变化的影响，可直接读出质量。在我国现行的以质量为计量单位的交接体制中，可以避免许多人为的因素，准确度高，稳定性好，但价格较高，是一种正在发展的流量计。

(四) 差压式流量计

差压式流量计是根据流体的节流原理，利用流体流经节流装置时产生的压力差实现流量检测的。通常是由能将被测流体的流量转换成压差信号的孔板、喷嘴等节流装置，以及引压管和压差计所组成。

三、流量计的主要技术参数

(一) 公称口径

是指进入管道的公称通径，一般以毫米为单位来表示。在成品油动态计量中公称口径系列为15、20、25、32、40、50、65、80、100、150等。

(二) 流量计的基本误差

基本误差指流量计在正常工作条件(如周围介质温度、湿度、振动、电源电压和频率等)下的最大误差，也用百分比误差表示。如流量计的基本误差可以为±0.1%、±0.2%、±0.5%、±1.0%、±1.5%、±2.0%等。

$$E = \frac{Q_i - Q_e}{Q_e} \times 100\% \qquad (3-1-1)$$

式中　E——流量计的基本误差；

Q_i——流量计指示的示值；

Q_e——标准量器测得的真值。

(三) 流量计的准确度等级

准确度是表征测量仪表所测量的结果与被测量真值之间的相一致的程度。在符合一定的计量要求，使流量计的误差保持在规定的极限内的流量计的等别和级别，称为流量计的准确度等级。

流量计的准确度等级用流量计的允许误差的大小来表示，即用流量计的允许误差去掉“±”和“%”符号后的数字表示。例如某流量计允许误差为±0.2%，其准确度等级为0.2级。

准确度是流量计极其重要的一个性能参数，石油库所使用的流量计、加油站使用的燃油加油机必须满足其准确度要求。

(四) 测量范围和量程比

测量范围是指仪表在一定的基本误差内，最小(下限)流量至最大(上限)流量的范围。

量程比是指仪表在一定的基本误差内，最大流量与最小流量的比值，又称为范围度。

(五) 灵敏度和灵敏限

灵敏度表达测量仪表对被测参数变化比的灵敏程度。取仪表的输出信号，例如指针的直线位移或转角位移 Δa 与引起此位移的被测参数变化量 Δx 之比表示，即：

$$灵敏度=\frac{\Delta a}{\Delta x}$$

测量仪表的灵敏度，可以用增大放大系统(机械的或电子的)的放大倍数的办法来提高。但是必须指出，仪表的性能主要取决于仪表的基本误差，若单纯从加大仪表灵敏度来达到更准确的读数是不合理的，反而可能出现灵敏度似乎很高，但仪表准确度却下降的虚假现象。为了防止这种虚假灵敏度，常规定仪表标尺上的分格值不能小于仪表允许误差的绝对值。

仪表的灵敏限则是指引起仪表示值发生可见变化的被测参数的最小变化量，一般仪表的灵敏限的数值，应不大于仪表允许误差绝对值的一半。

(六)压力损失

压力损失一般是指在最大流量时，流过仪表之后总的压力能源的损耗。它在仪表两端所规定的一定距离处测得，作为衡量该仪表是否经济的一项重要指标。压力损失越小，则压力能源损失越少，就越经济。

(七)最大工作压力

最大工作压力是流量计在运行条件下，长期正常工作所能承受的最大压力。

(八)被测介质的黏度

黏度是液体流动内摩擦力的量度。介质黏度是选择流量计的参数之一。

(九)工作温度

流量计正常工作所能承受的被测介质的温度。石油成品油动态计量，通常在常温下进行。

(十)流量计重复性

流量计的重复性是指在相同的测量条件(如同一方法、同一观测者、同一计量器具)下，对同一被测量值连续多次测量时，在量程范围内其测量结果间的一致程度。重复性表示的是流量计的随机误差的大小，常用百分数表示。和基本误差一样，重复性也是衡量流量计准确度的重要参数之一。

(十一)稳定性和零漂

稳定性是在规定的工作条件下，流量计的计量特性随时间保持不变的能力。稳定性可定量表征。通常稳定性是对时间而言，如果考虑其他参数的稳定性应予以说明。

流量计在零输入时，输出的变化称为零漂。

第二节　流量计的工作原理及特性

一、速度式流量计

速度式流量计是利用测量体积流体流速来测量流量的仪表，如涡轮流量计、涡街流量计等。其中，涡轮流量计较多地应用于成品油计量，而近年来，涡街流量计也受到重视。

(一) 涡轮流量计

涡轮流量计又称透平流量计，是在螺旋式叶轮流量计的基础上发展起来的，目前已被广泛应用，是一种速度式流量计。它通过测定置于流体中的涡轮的转速来反映流量的大小。

1. 结构

涡轮流量计由涡轮流量变送器(包括前置放大器)和流量计算仪组成，可实现瞬时流量和累积流量的计量。

涡轮流量变送器由叶轮组件(涡轮)、带前置放大器的磁电感应转换器、壳体等元件组成，如图 3 – 2 – 1 所示。

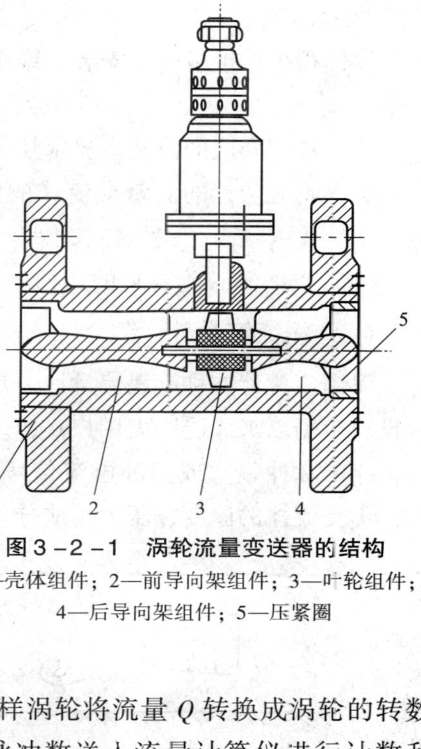

图 3 – 2 – 1　涡轮流量变送器的结构

1—壳体组件；2—前导向架组件；3—叶轮组件；4—后导向架组件；5—压紧圈

2. 工作原理

当被测液体流经涡轮叶片时，涡轮受冲击便旋转，涡轮的旋转速度随流速而变化，在一定的流量范围及一定的流体黏度下，叶轮的转速与流体量成正比。而当叶轮转动时，叶轮上由导磁不锈钢制成的螺旋形叶片，依次接近处于管壁上的检测线圈，周期性地改变检测线圈磁电回路的磁阻，使通过线圈的磁通量发生变化而产生与流量成正比的脉冲电信号。这样涡轮将流量 Q 转换成涡轮的转数 W，磁电感应转换器又将此转数 W 变成电脉冲数送入流量计算仪进行计数和显示。

涡轮流量计输出的信号脉冲频率 f 与通过涡轮流量计的体积流量 Q 成正

比。即

$$f = KQ \tag{3-2-1}$$

K——涡轮流量计的仪表系数。

3. 特点

①测量准确度高，一般准确度等级达到0.5级以上。

②量程范围宽，最大流量和最小流量比通常为(6∶1)~(10∶1)，适用于流量大幅度变化的现场测量。

同样口径流量计中，它的流量是比较大的。

③压力损失小，由于结构简单，运动部件少，压力损失小。

④耐高压，该流量计的外形简单，容易实现耐高压设计，常用于锅炉给水等高压管路中水的测量。

⑤温度范围宽，如注意选择涡轮的轴承和旋转检测部分，它就可以用于很宽的温度范围，既可用于加热重油，也可用于低温液态石油气、液态氮、液态氢的流量测量。

⑥体积小，重量轻，安装、维修方便。此外，因无滞流部分，内部清洗也较简单。

⑦对被测介质的清洁度要求较高，要求被测介质洁净，无杂质。

⑧涡轮流量计的测量受流体的流态的影响。为保证管道截面积上的流速均匀，安装要求较高，一是要求水平，二是其进、出口处的前、后直管段应不小于20DN和50DN(DN为管道的通径)。

(二)涡街流量计

涡街流量计亦称旋涡流量计，是国际上20世纪70年代末才问世的产品，国内投放市场以来深受广大用户欢迎。它是一种速度式流量计，输出信号是与流量成正比的脉冲频率或标准电流信号，可远距离传输，并且输出信号仅与流量有关，不受流体的温度、压力、成分、黏度和密度的影响。

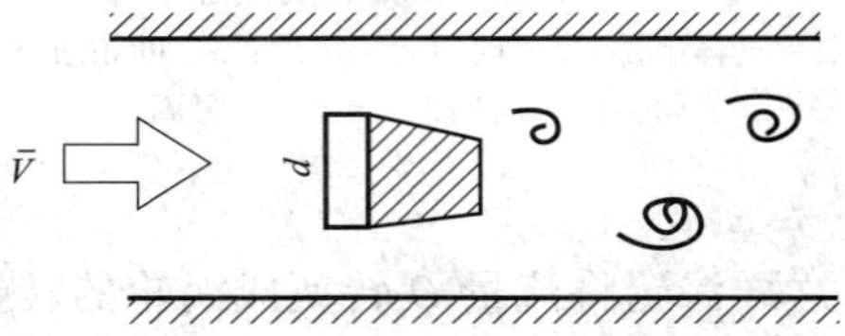

图3-2-2　旋涡发生原理图

1. 工作原理

涡街流量计的工作原理是：在流动的流体中插入一根其轴线与流向垂直的非流线型断面的柱体时，其下游就会产生两排内旋的、相互交错的旋涡列，如图3-2-2所示。

若交错的旋涡列满足一定的条件时(雷诺数在$2\times10^4 \sim 7\times10^6$范围内)，旋涡的分离是规则而且稳定的，这就是所谓“卡门涡街”。

由于在一定条件下旋涡分离的频率 f 与柱侧平均流速 V 及柱宽 d 有固定关系，即：

$$f = Sr\overline{V}/d \tag{3-2-2}$$

式中　Sr——斯特劳哈尔数。

因此，在柱宽和柱形已知时，可以测量旋涡的分离频率以求出管内的平均流速(因为雷诺数在 $2\times10^4 \sim 7\times10^6$ 范围内，Sr 值基本上保持不变)。

旋涡在柱体两侧交替发生时，有一个与流向垂直的交变升力产生。它通过旋涡发生体两侧的引压孔作用在探头上，使探头内部产生交变应力，其频率与一侧旋涡频率相同，并利用在探头内部的压电晶体产生与旋涡分离频率相同的电信号。电信号经转换器处理后，便转换成与流量成正比的脉冲信号，送入流量计算仪进行显示和计算。

2. 特点

①准确度高，可达 0.5 级。

②量程比大，可达(30∶1)~(100∶1)，耐受温度也较高，可达 400℃。

③为了保证旋涡列有规律性，必须在允许的流量测量范围内使用，即雷诺数的范围。

④对上、下游直管段长度有严格的要求，安装仪表的管道不能有激烈的机械振动。

⑤涡街流量计结构简单，无运动磨损部件，使用寿命较长。当流量计的结构确定后，流体振荡(旋涡)服从一定的规律，振荡频率只随雷诺数变化，与介质的种类及其参数如压力、温度、密度等无关，所以对于不同的测量介质，其仪表常数是相同的。

⑥可远距离传输流量信号，并可与计算机联网，实现集中管理。

二、容积式流量计

容积式流量计是各级石油库石油成品油动态计量的主要仪表，是以单位时间内可排出流体固定容积 V_0 作为测量单位进行累积计量。基本原理类似于一种标准容器，连续不断对流体介质(液体成品油)进行固定容积的测量并进行计算。这类仪表在石油库常用的有椭圆齿轮流量计和腰轮流量计，此外还有刮板流量计等。

(一) 椭圆齿轮流量计

1. 结构

椭圆齿轮流量计的外形如图 3 - 2 - 3 所示，其结构(单体)如图 3 - 2 - 4 所示。

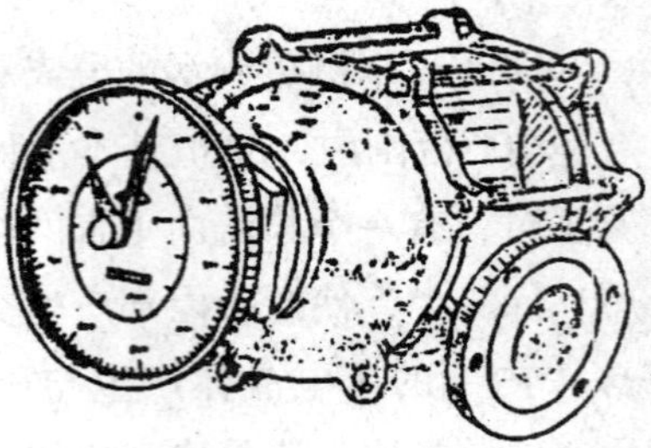

图 3 - 2 - 3　椭圆齿轮流量计

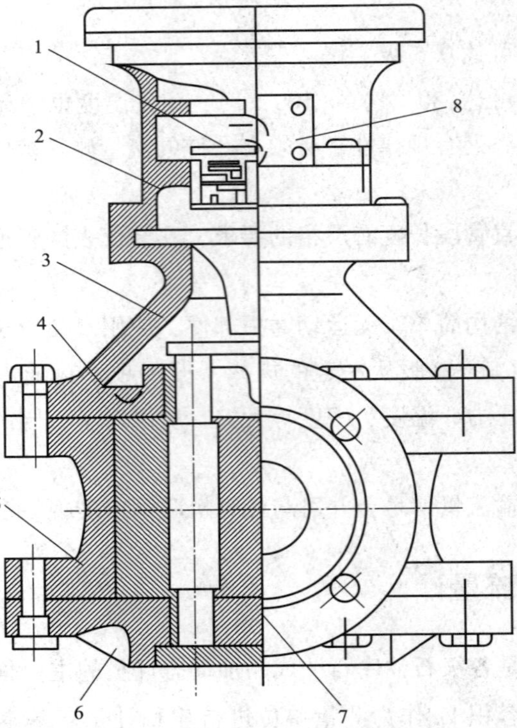

图 3 - 2 - 4　椭圆齿轮流量计结构

1—计数机构；2—调节机构；3—上盖；4—盖板；
5—壳体；6—椭圆齿轮；7—法兰；8—发信器接口

椭圆齿轮流量计由测量本体、传动机构和显示、信号远传和显示三部分组成。

①测量本体。椭圆齿轮流量计的测量本体由壳体、测量室和一对椭圆齿轮构成。椭圆齿轮是流量计的测量元件，它具有相互滚动进行接触旋转的特殊形状，它通过两根钢轴被固定在测量室内。

②传动机构和显示部分。这个部分的作用是将椭圆齿轮的转动，通过磁性密封联轴器及传动减速机构传递给计数器直接指示出流经流量计的总量。

③显示和信号远传部分。若流量计系统附加了信号发生装置和电显示仪表，则可以通过该部分实现测量信号远传，指示流量计的瞬时流量和累积总量。

2. 椭圆齿轮流量计工作原理

椭圆齿轮流量计工作原理如图 3－2－5 所示。

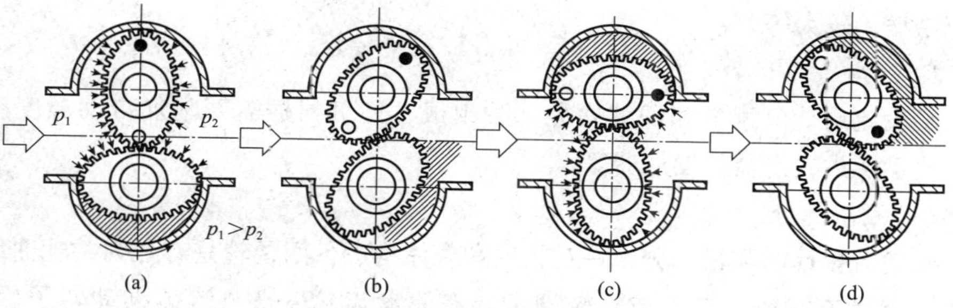

图 3－2－5　椭圆齿轮流量计工作原理

p_1、p_2 分别表示入口压力和出口压力，显然 p_1 大于 p_2。在图 3－2－5(a) 中，下方齿轮在两侧压力差的作用下，产生逆时针方向旋转，其为主动轮；上方齿轮因两侧压力相等，不产生旋转力矩，是从动轮，它由下方齿轮带动，按顺时针方向旋转。在图 3－2－5(b) 位置时两个齿轮均在差压作用下产生旋转力矩，继续旋转，旋转到图 3－2－5(c) 位置时，上方齿轮为主动轮，下方齿轮则成为从动轮，继续旋转到与图 3－2－5(a) 相同位置，完成一个循环。一次循环动作排出四个由齿轮与壳壁间围成的新月形空腔的流体体积，该体积称作流量计的“循环体积”。而流量计的累积流量为

$$Q = NV \tag{3-2-3}$$

式中　V——流量计“循环体积”；

N——测量时间内齿轮转动次数。

3. 椭圆齿轮流量计的特点

①计量准确度高，一般为 0.5 级，如果加工装配能符合要求，可以达到 0.2

级，作为贸易交接计量用。对于成品油计量应在流量计上游侧安装消气器。

②黏度变化时，泄漏量也会变化，黏度越低，泄漏量越大。

③由于是两个转子齿轮相互啮合传动，所以排量大的流量计，其体积也要加大，振动和噪声也相应增大。因此，流量计的流量受到一定的限制。

④仪表可以水平安装，也可以垂直安装，对前后直管段无要求。

⑤对流体的清洁度要求较高，如果被测介质过滤不清，齿轮很容易被固体异物卡死而不工作，必须在流量计上游侧安装过滤器。

⑥在超负荷工作时仪表的寿命将明显缩短。

(二)腰轮流量计

腰轮流量计也称罗茨流量计，它主要用于油料计量。它的结构简单，计量准确度高，可达0.1～0.5级。它的主要缺点是：体积大、笨重，压力损失较大，运行中振动较大等。

1. 结构

腰轮流量计由测量和积算两大部分组成，还可根据需要附加自动温度补偿器、自动压力补偿器、发信器等。

(1)测量部分：

腰轮流量计的测量部分由一对腰轮和壳体构成，两腰轮是有互为共轭曲线的转子，即罗茨(Roots)轮，与腰轮同轴装有驱动齿轮，被测流体推动转子旋转，转子间由驱动齿轮相互驱动。腰轮、计量室壳体一般由铸铁、铸钢或不锈钢制成。

(2)传动机构：

传动机构包括磁性联轴器(或机械密封装置)和减速变速机构。变速调整机构由“齿轮对”组合而成。

(3)积算器和指示表头：

其类型较多，有指针式指示和数字式指示，不带或带有复位计数器，带瞬时流量指示等。

(4)自动温度补偿器：

可对被测介质温度变化影响进行连续自动补偿，有机械式，也有电子式。

(5)自动压力补偿器：

可对被测介质静压变化影响进行自动修正。

(6)脉冲发信器：

有接触式和非接触式。

腰轮流量计的结构与椭圆齿轮流量计相似，不同之处只是转子的形状。腰轮流量计的转子是一对不带齿的腰形轮，两腰轮在转动过程中不直接接触，而是依靠壳体外的腰轮引出轴上的两个啮合齿轮驱动，这与椭圆齿轮流量计比较具有明显优点。椭圆齿轮啮合接触转动磨损大，容易损坏和降低准确度，而腰轮由于靠附加驱动齿轮驱动而相互间不直接接触，故能保持流量计的长期稳定性。

2. 工作原理

腰轮流量计工作原理与椭圆齿轮流量计基本相同，也是依靠其进、出口流体压力差使转子产生运动。

如图3－2－6所示，被测流体由进口流入后，经计量室，再由出口流出。当腰轮转子处于图3－2－6(b)位置时，作用于垂直转子的流体压力，对该转子的合力矩为零，则该转子不转动，作用于水平转子的合力矩使水平转子转动，由此带动垂直转子转动。以此类推，转子每旋转一周排出4份“计量空间”的流体体积量。

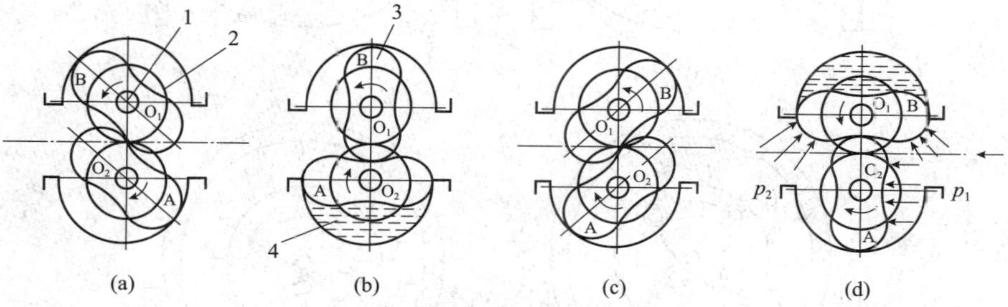

图3－2－6 腰轮流量计工作原理

1—腰轮轴；2—驱动齿轮；3—腰轮；4—计量

3. 腰轮流量计的特点

①计量准确度高，可以达到0.2级，作为贸易交接计量用。

②黏度变化时，泄漏量也会变化，黏度越低，泄漏量越大。

③腰轮靠转子外的齿轮相互驱动，所以噪声远比椭圆齿轮流量计小。

④对流体的清洁度要求较高，当被测介质内夹有固体异物时，会卡死而不工作，必须在流量计上游侧安装过滤器。

⑤在超负荷工作时仪表的寿命将明显缩短。

腰轮流量计除了具有椭圆齿轮流量计的一般优点外，还有尺寸小、重量轻、排量大、适应性强的特点；压力损失也较椭圆齿轮流量计小，一般不超过40kPa。

(三)刮板流量计

刮板流量计按其结构的不同，有凸轮和凹线式两种型式。

1. 凸轮式刮板流量计

凸轮式刮板流量计的主体由转子、凸轮、凸轮轴、刮板、连杆及壳体等组成，如图 3－2－7 所示。壳体内腔是圆形筒，转子是一个转动的空心薄壁圆筒。当刮板是两对时，在转子圆筒壁上径向开互成 90°角的 4 个槽。当刮板是 3 对时，则开互成 60°角的 6 个槽。刮板在空间互不接触，它们既可以随内转筒转动也可以径向滑动，它们的径向滑动由凸轮控制。

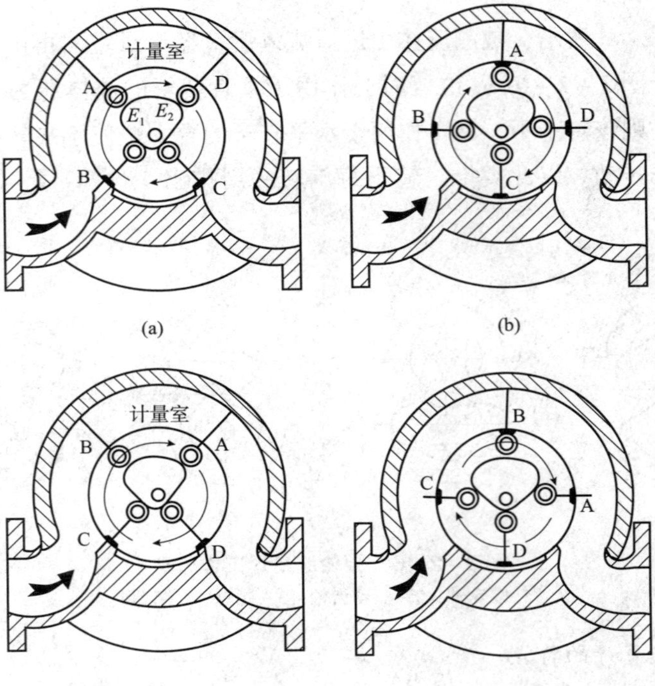

图 3－2－7　凸轮式刮板流量计结构原理

当流体通过流量计时，在流量计进出口压差作用下，流体推动刮板与转子旋转。在图 3－2－7(a)的位置时，刮板 A 和 D 由凸轮控制全部伸出转子圆筒，与测量室内壁接触，形成密封的计量室，将进口的连续流体分隔出一个单元体积。此时，刮板 C 和 B 全部收缩到转子圆筒内。在流体差压的作用下，刮板和转子继续旋转到图 3－2－7(b)的位置，刮板 A 仍为全部伸出状态，而刮板 D 则在凸轮控制下开始收缩，将计量室中的流体排向出口。在刮板 D 开始收缩的同时，刮板B开始伸出。当转子旋转到图3－2－7(c)位置时，刮板D全部收缩至转子圆筒内，而刮板B由凸轮控制全部伸出转子圆筒与测量室内壁接触，刮板B、A之间形成密封空间，将进口的连续流体又分隔出一个单元体积。转子旋转到图3－2－7(d)位置时，随着刮板A开始收缩，计量室内的流体又开始排向出口。随后依次是刮板C、B和刮板D、C形成密封空间，然后回复至图3－2－7(a)由刮板A、D形成密封空间。转子旋转一周，共有4个单元体积的流体通过流量计。记录转子的转动次数以计算通过流量计的流体总量。

2. 凹线式刮板流量计

凹线式刮板流量计的主体由转子、刮板、连杆和壳体组成，如图3－2－8所示。凹线式刮板流量计的动作过程几乎与凸轮式刮板流量计一样，区别只是凹线式刮板流量计的壳体内腔是曲线型的。转子也是一个圆筒，圆筒沿径向开有互成90°角的4个槽，或互成60°角的6个槽，连杆带动刮板在槽内沿径向滑动。刮板的径向滑动是靠壳体的凹线控制的。

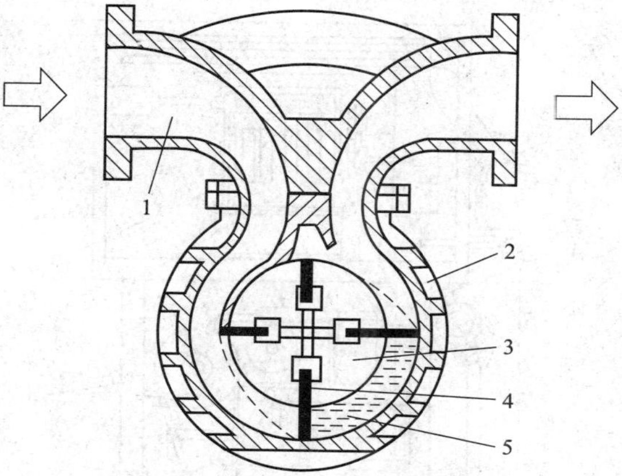

图3－2－8　凹线式刮板流量计结构原理

1—导管；2—壳体；3—转轮；4—刮板；5—计量室

不论哪种型式的刮板流量计，其工作原理都是相同的。

3. 特性

①准确度高，可达0.2级。

②刮板不易磨损，能承受高压力，防止渗漏。

③压力损失小，准确度衰减率低，最大不超过0.03MPa。

④单壳体结构简单，重量轻；双壳体结构不受管热胀及压力的影响，变形量小。

⑤安装方便，不需要直管段、整流器等附属设备，不受弯头、阀门等管件的影响。

⑥运行平稳、无振动、噪声。

(四)燃油加油机

加油机专指为机动车添加轻质燃料油的计量设备。其基本功能，首先是为机动车辆添加燃油，同时对所加燃油进行计量，以便于进行贸易结算，属强制检定的计量设备。因此，了解和掌握加油机的结构、原理、故障排除及检定和检测方法是十分重要的。

1. 加油机结构及工作原理

由于加油机的分类很多无法统一，为叙述方便，本书按计数指示、操作结构不同分为机械显示加油机、电子显示加油机和电脑控制加油机。

机械加油机主要由电机、叶片泵(齿轮泵)、油气分离器、流量计(计量器)、计数器和电气部件等组成。其布局如图 3－2－9 所示。

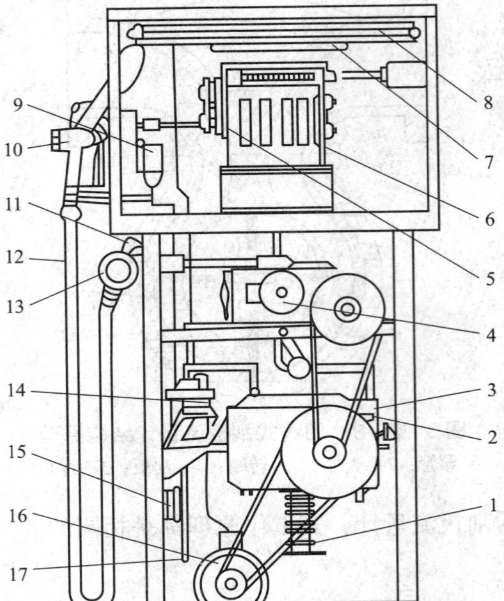

图 3－2－9 机械加油机布局

1—挠性管；2—叶片泵；3—油气分离器；4—流量计；5—复位机构；6—计数器；7—防爆灯具盒；8—灯管；9—防爆行程开关；10—自封油枪；11—照明开关；12—防静电输油胶管；13—视油器；14—防爆继电器盒；15—防爆接线盒；16—防爆电机；17—排气管

1）叶片泵。

①叶片泵的结构。叶片泵的结构如图 3－2－10 所示。

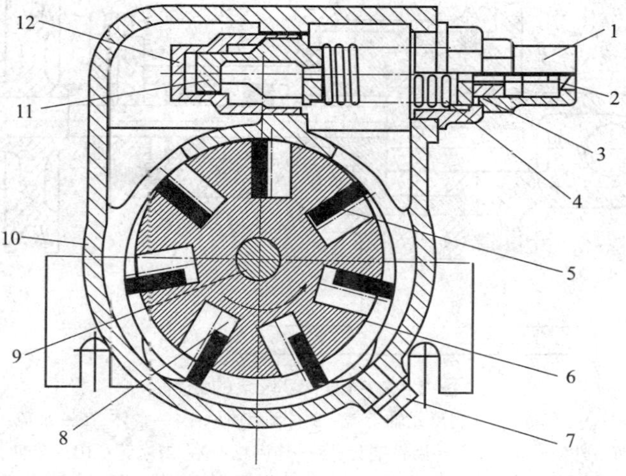

图 3－2－10　叶片泵的结构

1—盖形螺帽；2—调整螺丝；3—弹簧座；4—弹簧；5—叶片；6—转子；
7—油堵；8—弹簧片；9—主轴；10—泵体；11—溢流阀；12—阀座

本部件由叶片泵和溢流阀两部分结合而成。铸铁泵体（序号 10）内可分为两部分：下部为泵腔，上部为溢流阀腔。泵腔为圆柱体空间，两侧对称各设有三角区，从图示正面观察，右侧三角区与进油口连通，左侧三角区与出油口连通。泵腔内偏心安装转子 6，沿转子圆周等距分布有 7 个径向槽，槽内装有弹簧片 8 及叶片 5，转子旋转时叶片能沿转子槽作径向往复运动。

②齿轮泵的结构及工作原理。加油机上采用的圆弧齿内啮合齿轮泵，其结构如图 3－2－11 所示。主要由本体、内齿轮组合件、外齿轮组合件、密封装置、安全装置、附件等组成。

工作原理如图 3－2－12 所示，由泵体（壳）、泵盖及其上的月牙形隔板，使两个齿轮的各个齿间分别组成封闭的工作容积，其中相啮合的一对齿和月牙形隔板，则将整个泵室分隔成两个腔，一个为吸油腔（入口），另一个为排油腔（出口）。

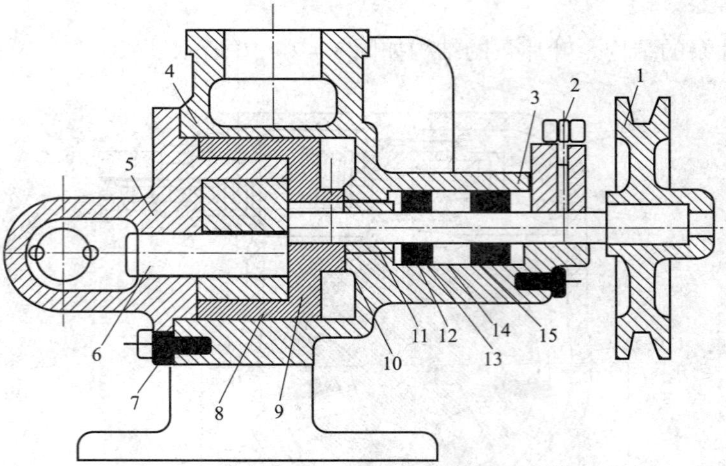

图3－2－11　齿轮泵的结构

1—皮带轮；2—润滑式轴承盖；3—铜套轴承；4—泵体；5—泵盖；
6—外齿轮轴；7—外齿轮铜套；8—外齿轮；9—内齿轮；10—泵轴；
11—铜套轴承；12—油封座；13—泵轴油封；14—油封垫圈；15—压紧弹簧

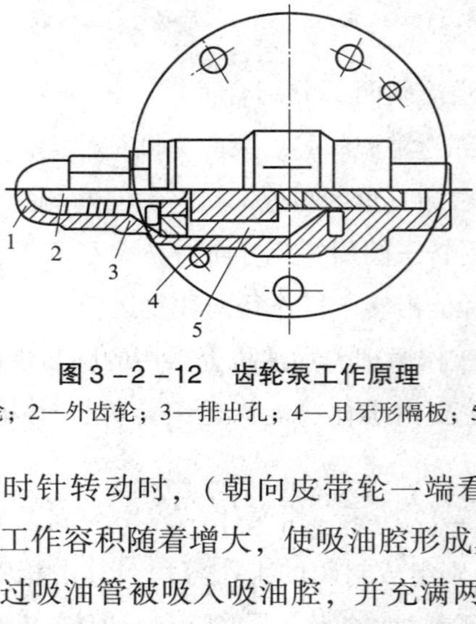

图3－2－12　齿轮泵工作原理

1—内齿轮；2—外齿轮；3—排出孔；4—月牙形隔板；5—吸入孔

当内齿轮一起沿顺时针转动时，（朝向皮带轮一端看去）相互啮合的轮齿，在吸油腔内逐渐脱开，工作容积随着增大，使吸油腔形成真空，地下油罐的油便在大气压的作用下，通过吸油管被吸入吸油腔，并充满两齿脱开所增加的容积，这就是吸油过程。随着齿轮的旋转，将齿间的油带到排油腔，在排油腔内轮齿进入啮合，将齿间的油挤出，并产生压力，这就是排油过程。

③齿轮泵的特点。齿轮油泵结构紧凑，工作可靠，寿命和效率亦较高；该泵为圆弧齿内啮合齿轮泵，齿轮啮合时凹、凸齿面相接触，这样不但提高了齿面的接触强度，而且还改善了密封性能和润滑条件；该泵的工作间隙较小，对加工和

装配的要求较高。其中内齿轮与泵体的平均间隙为0.05mm，小齿轮对月牙块和泵体的平均间隙为0.07mm；而轴向(端面)平均间隙：内齿轮为0.045mm，小齿轮为0.12mm，在使用过程中，端面间隙一般可用更换垫片厚度或改用密封胶的方法加以调整。

2)油气分离器。

油气分离器的作用是将燃油中所含气体从油液中分离出来并排至机外，以免所供燃油中混入气体，影响计量准确度，所以油与气的有效分离是保证计量性能的重要条件。油中混有的气体是空气和燃油蒸汽的混合物，其来源有以下几个方面：新安装的加油机其吸油管线内充满了空气，而当吸油管下端底阀密封不严时，加油机一停止工作，吸油管内液面就会降低，管内形成了气体空间；加油机在工作过程中，吸油管始终处于负压状态，燃油特别是汽油有很强的挥发性，所以会有一定数量的燃油液体挥发成为燃油蒸汽。因此，要求油气分离器在上述情况下均能有效地发挥作用。

壳体为一铝制铸件，内分为三个腔，(图3-2-13)过滤器B所在的空间为负压腔，通过孔A与进油管相连。图中浮漂E或单向阀所在的空间为正压腔，它与泵的出口相通。图中回油浮漂G所在的空间设有出气管与大气相通，故为常压腔。

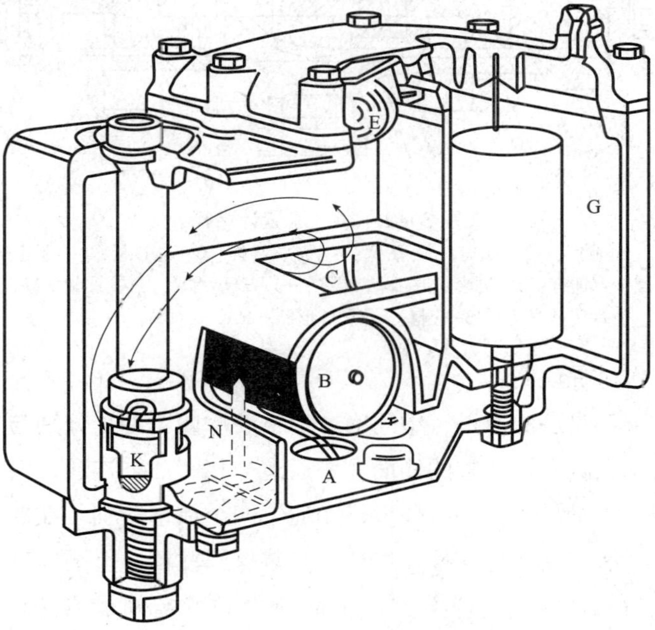

图3-2-13　油气分离器结构图

A—低压腔；B—过滤器；C、N—高压腔；E—球形浮漂；G—圆柱形浮漂；K—出口阀三腔交界处设有四个阀，负压腔与正压腔交界处为一出口阀 K，阀的底部与负压腔相通，阀的顶部与正压腔相通，出口阀的功能在于利用它的启闭，控制正压腔向输油管供给一定压力的油。

3) 流量计（计量器）。

流量计是加油机最重要的部件，它的最基本、最重要的指标是计量准确度。计量准确度的高低取决于其结构形式与制造精度。

加油机中常见的流量计结构有如下两种。

①金属活塞型流量计。流量计结构如图 3－2－14 所示。

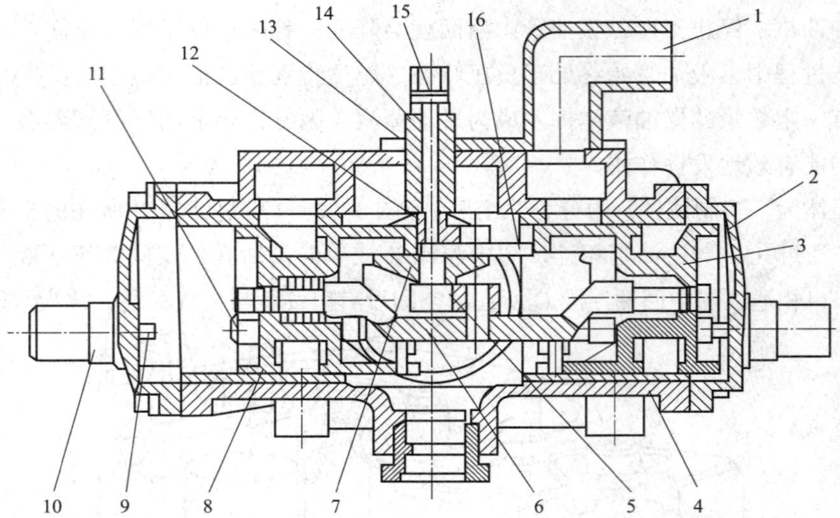

图 3－2－14　流量计结构

1—出口弯头；2—端盖；3—活塞；4—流量计体；5—连接板；6—下连杆；7—上连杆；8—缸套；9—调量螺钉；10—盖形螺母；11—调量活塞；12—传动弯头；13—铜套；14—O 形圈；15—传动轴；16—胶木轮

结构和工作过程说明：

流量计体下部为进油通道，中间为方形空腔。四个油缸分别与方形空腔垂直相通。油缸内压入缸套，油缸的侧面有一通道与相邻油缸连通。四个油缸上方有一椭圆孔分别与流量计体上部的环形槽相通。四个活塞分别装在四个缸套内，同一轴线上的两个活塞用连杆连接。连杆中点装有圆柱销，上下连杆上的圆柱销分别插入连接板的两孔内。连杆上方四个活塞中间的空间设有一圆盘状胶木轮，其中心装有轴销，轴销插入与传动轴相连接的曲柄孔内。四个端盖分别装在四个油缸的端面上，其中有两个端盖上设有调量螺钉。有调量螺钉端盖的一组活塞内，设置了与活塞同步移动的调量活塞，其行程可由端盖上的调量螺钉进行调整。

工作时，两个活塞的端面和上连杆的两个台阶面依次推动胶木轮做圆周平移运动，通过曲柄将活塞的往复直线运动转换成传动轴的转动，计量信号经此轴输出。流量计体上部环形槽与出口弯头相通，经过计量后的油液由环形槽、出口弯头输送出去。

②皮碗活塞型流量计。皮碗活塞型流量计的结构如图 3－2－15 所示，该流量计的工作过程见其工作原理部分。

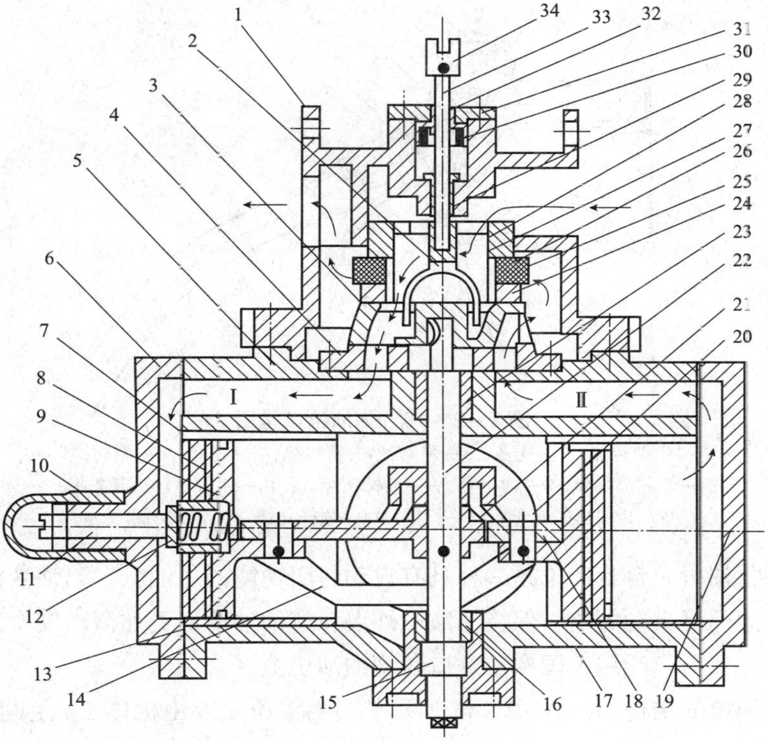

图 3－2－15　皮碗活塞型流量计结构图

1—流量计盖；2—传动叉；3—分配阀；4—下阀座；5—流量计体；6—调节盖；7—皮碗弹簧；8—皮碗活塞；9—皮碗座；10—螺塞盖；11—调节螺钉；12—缓冲弹簧；13—纸垫；14—长托架；15—螺塞；16—轴衬套；17—缸套；18—滑轮；19—端盖；20—销；21—偏心轮；22—主轴；23—衬套；24—上阀座；25—油封；26—压簧；27—套管螺母；28—油封套管；29—轴衬套；30—油封；31—压盖；32—衬套；33—传动轴；34—传动接头

4)加油枪。

加油枪是计量加油机向外注油的工具，与加油机配合使用应具有足够的输油能力，还应具有操作方便、压力损失小、流量稳定连续可调、安全可靠等特性。

加油枪的主要性能是流量，它应与加油机的输油能力协调匹配使用。不同出口通径的加油枪，在相同使用条件下流量有所不同。目前加油机枪有两种，一种是普通加油枪，另一种是自动封闭加油枪(以下简称自封油枪)。

①普通加油枪。普通加油枪的结构如图 3－2－16 所示，普通加油枪主要由枪体1、主阀5、副阀6、油枪嘴8、开关把11 等组成。

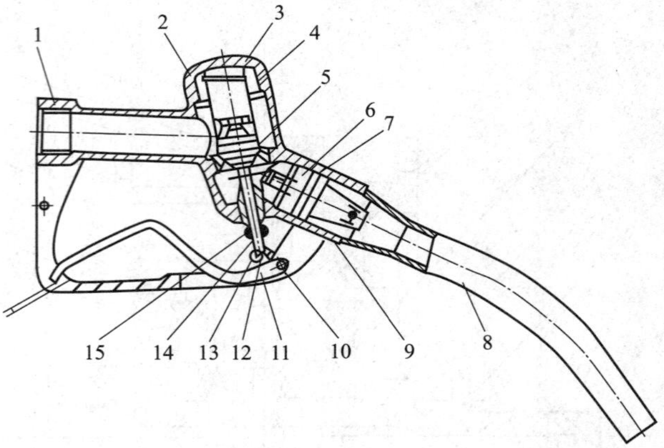

图 3－2－16　加油枪结构图

1—油枪体；2—压盖；3—弹簧；4—密封垫；5—主阀；6—副阀；
7—O 形密封圈；8—油枪嘴；9—油枪嘴螺母；10—销轴；11—开关把；
12—压紧螺母；13—托垫；14—顶杆；15—O 形密封圈

②自封油枪。自封油枪是一种具有自动封闭功能的加油枪。当油液注满容器时，油枪阀门可自动关闭，保持油液不外溢，使加油场地更加清洁安全，故很受用户欢迎，目前广泛用于国产及进口各型加油机上。

自封油枪的结构如图 3－2－17 所示，自封油枪主要由枪体 1、主阀 7、顶杆 3、开关膜 9、自封杆 10、副阀芯 20、油枪嘴 17 等组成。

5)视油器。

视油器通过导管安装在流量计和加油枪之间。用户可以通过视油器观察油液中是否存在气泡。视油器由壳体 1、沉头螺钉 2、密封垫 5、玻璃盖 4、密封垫 3 和盖 6 组成。视油器的结构如图 3－2－18 所示。

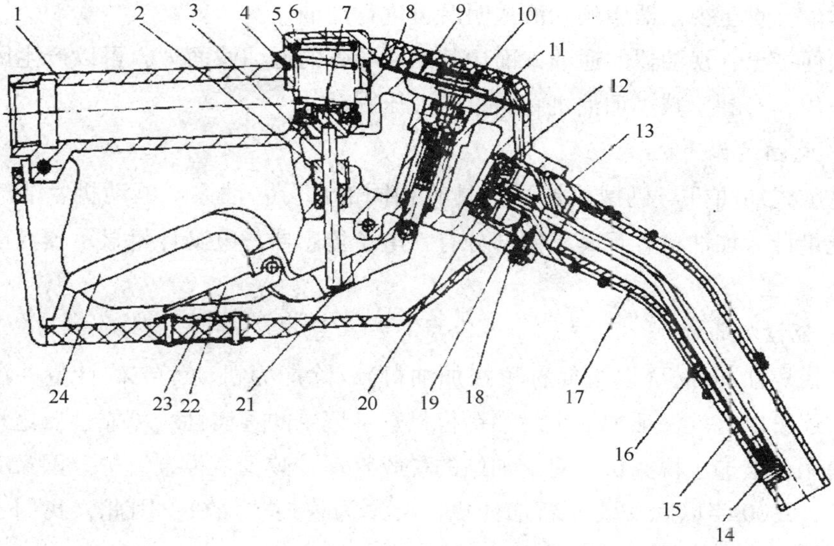

图 3-2-17　自封油枪

1—油枪体；2—压母；3—顶杆；4—O 形密封圈；5—弹簧；6—压盖；7—主阀；8—上盖；9—开关膜；10—自封杆；11—钢球；12—副阀座；13—转接套；14—进气嘴；15—进气管；16—弹簧；17—油枪嘴；18—O 形密封圈；19—弹簧；20—副阀蕊；21—自控杆；22—挡片；23—限位板；24—开关把

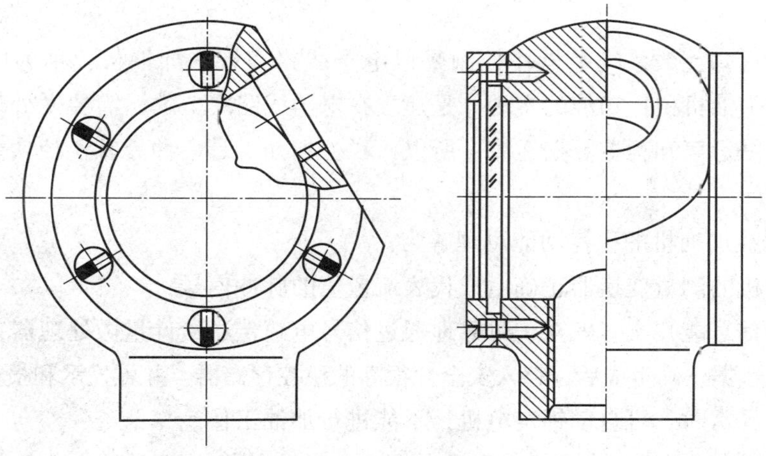

图 3-2-18　视油器结构

视油器的通油截面比其二端导管的通油截面大，油液流经时流速降低，便于用户观察视油器内油液的状况。油液透明时，表明加油机工作正常，油液中没有气泡。油液不透明或有可见气泡时，表明油液中还存在气体，这时应继续开启加油枪排油，直至视油器中的油液透明后再进行加油。

顺便指出，视油器的通油截面比其二端导管的通油截面大，可以产生闭端盲管的作用，有利于减小加油机管路中的液压脉动。

2. 电脑式加油机

电脑式加油机与机械式加油机具有相同的部分：油泵、电动机、油气分离器、流量计、加油枪等。其不同部分有：电子传感器、电脑计量显示器、电子控制器。

3. 税控加油机

税控燃油加油机(以下简称税控加油机)，除能为机动车准确计量并添加燃油外，还可以有效保证加油机燃油销售量数字记录的真实性、可靠性。这种加油机的使用，增加了税务机关对加油站的税收管理，减少了税金流失。国家有关文件规定，2000年以后安装的新加油机，必须为税控加油机。因此，我们了解和掌握税控加油机，是十分必要的。

(1)税控加油机概念：

《税控燃油加油机鉴定大纲》中指出，税控燃油加油机是为机动车添加燃油的一种测量系统，使用统一的监控软件并具有程控功能。此概念可作如下解释：

1)税控加油机是一种新型电脑加油机，具有一般电脑加油机全部功能和特征。

众所周知计数系统及操作控制是以电子线路实现的加油机，称为电脑加油机。税控加油机税控功能的实现，是建立在电子线路之上的，需要微处理器去进行计量数据运算和程控数据运算。所以，税控加油机是一种具有税控功能的电脑加油机。

2)税控加油机的税控功能可理解为：

加油机的测量变换器正确生成代表流量值的脉冲信号；

脉冲信号能真实、安全、可靠地通过信号电缆传送给计量微处理器；

税控数据正确生成后，存入安全性很高的税控存储器，并可显示和报税输出；

工作异常时，可自动锁定电机，不能进行加油工作。

3)税控加油机的税控软件和税控硬件(指监控微处理器)由税务部门统一提供。

4)税控加油机部件。

液体容积流量计、加油计量及操作的辅助装置和附加装置、税控电路等。也就是说，税控加油机在结构上与一般加油机相比，仅是增加了税控电路。

(2)税控加油机的结构及工作原理。

1)结构:

结构上,税控加油机与非税控的普通加油机是一致的。税控电路与计量电路同在一块电路板上,成为加油机的主板。

电机:加油机用电机为 -380V 或 -220V 交流防爆电机,作为带动油泵的动力。

油泵:把燃油从油罐中抽出来。

油气分离器:用来连续分离并消除液体中的气体。

测量变换器及传感器:把被测量的流体流量转换为电脉冲信号并传给计量处理电路。

电源盒:电力线的输入与输出电路,包括电机及电磁阀的开关控制。

接口电路板:输入信号和输出信号经此板电子处理后才传输给主板。

计量及税控电路主板:加油机的流量计算、税控数据的计算、存储等工作,主要由此板完成。板上包括计量微处理器、监控微处理器、税控存储器及其外围电路。

显示电路板:把主板的数据按一定要求,进行数字显示。

键盘:由按键组成,向加油机电脑发出操作命令。

2)工作原理:

税控加油机的工作原理如图 3-2-19 所示。

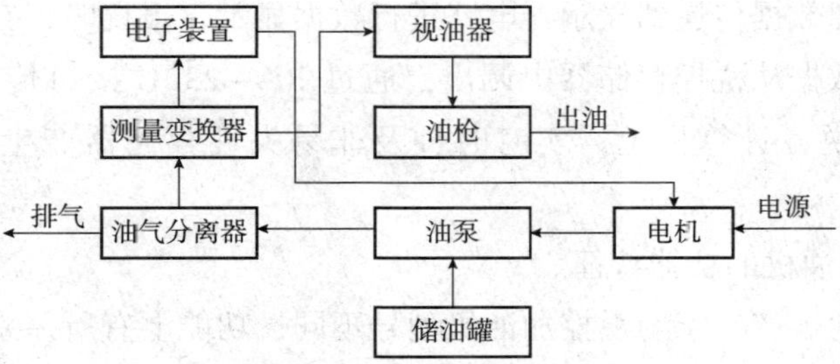

图 3-2-19　税控加油机工作原理框图

税控加油机的整机工作原理与其他类型的加油机基本相同,这里重点介绍税控加油机电路部分的工作原理。

税控加油机电路工作模式如图 3-2-20 所示。

燃油计量及付油操作:

税控加油机根据油枪托架开关及键盘指令来进行付油操作。付油时,测量变换器把流过的燃油体积转换为脉冲信号经接口电路传送给计量微处理器，计量微处理器由此运算出流量数据，并经过通讯接口传递给监控微处理器；一些重要的数据，如计量参数，存放于计量存储器中。操作人员通过键盘把工作任务通知给加油机，如人工付油、自动付油、显示数据内容等。

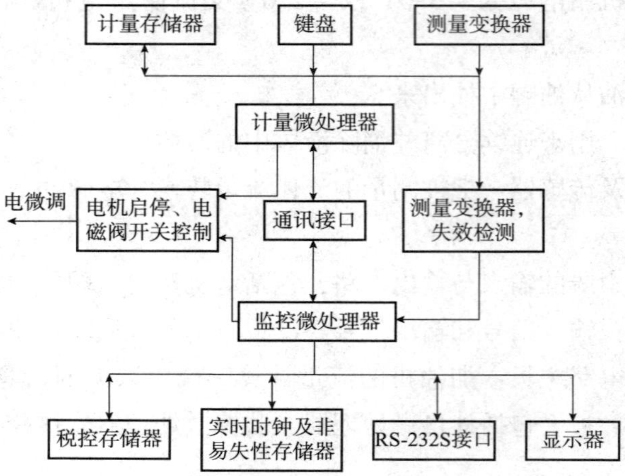

图3－2－20　税控加油机电路工作模式框图

计量微处理器通过通讯接口把计量数据移交给监控微处理器后，监控微处理器可以运算产生一系列税务数据，如当次流量及金额，累积流量及金额，税额等。这些税务数真实、安全地存储于税控存储器中。同时，监控微处理器也把流量、单价等付油数据传递到显示器电路进行数据显示。报税时，在监控微处理器指挥下，税务数据从税控存储器中调出，通过 RS－232C 接口传递到专门的 IC 卡报税口上或税务计算机上。实时时钟及非易失性存储器产生加油机的时间数据。

(3)税控加油机的功能特征。

各加油机的生产厂家的税控加油机型号不同，功能上有所差别，但都必须具有《税控燃油加油机鉴定大纲》中所规定的功能要求。这些功能成为共同的功能特征。

1)计量准确度：

税控加油机准确度为全量程上的 ±0.3%，重复性为 ±0.15%，最小被测量相对误差 ±0.5%，其重复性为 ±0.25%。

2)计量流量量程比：

税控加油机最大流量 Q_{max} 和最小流量 Q_{min} 之比为 10：1。在现场使用的税控加油机流量量程之比不小于5：1。

3）最大流量不大于60L/min的税控加油机，最小被测量不超过5L。

4）税控功能：

测量变换器正确生成脉冲信号；

计量微处理器把流量数据真实、可靠传输给监控微处理器；

监控微处理器生成税务数据并存入安全性很高的税控存储器，并可外输及显示；

税控加油机工作异常时，监控微处理器可关闭电机及电磁阀。

5）掉电保护及恢复显示：

加油过程中因故停电而中断加油时，税控加油机自动保存有效数据，如当次加油量等。掉电时，保持当次加油量数字显示时间不少于15min，或手动控制单次或多次复显之和不少于5min。

6）脉冲当量及累计数：

税控加油机的脉冲当量数固化在应用程序中，不能通过键盘操作等方式进行修改；加油量、金额的总累计数不能修改或清零。

7）标志要求：

税控加油机具有标记功能，即在税控初始化之前，加油机由于出厂调试，检定所已加的油量的详细情况，加油机内部做好标志，以便税务处理。税控初始化后此标志自动消失。

8）环境适应性：

税控加油机技术规范中规定，税控加油机在如下环境中可以正常工作：

温度：-20~40℃。

湿度：45%~75%。

（4）税控加油机的安装。

税控加油机运到现场安装时，须要做安装前检查，安装、检定、税控初始化等工作。国家要求税务人员和质量技术监督人员到现场。

1）安装前检查：

检查包装是否完好，包装标识齐全。

检查加油机外壳是否光洁，无断裂；铭牌字迹清晰；使用说明书、产品合格证、备件、配件齐全。

确认该税控加油机防爆许可证、制造许可证、税务许可证等。

2)安装：

按照产品使用、安装说明书安装。主要是地脚固定安装，油路(波纹管)安装及电源线连接。

3)试运行及检定：

①试运行：加油机上电前检查电源线安装是否正确、油路及地脚是否固定拧紧。发现问题及时纠正。然后合闸上电。启动电机，开油枪加油，检查税控加油机是否工作正常、有无漏油、数字是否显示等现象发生。如发现问题，要分析原因，及时处理。油枪加油至少到视油器中油液透明无气泡为止。

②计量检定：按 JJG 443《燃油加油机计量检定规程》中规定方法，由质量技术监督人员进行检定。

检定合格后发合格证书，并对加油机铅封。

③税控初始化：税控加油机安装后，第一次投入使用前，要由税务机关指定人员进行税控加油机的税控初始化。一般使用专用 IC 卡或计算机进行。

初始化内容。初始化时内容包括：出厂编号、油枪位编号、纳税登记证号、油料、日期和时间等。

查询生产企业随机的使用说明书，记录下来该加油机的标记加油量，以备从加油销售中扣除(避免把标记加油量上税)。

专用于 IC 卡装置或税务计算机操作请阅专用产品的说明书。

(5)加油机的保养和维护。

①清洁加油机时，应使用湿润的软布擦拭，不能直接用水冲洗。禁止用汽油或其他石油基的油料擦拭。

②新建加油站的加油机运行数天后，要对过滤器滤芯清洗 2 ~ 3 次，以后根据实际情况实施定期清洗，并检查滤芯有无损伤，即损即换。

③定期检查加油机的内漏和外漏，检查各管路接头、各部件油封、密封有无渗漏，发现渗漏要及时处理。

④经常查看视油器内有无气泡，如有，要及时查明原因并予处理。

⑤定期自查加油机的计量准确度，如超差要及时与当地计量部门联系进行调整，使之符合其计量准确度的要求。

⑥定期检查加油机流量，若流量不足，可调整油泵溢流阀的调整螺钉，直至满足说明书规定的流量为止。

⑦定期检查各电器接线是否牢固，特别是加油机地线连接是否良好，有无锈

蚀，有问题要及时处理。定期(1 年左右)检修防爆电机。

⑧定期检查油罐内的积水，水量过多应及时清除，以免引起加油机损坏。

(6)加油机常见故障及处理：

1)加油机故障与处理。

加油机在运行过程中常见故障及处理方法见表 3-2-1。

表 3-2-1　加油机常见故障及处理

<table>
<tr><th>序号</th><th>故障现象</th><th colspan="2">引发故障的可能原因</th><th>处理方法</th></tr>
<tr><td rowspan="12">1</td><td rowspan="12">加油机开机正常，但油枪不出油</td><td colspan="2">电机反转或传送 V 带松脱断裂</td><td>调整电源相序，调节张紧轮或更换 V 带</td></tr>
<tr><td rowspan="6">油气分离器故障</td><td>加油机进油口三角垫、过滤网垫等松动或破损进气</td><td>拧紧螺栓或更换新垫</td></tr>
<tr><td>加油机过滤网堵塞严重</td><td>去除杂物或更换过滤网</td></tr>
<tr><td>油气分离器的止回阀卡死，造成加油机不出油</td><td>卸下止回阀，清除杂物后复装，使其能上、下运动自如</td></tr>
<tr><td>油气分离器的大浮子未装好</td><td>检查大浮子，重新装好</td></tr>
<tr><td>油气分离器的小浮子进油或脱落，造成高压腔内形不成高压</td><td>检查小浮子，清理或重新安装</td></tr>
<tr><td>油气分离器的上盖压垫破损，造成高压腔与油气分离腔连通，致使高压腔内形不成高压</td><td>更换上盖压垫</td></tr>
<tr><td rowspan="5">油泵故障</td><td>油泵溢流阀因有异物卡在溢流阀的阀芯与阀座之间而不能封闭，造成油液始终在泵内循环而不能流出</td><td>取出阀芯，清除阀座异物并修整阀口，若是阀座脱落引起，则应重新装牢，必要时应换泵</td></tr>
<tr><td>泵内刮片、弹片磨损，断裂</td><td>清除泵内杂物及破损的刮片、弹片，更换新品后复装</td></tr>
<tr><td>油泵与油气分离器结合面的泵垫击穿或反装</td><td>更换泵垫或重装</td></tr>
<tr><td>油泵转子与转子轴松脱，造成泵轴空转</td><td>更换转子或油泵</td></tr>
<tr><td>齿轮泵内、外齿轮磨损间隙过大，内齿轮的配合孔及主轴配合铜套磨损</td><td>更换相应部件或泵</td></tr>
</table>

续表

序号	故障现象	引发故障的可能原因		处理方法
1	加油机开机正常，但油枪不出油	测量变换器故障	杂质进入测量变换器的铜套与活塞之间，或其内部传动机构磨损造成四活塞不能运动	拆开测量变换器，去除缸套内杂物或更换破损部件
			软活塞测量变换器的曲轴或配油阀等卡死	拆开测量变换器，去除杂物清洗后重装，必要时更换相应零件
			油料中胶质超过规定造成测量变换器卡死	油料含胶质量应符合国家标准规定，油料储存时间不宜过长。仔细清除活塞和缸套表面过多黏附的胶质
		加油机的电磁阀不能开启		检查电磁阀控制电路部分和电磁阀自身故障
		管线与底阀故障		检查油气分离器排气管开机时的排气状况，如果排气不止，拆开油气分离器取出滤网，如果滤网下端没有应该保持的油面，且用同种油液灌满后，液面下降较快，说明加油机管线与底阀泄漏
		油枪故障	油枪滤网或接头处堵塞	拆开油枪滤网和接头，去除杂质后复装
			油枪始终处于自封状态	检修油枪的自封机构
2	加油机以外原因使整机不出油	油罐内油液未没过底阀，使油泵无油可吸		补充油罐储油
		油罐与加油机连接管路中有的阀门未打开		打开阀门
		油罐内底阀锈蚀，使单向阀门打不开		将阀从罐内取出除锈，如密封不严，更换合格的单向阀
		进油管与加油机连接处的法兰盘未装好而漏油、漏气，或装配不当使波纹管漏油		重新装配法兰盘或更换损坏的波纹管
		燃油汽化严重或油料含水冬季低温下结冰，或柴油结蜡堵塞管路		更换油料

续表

序号	故障现象	引发故障的可能原因		处理方法
3	启动加油机时，流速较慢	加油机滤网堵塞或油枪接头处堵塞		清洗滤网，清除堵塞
		加油机零部件或管线泄漏		检查加油机零部件泄漏情况或管线与底阀密封不严情况
		油泵故障	油泵溢流阀封闭不严或泵垫装反、击穿	更换、重装泵垫或更换溢流阀
			油泵叶片磨损严重或有杂物进入其运动间隙，导致个别叶片不能弹出	更换叶片，清除杂物
		油气分离器故障	油气分离器小浮子进油或脱落，出气阀常开导致高压腔内压力不足	检查小浮子，清理或重新安装
			油气分离器出油阀下部杂物太多使止回阀不能有效开启	清除杂物
			油气分离器上盖压垫破损，使高压腔密封不严导致压力不足	更换压垫
		管线堵塞		清理管线，开全底阀
4	加油机运转时，噪声和振动比较大	油气分离器滤网堵塞，加油机管线过长、过细造成油泵负荷加重		清洗滤网，更换管线
		油泵溢流阀打不开或调整螺钉过紧		检修溢流阀，调松调整螺钉
		油泵叶片卡死，导致输出油的脉动加剧		检修油泵
		加油机内管路不防震		更换防震胶管
5	启动加油机加油时，流速时快时慢	油泵溢流阀工作不正常		检修溢流阀
		加油机管线中有 Ω 形折弯，导致高处管线内空气不能排出		改变管线设置
		管线底阀故障		检修底阀
6	加油机所加油液中含有气体	加油机管线泄漏		检修管线与底阀
		油气分离器的排气管吸气		检查回油阀是否失效，检查大浮子下端的锥形阀是否安装到位
		油气分离器出气阀与排气管堵塞		疏通出气阀和排气管

续表

序号	故障现象	引发故障的可能原因	处理方法
7	加油机允许误差超差	编码器内部组件损坏造成计数脉冲丢失	检修更换编码器
		测量变换器内泄增大	更换或维修测量变换器
		由于油气分离不好，造成油枪所加油液中含有气体	检查油气分离器的出气阀是否失效，排气管是否堵塞
		加油机电脑主板损坏	维修或更换电脑主板
		加油机管线泄漏，大量气体进入，造成油气分离器排气不止	检修管线
8	提油枪加油时，电机转动缓慢且有发热现象	电机损坏	维修电机
		电机控制电路损坏	检修控制电路
		电机外部配线电路问题	合理设置配线电路
9	加油机排气管溢油	油气分离器的小浮子开裂进油或脱落，出气阀阀座密封性能不好，导致排气阀失效	检修阀座，清理或重新安装小浮子
		大浮子开裂进油，回油阀下端杂质过多	清理、更换大浮子，清除杂质
		多次开机但没加油	开机和加油同步进行
10	加油机输出油正常但不计数	测量变换器传动弯头销钉断裂	更换传动弯头或销钉
		电脑主板损坏，芯片与机型不符	维修主板，更换主板与芯片
		接线板断线	检修接线板
11	加油机电脑有电，但不能开机	门板锁未开，接线板旁路电容漏电，电锁损坏	打开门板锁，更换已损坏电锁和电容
		主板 +5V、+12V 电源电压不正常	如有一组偏低，更换电源板
		单光电板损坏	更换单光电板
		无 MT 开机信号，主板损坏	更换相同主板
		电源配电线路故障，电机控制板故障和电机损坏	清除故障，检修或更换电机
12	加油机在加油过程中经常有停顿现象	接线板上 +12V、+5V 电源电压偏低	更换电源板
		接线板上接线不良	重新接线
		可控硅板损坏	更换可控硅板

续表

序号	故障现象	引发故障的可能原因	处理方法
13	加油机输出油正常，显示板不显示加油数据	显示板损坏	更换显示板
		电脑主板损坏	更换主板
14	加油机加油正常，但键盘失灵或个别键失灵	键盘内部断线或粘连	更换新键盘
		主板损坏	更换主板
15	加油机供电正常，但电脑不工作	电源板与变压器故障	维修、更换电源板与变压器
		单光电板损坏	更换单光电板
		电脑主板损坏	更换电脑主板
16	加油机显示板在提枪或放枪时有跳数现象	加油机管线漏油漏气，底阀封闭不严	维修或更换管线、底阀
		加油机使用非标准输油胶管	使用标准输油胶管
		编码器的传感轴转动过于灵活	在传感轴上套装阻尼油封
		止回阀弹簧弹力过弱	更换止回阀弹簧
		止回阀密封不严	维修止回阀
		编码器中的双光电板装配位置错误	重新装配双光电板
17	加油机定量加油时，不能自动停机	金额定量不停机一般为主板单价丢失	重新输入单价
		L 定量与金额定量均不停机，一般为主板故障	更换新主板
18	加油机按键时喇叭不响，但显示板能显示键盘输入数据	喇叭损坏或主板故障	更换喇叭或维修更换主板
		主板与接线板损坏	维修更换主板与接线板
19	加油机关机前没有小流量	主阀的提前量调整过少	重新设置提前量
		主阀控制线接错	重新连接
		主板故障	更换主板
20	加油机放枪时不能关机	电机控制板上的可控硅击穿	更换可控硅
		开关板损坏	维修更换开关板
21	加油机开机时有缺相报警声，电机不工作	加油机三相电源缺相	检查电源线及电源开关
		缺相检测板损坏	维修或更换缺相检测板

续表

序号	故障现象	引发故障的可能原因	处理方法
22	加油机漏电	电机内部线圈破损	更换电机线圈
		接线盒进水或接线板绝缘能力下降	清理接线盒或更换接线板
		外电源输入线破皮又与加油机外壳接触	检查、更换破损电源输入线
		加油机内部电路漏电	检查维修
		加油机未设可靠的地线及漏电保护电路	设置可靠地线及漏电保护电路

2)加油机管线故障与处理：

加油机管线故障及处理方法如表3－2－2所示。

表3－2－2　加油机管线故障及处理

序号	故障现象	引发故障的可能原因	处理方法
1	加油机不出油或出油慢	新设管线内有泥沙、铁屑等，堵塞油气分离器过滤网	经常清洗分离器滤网
		输油管线严重漏气或两台加油机油泵共用一条管线时气体大量进入	检修或增加管线
		油罐底阀或输油管线单向阀卡死、损坏	检修或更换单向阀
		储油罐内液位太低	增加油罐储油量
2	加油机开机后尚未加油就计数	输油胶管太长或太软，开机瞬间，胶管进油膨胀较多	截短或更换胶管
		油罐底阀或管线漏油，管线向油罐内回油，开机时气体进入较多	检查、维修底阀和管线，排除漏油故障
		底阀或管线漏气或油罐内液体已不能淹没底阀，大量气体进入	检查、维修底阀和管线并向油罐添加油料

(五)容积式流量计的显示方式

为了满足计量和生产管理的需要，容积式流量计应具有就地显示、远传显示、定量计量预设定等功能，不仅能指示出瞬时的累积量，而且应能反映出总的体积量、某一时间间隔内的累积体积量。

流量计的就地指示包括瞬时指示和累积指示两部分。

(1)瞬时指示。

瞬时指示是反映流量计的瞬时排量。瞬时排量可从两个方面反映出来。一是刻度盘加指针表示(图3－2－21)。指针沿表盘转动一圈代表一定的体积量，指针转动的快慢反映出流量计通过流量的大小，但不能定量；二是瞬时指示器，它能指示出瞬时通过流量计单位时间的流量。

1)刻度表盘加指针的瞬时指示：

流量计的输出轴通过轮系带动表盘指针转动。指针每转一圈所代表的体积量，是根据流量计的大小和需要，通过它们之间齿轮的传动比来实现。总的转动比可按式(3－2－4)计算：

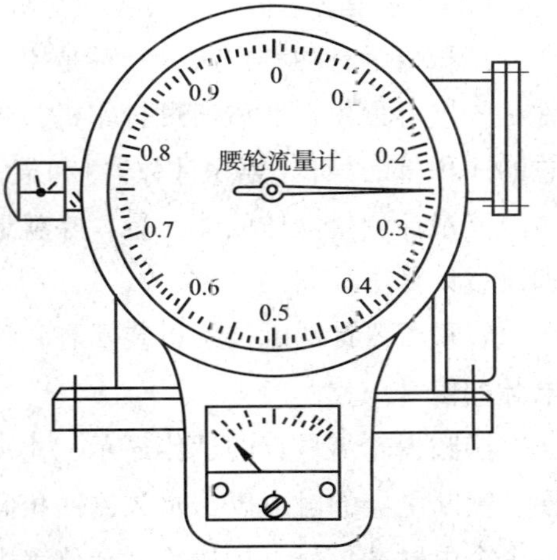

图3－2－21 就地指示表盘指针

$$i_z = \frac{q_z}{q_y} \tag{3-2-4}$$

式中 i_z——总的传动比；

q_z——指针每转一圈所代表的量，根据流量计的大小和需要；可以代表 $1m^3$、$0.5m^3$、10L等；

q_y——流量计输出轴每转一圈所代表的量，在流量计的设计时，通过精确计算确定的数值。

流量计每小时通过的瞬时流量是多少，可通过式(3－2－5)计算求得：

$$Q = \frac{q_z \times 3600}{t} \tag{3-2-5}$$

式中 Q——每小时通过流量计的量；

t——盘指针转一圈所需要的时间，s。

2)瞬时指示器：

通过上面的叙述可以看到，要知道每小时通过的量，一定要通过记录表盘指针每转一圈的时间，然后通过计算求得，这对现场调节流量计流量的操作带来不便。因此，还装有瞬时指示器，一看即知道该台流量计现在每小时通过的量是多少，方便记录。

瞬时指示器是在发讯轴上装一小型发电机，根据小型发电机的转速和流量成正比的关系，将流量的大小变为电流的大小反映出来，从而指示出每小时的流量瞬时值。

(2) 累积指示。

累积指示有两种方法，一种是用计数器累积，同时指示出累积的数值；另一种是先进行累积，然后通过打印机，将累积的数值打印出来。这两种方法都包括总的体积量的累积(累积计数器)和某一时间间隔的体积量的累积(回零计数器)。

流量计测量液体的体积量，除就地指示外，还需要远传给显示仪表进行累积和流量计算用。

容积流量计的远传发讯装置有几种，其工作原理都是将转子转数变成相应的电脉冲信号。

椭圆齿轮流量计的远传显示，主要是通过减速后的齿轮带动永久磁铁旋转，便于簧断电器的触点以与永久磁铁相同的旋转频率同步地闭合或断开，从而发出一个个电脉冲信号，传送给显示仪表进行计数、积算、显示。

腰轮流量计的信号远传方式，是在流量计的减速轴上安装一个发讯盘，发讯盘周边为铜箔蚀刻制成的齿轮形的印刷板，与无触点发讯器组合成远传装置。

三、质量流量计

在现代科学研究、生产过程控制、数量管理、经济核算和贸易交接等活动中的流体流量测量，不仅涉及体积流量，同时也涉及质量流量的测量。以往的质量流量测量方法是在测量流体温度、压力、密度和体积等参数后，通过修正、换算和补偿等间接得到其质量。该测量方法中间环节多，测量的准确度难以得到保证和提高。随着现代科学技术的发展，直接测量质量流量的计量方法和装置应运而生。

质量流量直接式测量方法发展至今，已产生多种类型的直接式质量流量计。常见的有量热式质量流量计、冲量式质量流量计、差压式质量流量计、双涡轮式质量流量计和科里奥利质量流量计等。目前，科里奥利质量流量计应用得最为成熟和广泛。

在这里主要介绍科里奥利质量流量计。

科里奥利质量流量计又称科氏力质量流量计，是一种采用崭新测量原理的流量测量仪表，可用于石油成品油贸易交接计量及工艺过程的监测、控制等。

(一) 科里奥利质量流量计的组成

科里奥利质量流量计一般由一次装置和二次装置组成。

1. 一次装置

一次装置，即流量传感器。这是一种基于科里奥利力效应的相位敏感型谐振式传感器。该传感器由振动管、信号体测器、振动驱动器、支撑结构和壳体所组成。

振动管：即测量管，为被测流体流经的振荡管路。

信号检测器：是用来检测和监控科里奥利力效应的测量传感器。常用的有光电式检测器和电磁式检测器两种。

振动驱动器：是驱动振动管振动的装置。它和信号检测器、放大处理电路构成一套正反馈自激振荡系统。

支撑结构：即振动管的支撑件，常用不锈钢材料铸造而成，它把振动管和安装法兰连接成一个整体。

壳体：是对振动管、信号检测器和振动驱动装置提供保护的部件。在一般结构中，流量传感器均采用单层壳体保护，在某些特殊要求的场合，可以考虑采用双层壳体保护。

2. 二次装置

二次装置，即流量变送器，是以微处理器为核心的电子系统。它用来向一次装置提供驱动力，并将一次装置的信号转换为质量流量信号及其他一些有意义的参数信号，同时具有根据温度参数对质量流量和密度测量进行补偿、修正的功能。流量变送器一般输出标准电流信号或频率信号，并可按一定的通讯协议，实现与上位机和 Dcs 系统的交联与远传通讯。变送器上的显示面板可以组态显示所要求的各种参数。

有的流量变送器，没有显示面板和操作键盘，只有模拟量或频率量输出。在实际应用中，有时需要另外配备二次仪表和手操器，实现参数显示和操作组态。

(二)工作原理

目前科里奥利直接式质量流量计测量管的形状有：直管、S 形管、U 形管、螺旋管等，但其工作原理都是依据牛顿第二运动定律：力 = 质量 × 加速度($F = ma$)制成的。仪表的测量管在电磁驱动系统的驱动下，以它固有的频率振动，如图 3-2-22(a)所示。液体流过测量系统时，流体被强制接受管子的垂直动量，与流体的加速度 a 产生一个复合向心力 F，使振动管发生扭曲，即在管子向上振动的半周期，流入仪表的流体向下压，抵抗管子向上的力，如图 3-2-22(b)所示。流出仪表的流体则向上推，两个反作用力引起测量管扭曲，如图 3-2-22(c)

所示，这就是“科里奥利效应”。测量管扭曲的程度与流体的质量流量成正比，位于测量管两侧的电磁感应器用于测量上、下两个力的作用点上管子的振动速度，管子扭曲引起两个速度信号之间出现时间差，感应器把这个信号传送到变送器，变送器对信号进行处理并直接将信号转换成与质量流量成正比的输出信号，从而测量流体的质量流量。

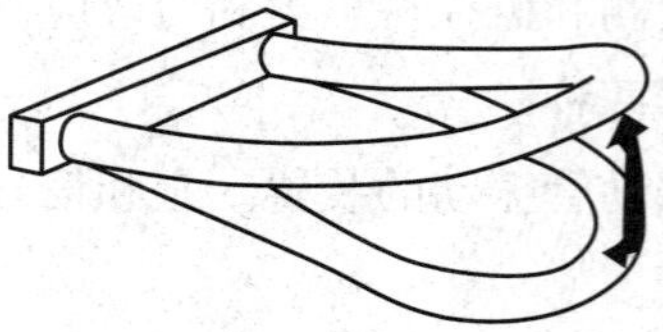

(a)

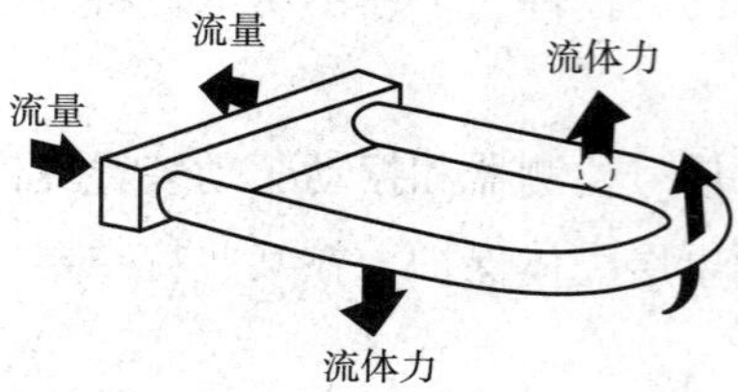

(b)

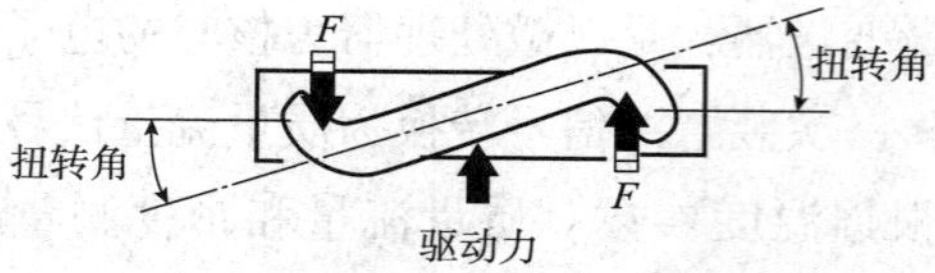

(c)

图 3-2-22　质量流量计

(三)科氏力质量流量计的特点

1. 优点

①计量准确度高，稳定性能好，真正实现了高准确度的直接质量流量测量，且不受被测介质物理参数的影响。其计量准确度已达到 ±0.2% ~ ±0.4%，甚至更高；重复性优于 ±0.1%。

②对介质的适应性较广，可以用来测量种类很多的液体和浆液，如石油产品、化工介质、食品介质、带纤维液体及高黏浆液等。

③不受管内流体流动状态的影响，无论是层流还是紊流都不会影响其测量准确度。对上游侧的流体流速分布不敏感，从而在流量计的前后不必设置很长的直管段，这在安装上提供了更多的方便。

④检测管内无可动部件，也无阻碍流体流动的部件，从而使得流量计更便于

维护和清洗，使用寿命更长。

⑤测量范围大。可进行多参数测量。在测量质量流量的同时，还可测得介质密度、体积流量、温度等参数。

2. 缺点

①不能用于测量密度太小的流体介质，如低压气体；液体中含气量超过某一数值时会显著影响其测量结果，到目前为止还没有用科氏力质量流量计成功测量气液二相流的实际例子。

②对外界振动干扰较敏感。为防止管道振动的影响，大多数科氏力质量流量计的流量传感器对固定安装有较高要求。

③不能用于大管径流量测量，目前还局限于 *DN*150 ~ 300 以下。

④检测管内壁磨损腐蚀或沉积结垢均会影响其测量准确度，尤其对薄壁检测管的科氏力质量流量计更为明显。

⑤大部分型号的科氏力质量流量计有较大的体积和重量。压力损失也较大。

⑥价格偏高。

(四)质量流量的计量数据处理

质量流量计在标定时，已经考虑到空气浮力的影响，并对它进行了修正，因此质量流量计测得的介质的质量值是真空中的质量值。若以质量流量计示值作为结算依据时，按我国成品油计量国家标准规定，结算值应为油料在空气中的重量，故应考虑空气浮力作用，即：

$$m = m' \cdot F \tag{3-2-6}$$

式中　m——油料在空气中重量，t；

m'——质量流量计累计量，t；

F——油料真空中质量换算到空气中重量的换算系数。

四、差压式流量计

差压式流量计是炼油生产中应用历史最悠久的一种流量检测仪表，适宜于检测液体、气体和蒸汽的流量，其连接系统如图 3－2－23 所示。

下面就节流现象作一简单介绍。

我们在流体流动的管道上开两个小孔，前后两孔距离很近，然后由两孔接至差压计上(图 3－2－24)，则差压计指示 $h=0$，不论流量增大还是减小，差压计始终指零。

如果在上述管道上装上任一种阻力元件，如图 3－2－23 中的孔板、喷嘴或文丘里管，即可发现节流装置前后的压力 $p_1 > p_2$，差压计指示值 $h > 0$，如果流量增大，差压值也增大；流量减小，差压值也减小。这种流体流经节流装置时在节流装置前后产生压力差的现象，称为节流现象，把流量转换为压差的装置称为节流装置。

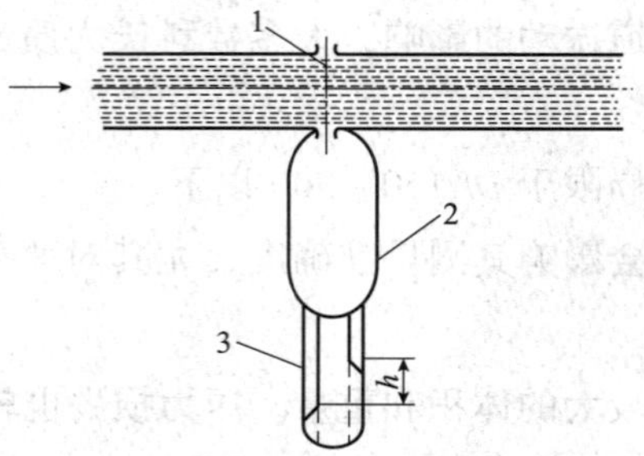

图 3－2－23　差压式流量计的组成

1—节流装置；2—导压管；3—差压计

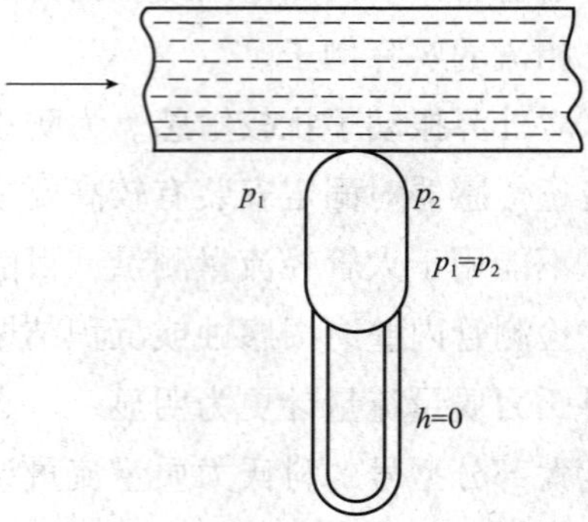

图 3－2－24　无节流现象

产生节流现象是由于在管道中连续流动的流体，要全部流过管道的各个截面，不能因节流装置处截面变小而使一部分流体流不过去，那么，要全部流体流过小截面，只有增加流速才行（图 3－2－25）。增加流速就意味着增加动压头（动能），而这部分增加的动压头从何而来呢？它是由节流装置截面中的一部分静压头（位能）转换所得到的，而管道中每一个截面的动能与静压能的能量总和是一定的，因此节流装置后面的静压头 p_2 就比节流装置前面的静压头 p_1 小，形成压差 $\Delta p = p_1 - p_2$。若设流量为 Q，则根据流体力学知识，要得到下列关系式：

$$Q = k \cdot \sqrt{\Delta p} \tag{3-2-7}$$

式中　k——系数。

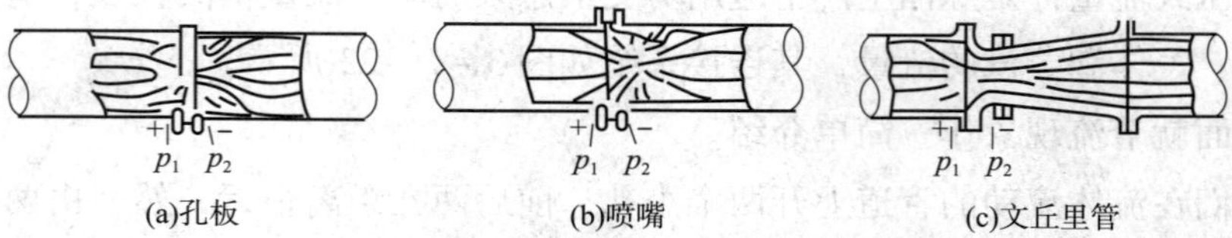

图 3－2－25　流体流经节流装置的节流现象

因此，只要用差压计测出压差 Δp，就能得到流量的大小。

节流装置有标准和非标准两类。标准节流装置有标准孔板、标准喷嘴、标准文丘里管和标准文丘里喷嘴等；非标准节流装置用在特殊的场合，如双重孔板和1/4 圆喷嘴，用于检测低雷诺数的流量，圆缺孔板和偏心孔板用于脏污流体的流量检测。各种节流装置的结构如图 3－2－26 所示。

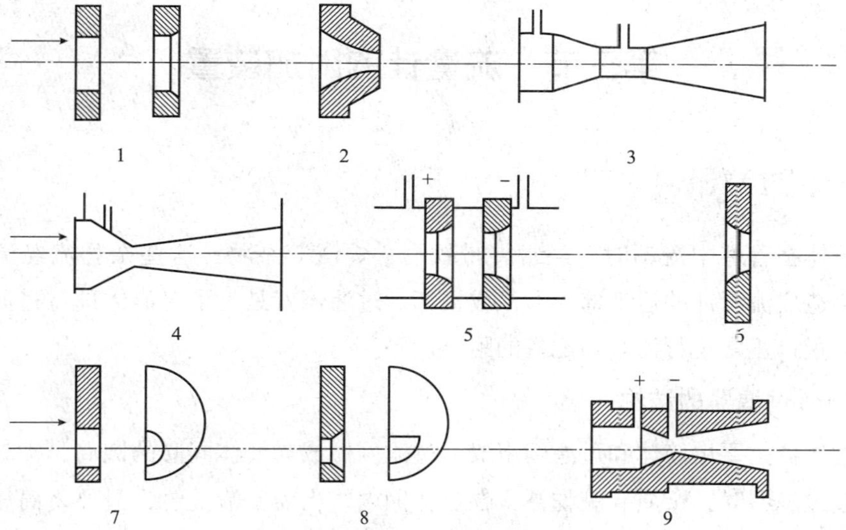

图 3－2－26 各种节流装置

1—标准孔板；2—标准喷嘴；3—标准文丘里管；4—标准文丘里喷嘴；
5—双重孔板；6—圆喷嘴；7—偏心孔板；8—圆缺孔板；9—道尔管

孔板就是中心开孔的薄圆盘，它是最常用的一种节流装置。

标准节流装置已经标准化了，设计、计算和使用都比较成熟，只要正确地掌握设计、加工、安装和使用方法，就能保证差压式流量计的准确度。因此，节流装置及配套的差压计出厂时，不用一台地标定，非常便于成批生产。这是差压式流量计的最大优点。

标准节流装置通常都是安装在水平管道上，有时也可以安装在垂直或倾斜的管道上，要求装在两个法兰之间。节流装置的前后应保留一定长度的、内壁光滑的直管段。其中心与管道中心应该一致，并保证流体充满整个管道的截面。否则，尽管差压流量计准确，也测不出准确的结果。

测量压差的仪表，不论何种差压计或差压变送器，只要测量的压差或流量量程合适，原则上均可使用。通常压差及流量量程范围如下：

压差范围：0～40Pa、63Pa、100Pa、160Pa、250Pa、400Pa、630Pa、1000Pa、1600Pa、2500Pa、4000Pa、6300 $\times 10^n$Pa

流量量程范围：(0～100、125、160、200、250、320、400、500、630、800) $\times 10^n$ 一般选取比实际流量最大值稍大的量程范围。

此外，还要考虑仪表的耐压范围，必须能承受所测介质的静压力，以保安全。

第三节　流量计的附加装置

一、过滤器

流体在管道中流动时，经常夹带铁屑、焊渣等杂物，这些杂物流经流量计时，会造成流量计的运动部件卡住或损坏。过滤器就是为了对流体进行过滤，以保证流量计正常运行而必须配备的附属设备。

(一) 过滤器的结构

过滤器主要由筒体和过滤网组成。过滤网做成与筒体同心的圆筒，被计量液体经过过滤器时，杂质和脏物被留在过滤网内。当需要清洗时，只要将筒体上盖打开，就能将过滤网提出来清洗。图 3－3－1 为普通花篮式过滤器结构，在它的底部有便于过滤器清洗时排除污油的带排油阀的短管。图 3－3－2 为另外两种过滤器结构。

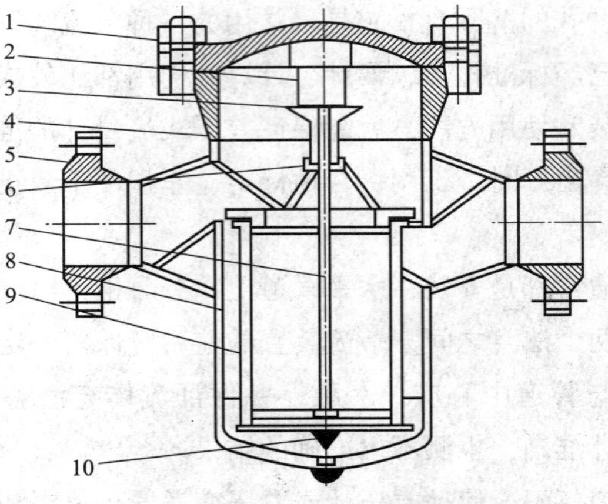

图 3－3－1　普通花篮式过滤器结构

1—头盖；2—支管；3—上弹簧座；4—弹簧；5—法兰；
6—下弹簧座；7—连接杆；8—壳体；9—过滤网；10—螺母

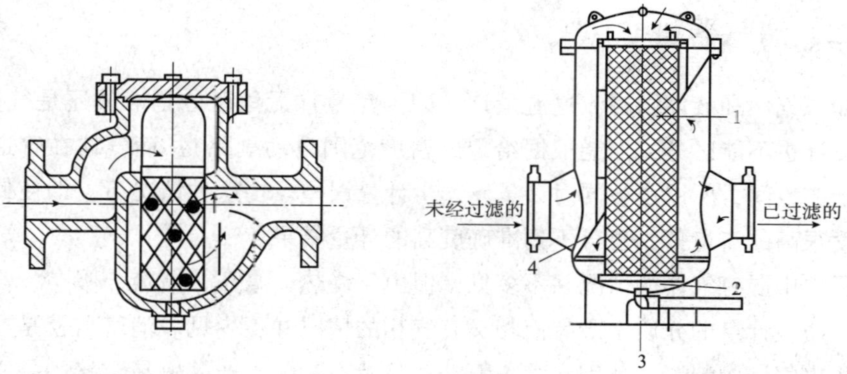

图3-3-2 U形过滤器结构和高容量过滤器结构

1—框篮；2—沉渣；3—排泄管；4—挡板

(二)选用、安装和使用维护

1. 选用

根据流量计口径，计量室内转动部分和壳体、隔板之间的间隙以及转动部分与转动部分之间的间隙，流体种类等选择具有合适过滤网的过滤器。常选用40～200目过滤网，过滤网面积为所连接管线截面积10～15倍的过滤器。

2. 安装

①安装时，先将过滤器的封口盖去掉，将防锈油清洗干净。

②将安装的管道冲洗干净，以免杂质进入过滤器及流量计。

③过滤器必须安装在流量计的进口端，并注意过滤器外壳箭头与液体流动方向一致。

④切忌使用在液体对滤芯有腐蚀的管路中。

⑤安装完毕后，进行加压密封检查。所加压力为规定最大工作压力的1.5倍，若无渗漏即可投入使用。

3. 使用维护

①建立过滤器清洗制度。清洗依据是流量计计量系统的进出口压差。各种流量计的规定清洗压差不同，超过规定就应停运清洗。

②过滤器有两种清洗方法：一是蒸汽吹扫；二是将过滤网取出，用汽油(或柴油)浸泡后清洗。

③过滤网损坏，要立即更换。

二、消气器

如果气体和液体同时流过流量计，因为流量计无法区分是液体还是气体（质量流量计也不能区分，但能根据给定的密度范围自动剔除），而气体在管道中占有一定的空间，所以也被同时计量，产生计量误差。在这种情况下，即使使用了准确度很高的流量计，也得不到准确度高的计量结果。

通常中混有气体的情况并不多见，但由于受热、减压、节流、吸空、汽化等原因，使被计量的介质中既有液相又有气相的情况并不少见。消气器就是在计量前先除去气体的装置，特别在液态石油产品及石油化工产品贸易交接中是必不可少的装置之一。

（一）工作原理

消气器的工作原理是：当被测液体沿箭头所示方向进入消气器时，首先撞击中间筒下面的斜板，使油流分散，并改变流动方向，为液体和气体分离创造条件。于是气体上升到消气器顶部，形成气体空间；油则沿中间筒和壳体之间的环形空间上升，达到中间筒的上部后又改变方向，从中间筒内流出消气器（图 3－3－3）。

随着气体量的增加，气体空间不断扩大，液面和气体的界面不断下降，浮球在自重的作用下随界面下降，带动浮球阀排出上部气体。于是，液体和气体的界面又随着上升，浮球在浮力作用下，又带动阀杆将浮球阀关闭。

若被测介质的密度不同，则浮球在某一界面时受到的浮力也不同，如浮球的质量与体积不能与介质的密度相适应，浮球阀就有控制失灵的危险，所以消气器也要根据被测介质的密度来选择。

（二）结构

消气器分立式和卧式两种。卧式消气器的除气效果较好，但是占地面积大。

1. 立式消气器

立式消气器由壳体、浮球阀和中间筒等部分组成，如图 3－3－4 所示。

壳体的作用是承受被计量油料的工作压力，形成满足消气器要求的空间。中间筒为油气分离创造了有利条件。

浮球阀由浮球、连杆、阀杆、阀芯和阀座等构成。其中，阀座为主阀，阀杆和阀芯构成副阀。

当浮球随油气界面上、下运动时，可控制主阀和副阀的开关，达到排气的目的。

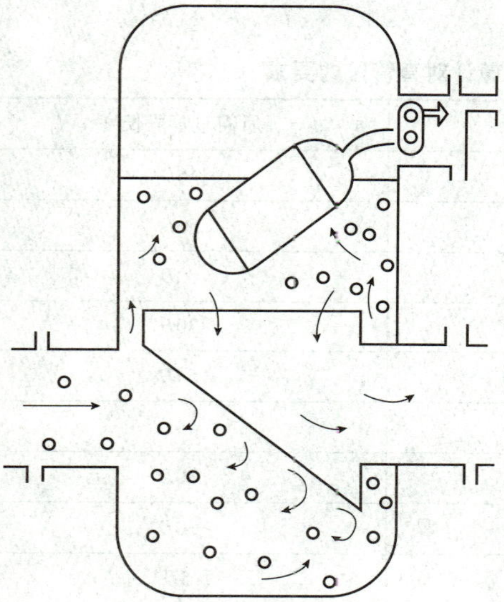

图 3－3－3　消气器原理示意图

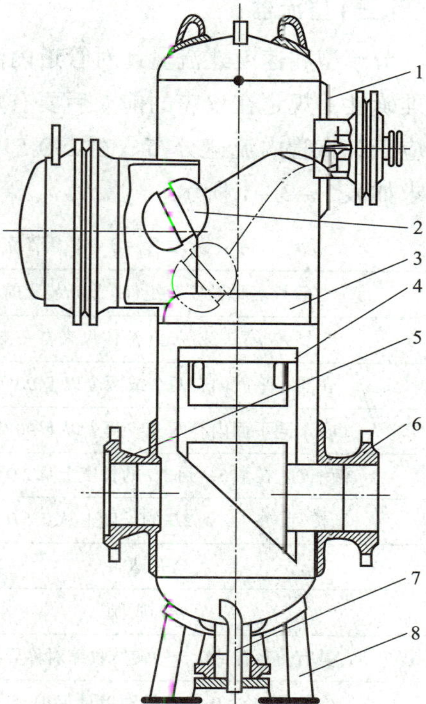

图 3－3－4　立式消气器

1—壳体；2—浮球阀；3—挡板；4—中间筒；
5—对焊法兰；6—凸面对焊法兰；
7—排污管；8—支座

2. 卧式消气器

卧式消气器主要由壳体、浮球阀和隔板等组成，如图 3－3－5 所示。卧式消气器筒体和浮球阀的作用与立式消气器相同。

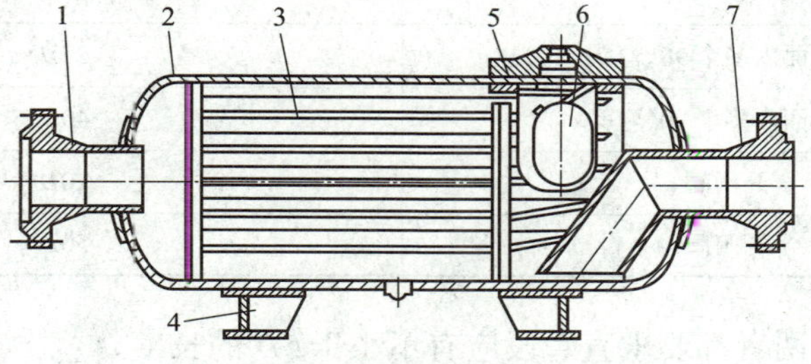

图 3－3－5　卧式消气器

1—进口法兰；2—壳体；3—隔板；4—支座；
5—O 形密封圈；6—浮球阀；7—出口法兰

(三)整流器

节流型和速度式流量计对管道内流体的流动状态有很高的要求。为了保证测量准确性，规定在仪表的前、后要有足够长度的直管段，使流场稳定和获得一个相应于纯直管内流速分布。在 ISO 5167 标准中，关于节流型流量计对直管段的要求如表 3－3－1 所示。

表 3－3－1　节流型流量计对直管段的要求

管件名称及安装组件(节流装置前)	所需直管段长度
单个 90°弯头或三通(流体仅来自一支管)	46D
在同一平面内有两个或两个以上 90°弯头	50D
在不同平面内有两个或两个以上 90°弯头	80D
渐缩管(在 1.5D 到 3D 的长度上从 2D 到 D)	30D
渐扩管(在 1D 到 2D 的长度上从 0.5D 到 D)	54D
全开球阀	44D
全开闸阀	30D
具有直径比≥0.5 的突然收缩对称异径管	30D
直径≤0.03D 的温度计保护套	5D
直径在 0.03D 和 0.13D 之间的温度计保护套	20D

注：表中 D 为管道直径。

速度式流量计对直管段的要求如表 3－3－2 所示。

表 3－3－2　速度式流量计对直管段的要求

上游管道状况	最小前直管段长度
收缩管	25D
一个 90°弯头	20D
同一平面内多个 90°弯头	25D
不同平面内多个 90°弯头	40D
全开闸阀	20D
半开闸阀	50D

对于下游，两者都要求直管段应有不小于 5D 的长度。

从表 3－3－1 和表 3－3－2 中可以看到，为了达到流场稳定和获得一个相应于纯直管内流速分布的目的，需要具有较长的直管段。但在实际中，往往受场地或设备所限制，无法达到上述的要求时，可以通过加装整流器来得到解决。

如图3-3-6所示，整流器是将一束小管子装在一段直管内组成的装置。图中L为整流器的总长度，一般可取$L=10D$；A为整流器上游直管段长度，一般可取$A=(2\sim3)D$；C为整流器下游直管段长，一般可取$C=5D$；B为整流器导流管束的长度，一般可取$B=(2\sim3)D$；D为变送器的公称直径；d为整流器内导流管的直径；一般要求$D/d\geqslant10$，导流管的数量一般要求≥4。

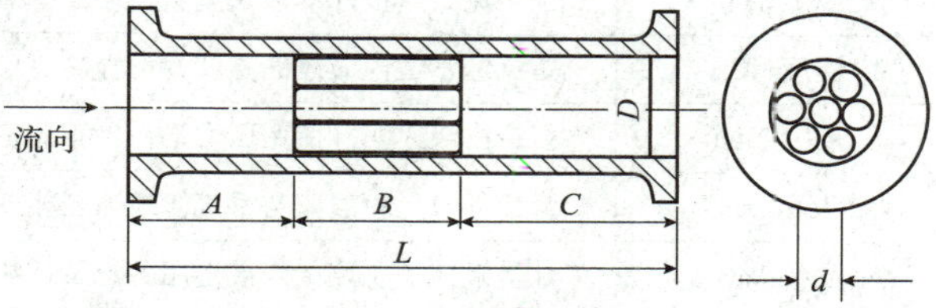

图3-3-6　整流器结构图

对整流器的要求是：

①管子前端和后缘应光滑。

②整流器中的导流管排列应均匀、对称，并与管道轴线保持平行；连接要坚固，不得产生畸变和移动。

③整流器的大管与小管内部应清洁，不得有毛刺、焊瘤等。

（四）回压阀

回压阀安装在流量仪表的下游，用来保持出口端有一定的压力，防止被测介质汽化。一般要求涡轮流量计的回压小于在最大流量下变送器所产生的压力降的2倍，再加上工作温度下蒸气压的1.25倍。例如：变送器的压力降为10kPa，最高工作温度下的蒸气压为50kPa，应维持的回压为：

$$10\times2+50\times1.25=20+62.5=82.5\text{kPa}$$

第四节　流量计的选型、安装、使用、维护及故障排除

一、流量计的选型

（一）流量计的选用原则

流量计的选用原则如表3-4-1所示。

（二）流量计的选型

流量计的选型如表3-4-2所示。

表 3－4－1　流量计的选用原则

项目	内容
1. 流量范围(h^{-1})	常用流量，按样本最大流量的 80% 选用为好
2. 温度(℃)	指流经管道内液体的温度，可分高温、常温等不同的温度范围
3. 压力(MPa)	管道内液体实际使用压力不得大于流量计的允许压力
4. 口径(mm)	流量计口径一般应与系统管道通径相一致
5. 黏度(mPa·s)	计量液体的黏度，与被选用的流量计相适应
6. 计量准确度	有 0.2 级，0.5 级、1 级供选用
7. 腐蚀性	计量液体的腐蚀性，以决定流量计的主要零件材质
8. 周围工作环境	流量计使用周围如有腐蚀性气体、高温等，应考虑表面防腐蚀处理、高温流量计等
9. 计数器型式	有现场指示、集中显示、回零、机械定量等

表 3－4－2　成品油计量流量计种类选用表

油料(黏度)/(Pa·s)	流量计种类	公称直径/mm																		
		4	6	10	15	20	25	40	50	80	100	150	200	250	300	400	500	600	800	1000
汽油、灯油(5×10^{-4} ~ 2×10^{-3})	涡轮流量计	△	△	△	△		△	△	△	△	△	△	△	△	△	△	△	△		
	腰轮流量计				△	△	△	√	√	√	√	√	√	√	√					
	椭圆齿轮流量计			△	△	△	△	√	√	√	√	√	√	√	√					
	刮板流量计						△	√	√	√	√	√	√	√	√					
轻油(2×10^{-3} ~ 5×10^{-3})	涡轮流量计						√	√	√	√	√	△	△	△	△	△	△	△		
	腰轮流量计				△	△	△	△	△	△	△	√	√	√	√					
	椭圆齿轮流量计			△	△	△	△	△	△	△	△	√	√	√	√					
	刮板流量计						△	△	△	△	△	√	√	√	√					

续表

油料(黏度)/(Pa·s)	流量计种类	公称直径/mm																		
		4	6	10	15	20	25	40	50	80	100	150	200	250	300	400	500	600	800	1000
高黏度油料 1.75	涡轮流量计														√	√	△	△		
	腰轮流量计				△	△	△	△	△	△	△	△	△	△	△	△	△			
	椭圆齿轮流量计			△	△	△	△	△	△	△	△	△	△	△	△					
	刮板流量计						△	△	△	△	△	△	△	△	△	△				

注：△—推荐使用产品；√—适合使用产品

二、流量计的安装

任何形式的流量计都有一定的安装要求，只有正确安装才能使流量计正常运行和准确计量。使用流量计计量各种流体，实际装有流量计的计量系统，因为除流量计外，还有配套的管路系统、控制阀门，以及根据需要配备的过滤器、消气器、流量调节阀、整流管等设备。

流量计的安装应按产品使用说明书的要求，结合安装现场的实际情况，以最合适的方式进行。若安装不当，流量计的计量性能会受到影响，流量计内的运动件会受到严重磨损，既缩短了使用寿命，又造成计量差量，产生油料计量纠纷。

流量计安装的一般要求：

(1)安装在有利于工作人员读数和维修、检定的位置。这些地方不应该有有害气体。为避免使流量计处于比较恶劣的气候条件，应尽量安装在常温的场所。即使在气候温和的地区，如不安装在常温的厂房内，也应该安装在露天遮雨棚内。

(2)鉴于大多数流量计是用金属材料制作的运动部件，而且精密配合，抗震性差，因此应安装在机械振动小的场所。

(3)对具有发讯远传功能的流量计，安装场所则要求具有允许的电磁环境，避免强的磁场干扰。

(4)流量计的连接管道应与流量计进出口同口径、同轴线，不得有凸出管壁的物体，邻近流量计的接管不得出现明显的变形，并使由于管线的膨胀和收缩对流量计的影响减至最小。

(5)在新制管道上安装流量计，为了避免管道中的杂物(如电焊渣、切削渣、砂石)等随流体进入流量计腔内造成损坏，可暂用短管替代流量计或走旁路管道。经对管道进行清洗或吹洗干净后，再换上流量计。

(6)大多数流量计要求在水平管道上安装，有部分小口径流量计允许在垂直管道上安装。为便于检修维护和不影响正常运行使用，流量计安装一般要设旁路管道。在水平管道安装时，流量计一般安装在主管道中；在垂直管道上安装时，流量计一般应安装在旁路管道中，以防止杂物积存于流量计内。

(7)安装时，流量计上的箭头方向应与流体的流动方向一致，流量计与两侧的直管应为同轴线。为防止流体倒流、损坏流量计、造成计量差量，必要时可安装单向阀。

(8)流量计量系统的设计与安装，应紧密结合具体条件进行，合理地设计与安装，既可达到计量准确、操作方便、经久耐用的目的，又能使计量系统投资省，占地小。

(9)为确保流量计量系统准确有效的运行，根据需要应安装配置下列仪器、装置：①在靠近流量计的进出口处，安装适合使用的温度测量仪表，以便确定被测流体的温度。②在流量计靠近进口或出口处安装压力仪表，以测量流量计处的工作压力。③在流量计量系统中设置固定式标准流量检定装置(如标准体积管)，以便实行对流量计在线周期检定和日常运行的监测。

(10)速度式流量计及差压式流量计的上、下游应有足够长度的直管段。直管段的内径应与流量计的内径相符；当场地条件不具备或不允许时，可利用安装整流器来弥补。法兰间垫片的内沿不能凸出在管道内。

三、流量计的使用与维护

只有正确使用流量计，才能使流量计按规定的准确度运转；只有及时维护流量计，才能使流量计正常运转。

(一)速度式流量计的使用与维护

1. 涡轮流量计的使用

①流量计使用前应清洗管路。清洗时为了不损坏涡轮和轴承，可采用让洗液通过旁路或用短管替换流量计的方法进行。要确定管道流体和流量计的流向一致。

②检查流量计的电气系统。通电前检查有无布线错误和电源电压是否正常，

用必要的测试设备检查显示仪表。

③接通电源确认前置放大器无脉冲信号输出。

④流量计投入使用时，对未装旁路管的流量传感器，应先以中等开度开启流量传感器上游阀，然后缓慢开启下游阀，以较小流量运行一段时间(如10min)后，再全开上游阀，然后开大下游阀开度，调节流量到所需正常值。对装有旁路管的流量传感器，应先全开旁路管阀，再以中等开度开启上游阀，缓慢开启下游阀，关小旁路阀开度，使仪表以较小流量运行一段时间。然后全开上游阀，全关旁路阀(要保证无泄漏)，最后调节下游阀开度到所需流量。用上游阀门全开，利用下游阀门调节流量的方法一方面可避免水击，另一方面可保证油料充满流量计的壳体内腔，否则影响测量准确度。

⑤要定期清扫管线。扫线清管时所用流体的流向、流量、压力、温度等均应符合涡轮流量传感器的规定。当用高温蒸汽清扫管道时，切忌高温蒸汽流经传感器，以免损坏。

⑥正确处理流量传感器的仪表系数。涡轮流量计的仪表系数 K 由制造厂填写在给用户的校验单上。涡轮流量传感器长期使用后因轴承磨损等原因，仪表系数 K 会发生变化，应定期现场或离线校验仪表。若仪表测量误差超过范围，应及时调换备用传感器，并按新传感器的仪表系数及时重新设定显示仪表。

⑦由于流量计在工作时，叶轮要做高速旋转，因而即使在润滑良好的情况下也仍有磨损产生，致使流量计不能正常工作。所以应及时检修及更换部件。

⑧显示仪表在使用时，应保持内部清洁，电磁计数器应定期加油，如发现不正常现象，应及时检修，检修之后的涡轮流量计应进行重新标定后才能使用。

2. 涡轮流量计的维护

为保证涡轮流量计长期正常使用，必须经常检查传感器、显示仪表以及辅助设备的运行情况，做好维护工作，出现异常时应及时排除。

①定期对传感器进行拆洗、检查和复校。设有润滑油或清洗液注入口的传感器，应按说明书的要求定期注入润滑油或清洗液，维护叶轮良好运行。如叶轮出现异常声音，应及时卸下检查传感器内部零件。

②监察显示仪表工作状况(拨向“自校”挡)，评估显示仪表读数，如怀疑有不正常现象应及时检查。

③保持过滤器畅通。过滤器被杂质堵塞，可以从其入口、出口处压力表读数差的增大来判断，并及时清除，否则堵塞严重会降低流量。定期排放消气器中从液体溢出的气体。

(二)容积式流量计的使用与维护

1. 试运行

流量计安装完毕经检查无误后，应进行试运行工作检验。试运行应按下述程序进行。

①关闭流量计前后的阀门(开关阀和调节阀)，缓慢打开旁通阀，使流体从旁通阀通过，冲洗管道中残留的杂物并使流量计进出口压力平衡。

②启动流量计。对带有电气远传积算的流量计，先接好信号线和电源线，接通电源进行预热，然后缓慢打开流量计前的开关阀，再缓慢打开流量计后的调节阀，最后缓慢关闭旁通阀门。应用流量计出口的调节阀调节流量，使流量计在正常流量下工作。

如果被测流体的温度很高，与环境温度的温差较大，则流量计运行前应注意对计量系统进行预热，使流量计和管路系统慢慢升温以保证流量计正常运行。

③观察记录各项运行参数的变化，如温度、压力等，系统应没有大的振动、噪声和泄漏等情况，经稳定运行一段时间后，试运行结束。

2. 正常运行

容积式流量计计量系统经试运行正常，从而投入正常运行后，应从以下几方面做好使用和维护工作。

①运行时经常注意被测介质的流量、温度、压力、黏度等参数是否符合流量计的使用范围。如偏离较大，应查明原因，考虑补偿。

②启动和关闭流量计应按试运行时的顺序进行。应制订严格的操作程序及规范，包括流量计的使用规范、流量计的操作规程、流量计故障处理程序、备用流量计的启用规定及流量计和旁通阀的封印等。

③定期对流量计计量系统进行检查、维护和检验。内容包括：流量计、阀门和管路系统，过滤器、消气器等配套设备，温度计、压力表和密度计等测量仪表，安全阀、限流阀和报警器等保护设备以及流量显示仪表、记录装置、补偿装置等。

(三)科氏力质量流量计的使用与维护

1. 调试

(1)基本检查：

首先检查传感器和变送器的全部连接情况，包括管道连接、电气连接和接地等均应符合要求。进而确认供电方式、供电类型、供电电压及电源线的连接等。

上述检查无误后，将流量计按说明书要求通电、预热。同时，使足够的流体流过传感器，并充满检测管，使传感器温度与流体温度达到平衡。

在预热期间，还要进行流体流量范围及其对应输出、流动方向、密度测量范围设置等的检查。

(2)零流量调整：

预热及试运行结束后，将流量计下游阀关闭，最好也将上游阀关闭，确认传感器中流量为零。在零流量条件下，将输出设置为零的过程称为零流量调整。

调试好的流量计可随时启动投用。接通电源预热，待其稳定后，将下游阀部分开启，然后缓慢打开上游阀，接着将下游阀完全打开，再将旁路阀关闭。至此，流量计进入正常测量状态。

2. 检查维护

科氏力质量流量计在使用过程中应进行定期检查维护，主要从以下几个方面进行。

(1)零点的检查和调整：

零点漂移是科氏力质量流量计在实际运行中常遇到的问题。造成零点漂移的因素很多，如传感器的安装应力、检测管结构不对称、被测流体物理特性参数的变化等。在小流量测量时，零点漂移对测量准确度的影响尤为严重。所以定期进行零点检查和调整是非常必要的。

零点检查至少每 3 个月进行一次，在工作允许的情况下，对安装在重要监测部位的科氏力质量流量计，零点检查的时间间隔应适当缩短。

零点调整时，应使传感器测量管道中完全充满流体，然后关闭传感器下游阀，并在确定流量计内无流体流动的状态下进行。调整过程中，应记录调整前的零点值，然后将其与上一次的零点值进行比较，就可计算出两次调零间隔期间，由零点漂移带来的测量误差。

当零点漂移值较大时，应首先查找原因，予以排除，然后再进行零点调整。零点调整过程最好重复操作几次，直至零点值最小。

(2)密封性能的检查维护：

流量计在现场使用，特别是应用在腐蚀性气体、潮湿或多粉尘的环境中，要经常检查传感器接线口处的密封完好情况，以防接线端子腐蚀，造成仪表不能正常运行。

(3)工作参数的检查：

流量计在使用过程中，应经常注意其设置的工作参数是否发生变化，其显示的流量、密度、温度值等是否正常，如结果与实际情况有较大出入，则应按使用说明书中提供的方法重新进行零流量校准。上述情况没有改善，则应查看设置的变送器各工作参数是否正确。

(4)定期观察流量计的故障指示：

应定期查看流量计的故障警告显示，以及时了解故障出现情况，及时予以排除。

(5)定期全面检查维护：

对使用中的流量计，应定期进行全面检查。从传感器的外观、安装牢固程度到工艺管线、变送器和显示仪表等进行逐项检查，发现问题及时处理。

四、流量计常见故障及排除

(一)速度式流量计常见故障及排除

涡轮流量计常见的故障现象、引发故障的可能原因及故障处理方法如表3-4-3所示。

表3-4-3 涡轮流量计常见故障分析与处理

序号	故障现象	故障原因	处理方法
1	通电后无流量时有流量输出信号	输入屏蔽或接地不良，引入电磁干扰	改善屏蔽与接地，排除电磁干扰
		传感器靠近干扰源或管道振动	远离干扰源安装，采取防振措施
		截止阀关闭不严泄漏	检修或更换阀门
2	通电、通流后无流量输出信号	感应线圈断线或焊点脱焊	更换感应线圈或重焊
		前置放大电路元件损坏	检查并更换元器件
		叶轮被杂物或脏物卡死	拆下叶轮进行清洗或更换，更换后须重新标定
		轴承和轴被杂物卡住或断裂	拆下进行清洗或更换，更换后须重新标定
		管道、阀门等堵塞	检查、清理管道、阀门及传感器
3	流量输出信号不规则，不稳定	有较强电干扰信号	加强屏蔽和接地
		叶轮动平衡差	调整叶轮动平衡
		管道、阀门、传感器等进入杂物	检查、清理管道、阀门及传感器
		传感器受损或有气穴	检查传感器及增加进出口压力差
		管道振动使叶轮抖动	加固管线或在传感器前后加装支架，防止振动

(二)容积式流量计常见故障及排除

容积式流量计常见的故障现象、引发故障的可能原因及故障处理方法如表3－4－4所示。

表3－4－4　容积式流量计常见故障及排除

序号	故障现象	故障原因	处理方法
1	计量室转子卡住	管道中杂物进入计量室	拆洗流量计，清洗过滤器和管道
		被测流体凝固	设法溶解凝固流体
		系统工作不正常，出现水击或过载现象使转子与驱动齿轮连接的销子损坏	改装系统，消除水击和过载，修理流量计
		流量计长期使用，驱动齿轮轴承磨损过大，造成转子相互碰撞卡住	更换轴承、驱动齿轮或转子，如果损坏严重不能修复，需更换新的流量计
2	转子运转正常但计数器不计数	计量室密封输出部分损坏，磁钢退磁，异物进入磁性联轴器内卡住	拆开清洗或重新充磁
		计数器挂轮松脱	重新装紧和调整
		回零计数器和累积计数器损坏	拆下计数器检修
		指针松动	装紧指针
3	流量计计量不准确	温度偏差大，自动温度补偿器失灵	检查和修理
		被测介质黏度改变	按现黏度介质重新调校流量计，或按介质重选新表
		修复流量计后计数器挂轮挂反	取下计数器，正确安装挂轮
		操作时系统旁通阀未关紧，有流体泄漏	关紧旁通阀
		实际流量超过规定范围	更换其他规格流量计或将流量控制在规定范围内
		转动部分不灵活或转子与壳体相碰	检查转子、轴承、驱动齿轮等安装是否正确，或更换磨损零部件
		流量存在大的脉动	设法减小流量脉动
		被测介质中混有气体	加装气体分离器

续表

序号	故障现象	故障原因	处理方法
4	流量计噪声大	流量计转子与驱动齿轮的销子断开	更换转子
		使用不当，流量过载	在流量计下游处加装限流装置
		系统发生振动	检修系统，消除振动
		轴承损坏	更换轴承，检查过滤器，减少轴承磨损
		使用时间长，超过流量计使用寿命	更换新的流量计
5	流量计发生渗漏	使用压力超过流量计规定的工作压力，使流量计外壳变形而渗漏	检查系统中压力计是否完好，降压或更换仪表使工作压力保持在流量计规定范围内，外壳变形严重时应更换修理
		橡胶密封老化	更换橡胶密封
		机械密封渗漏	更换已磨损机械密封部件
6	仪表指针时停动，示值不稳定时	流量计指示系统连接部分松动或不灵活	消除连接部分松动

(三)质量流量计常见故障及排除

科氏力质量流量计常见的故障现象、引发故障的可能原因及故障的处理方法如表3－4－5所示。

表3－4－5　科氏力质量流量计常见故障及处理

序号	故障现象	可能的原因	处理方法
1	变送器通电后仪表无显示	没有正确连接电源	按线路图正确接通电源
		电源输出板的保险丝熔断	检查电源电压，更换保险丝
		带电插接导线插头，电路元件击穿	更换相关线路板
2	测量不准确	变送器调零单元失效	更换调零单元线路
		仪表零点漂移	校准零点
		仪表流量系数不正确	重新检定，输入正确的流量系数

续表

序号	故障现象	可能的原因	处理方法
3	零点不稳定或超差	安装后存在应力	消除应力
		接地或虚接	正确接地
		预热时间不够	延长预热时间
		变送器损坏	修理或更换变送器
4	传感器检测管振动异常	检测管没有完全充满流体	使检测管充满流体
		传感器电缆接线问题	检查电缆连接情况
		检测管堵塞	拆下处理，重新安装
		安装后存在应力	消除应力
5	变送器产生错误输出	流体未充满传感器	使流体充满传感器
		密度系数不正确，密度超范围	重新设定密度，修正密度系数
		被测液体中含有气体	清除液体中气体

五、影响流量计准确度的因素

容积式和速度式流量计的准确度除受流量计影响外，与流量计的附加装置、检定装置的准确度和检定周期有关，同时还受检定、使用时条件的变化程度和进入流量计时介质的流态等因素的影响。这里主要介绍黏度、温度、压力和流态对流量计准确度的影响。

(一)黏度

对于容积式流量计来说，黏度改变了，泄漏量也随之改变；对于速度式流量计来说，黏度改变了，流态也要改变，因此黏度是影响准确度的重要因素。仪表制造厂在标定仪表时，对被测介质的黏度作了修正，因此必须注意：容积式流量计所测量的介质，一定要与订货时需方所提供的测量介质相一致，最好不要随意互换或一表多用；速度式流量计最好使用在低黏度的介质中，如汽油、煤油、轻柴油或丙烷等，否则将会影响仪表的测量准确度。

(二)温度

温度除影响黏度外，还从两个方面影响流量计的准确度：①由于材料的热胀冷缩特性，温度的变化使容积式流量计的计量室的容积或速度式流量计的截面积发生变化，很高的温度甚至使液体汽化造成两相流，严重地破坏流量计的准确度。②温度对被测液体体积的影响也不能忽视。对汽油来说，1℃温度的误差意味着0.12%的体积误差。一旦温度差1.5℃，对准确度的影响将达0.18%，几乎相当于0.2级流量计的基本误差。有的流量计具有温度补偿功能，能直接显示或输出标准体积，在这种情况下应注意流量计的标准温度。石化系统有较多的进口流量计，若订货时未提出以20℃为标准温度的话，则日本国的标准温度为15℃，美国的标准温度为60℉(15.56℃)，这些流量计的输出与20℃为标准体积又会有很大的差异。

(三)压力

压力太高或太低均会改变流量计的准确度。太高的压力将改变被测介质的体积和流量计的几何尺寸。对前者影响较小，根据有关资料介绍，约每80kPa影响0.0008%；对后者的影响，随壳体(管壁)厚度和材质的弹性模数不同而不同。

出口端压力过低会加速被测液体汽化，这对易挥发的液体尤为重要。

(四)流态

流态对速度式流量计的测量准确度影响很大，在流速较高时，流体的流动呈紊流状态；在流速较低时，流体的流动呈层流状态。而流量计在紊流状态时，仪表常数只与仪表本身结构参数有关，而与流量与流体性质等无关，仪表常数真正表示了仪表的性质。仪表的流量测量范围就是根据这一区间决定的，所以在选用流量计的规格时，只能按照被测流量的大小来选择，而不能以工艺管道的口径来选择。否则将会带来较大的测量误差。

第五节　动态油料油量计算

一、术语和定义

(一)指示体积或质量

在计量期间，流量计计数器或其他显示单元所显示的油料数值，包括通过流量计输送的水和沉淀物。

(二)总计量体积或质量

指示体积或质量乘以与油料及其流量相对应的流量计系数，该数值没有经过温度和压力修正。

(三)毛标准体积 V_{gs}

修正到标准参比条件下的总计量体积。

(四)净标准体积 V_{ns}

毛标准体积减去水和沉淀物后的体积。

(五)毛重量 m_{gw}

含有水和沉淀物的油料在空气中的重量。

(六)净重量 m_{nw}

扣除水和沉淀物后，油料在空气中的重量。

(七)重量换算系数 F_w

将油料标准体积直接换算到空气中重量的换算系数。一般情况下该系数等于标准密度值减去平均空气浮力修正值1.1kg/m^3，即 $F_w = \rho_{20} - 1.1$。

(八)空气浮力修正系数 F_a

将油料在真空中质量换算到空气中重量的换算系数(也称为质量换算系数)。

(九)流量计系数 MF

油料通过流量计的实际体积(或质量)与流量计指示体积(或质量)的比值。

(十)K系数

单位体积(或质量)油料通过流量计时发出的脉冲数。

(十一)流量计累积示值

在计量期间，流量计终止读数与起始读数之差。

(十二)计量温度 t

在计量期间，油料温度的算术平均值。

(十三)计量压力 p

在计量期间，油料压力的算术平均值。

(十四)水和沉淀物

油料中的溶解水、悬浮水和悬浮沉淀物，总称为水和沉淀物(以下简称水)。本部分中分别用 V_{SW}、m_{SW}、$SW\%$ 表示水的体积量、质量和水含量(体积分数或质量分数)。

(十五)水的修正系数 C_{SW}

将毛标准体积修正到净标准体积或将毛重量修正到净重量的修正系数，也即扣除油料中水含量的修正系数。

(十六)油料体积温度修正系数 C_{tl}

将油料从计量温度下的体积修正到标准体积的修正系数，即石油计量表中的 *VCF* 值。

(十七)油料体积压力修正系数 C_{pl}

将油料从非参比压力条件下的计量体积修正到平衡压力下的体积。

二、计量参数获取方式及其有效位数与数值修约

(一)计量参数获取方式

1. 流量计读数

①当流量计配玻璃密度计时，如计量时间不大于 8h，仅记录流量计始末体积指示值。如计量时间大于 8h 时，需记录计量始末读数和每 8h 的流量计体积指示值。

②当流量计配在线密度计时，应按①所要求记录流量计表头指示的体积值和质量仪表显示的质量值。

2. 测温、测压

①测温、测压点应选在距离流量计的出口最近处。

②对装车计量，应在计量开始后(罐内油品流过流量计)10min 和计量结束前 10min 以及计量中间各测温、测压一次，取三次温度和压力的算术平均值作为油品的平均温度和压力。

③对装船计量，应在计量开始后(罐内油品流过流量计)10min 和计量结束前 10min 以及每间隔 1h 各测温、测压一次，以计量时间内各次所测温度、压力的算术平均值作为油品的平均温度和压力。

④对管道连续输油计量，每 2h 测温、测压一次，以 8h 内四次测温、测压的算术平均值作为 8h 内油品的平均温度和压力。

3. 取样

①自动取样应符合 GB/T 27867 的规定，人工取样应符合 GB/T 4756 的规定。取样部位应设在靠近流量计出口端管线上。有争议时应以流量比例样为准。

②对未配自动取样器的装车计量，取样应在计量开始、中间和结束前 10min 各取样一次，并将所取样以相等体积(或质量)掺和成一份组合样。

③对未配自动取样器的装船计量，取样应在计量开始、罐内油品流到取样器时取样一次，以后每间隔 1h(装船流量大于 2000m^3/h)或 2h(装船流量不大于

$2000m^3/h$)以及计量结束前10min各取样一次，中间和结束前10min各取样一次，并将所取样以相等体积(或质量)掺和成一份组合样。

④对管线连续输油计量，每2h取样一次，每4h掺和成一份组合试样。

4. 密度

①测定密度方法应符合GB/T 1884的规定。

②对装车、装船计量，整个计量过程做一个组合样，测定密度。

③对管线连续输油计量，每4h做一个组合试样，将8h内的二次组合试样所测结果的算术平均值作为8h的密度测定结果。也可加密8h内取样次数。

(二)计量参数有效位数

为保证油量计算结果的一致性和准确度要求，油量计算时各计量参数有效位数应符合以下最低要求。

①视密度读数、密度换算，保留1位小数，即$0.1kg/m^3$。

②油料含水量测量(蒸馏法)，保留两位小数0.01%。

③温度读数保留一位小数，即0.1℃。计量温度算术平均值修约到0.25℃。

④压力读数以kPa为单位时取整数，以MPa为单位时取两位小数，计量压力修约到50kPa(表压)。

⑤流量计累积体积值读数修约到$0.001m^3$，长输管道连续计量可修约到$1m^3$。

⑥质量仪表累积质量值读数修约到0.001t，长输管道连续计量可修约到1t。

(三)数值修约

①数值修约的方法应符合GB/T 8170标准中的规定。在多数情况下，所使用的小数位数受数据来源的影响，在没有其他限制因素的情况下，应依照表3－5－1规定的小数位进行修约。

②MF、C_{tl}、C_{pl}、C_{SW}、F_a，应遵循GB/T 8170的规定修约到小数点后第四位。

③油量计算值遵循GB/T 8170的规定，体积值修约到$0.001m^3$，质量值修约到0.001t。

例3－5－1　体积(m^3)：$88256.7885m^3$，修约后$88256.788m^3$；

重量(t)：8332.5755t，修约后8332.576t；

流量计系数：1.00165，修约后1.0016；

1.00155，修约后1.0016；

密度(kg/m^3)：834.45，修约后834.4；

835.46，修约后835.5。

表3-5-1　油量计算中相关量及其应保留的小数位数

符号	名称	单位	小数位数
V_{t_1}	在计量期间，流量计 t_1 时刻的指示体积	m^3	L：×××.× m^3：×××.×××
V_{t_2}	在计量期间，流量计 t_2 时刻的指示体积	m^3	
V_t	在计量期间，油料累积的指示体积，$V_t = V_{t_2} - V_{t_1}$	m^3	
V_{gs}	在标准参比条件下，油料的毛标准体积	m^3	
V_{ns}	在标准参比条件下，油料的净标准体积	m^3	
V_{SW}	油料毛标准体积扣水量	m^3	
q_v	在计量期间，流量计的平均流量	m^3/h	—
Δt	在计量期间，流量计连续计量累积的时间	h	—
C_{tl}	油料体积温度修正系数（*VCF*）	1/℃	×.××××
C_{pl}	油料体积压力修正系数	kPa^{-1}	×.××××
MF	流量计系数	—	×.××××
N_{t_1}	在计量期间，流量计 t_1 时刻累积的脉冲数	—	—
N_{t_2}	在计量期间，流量计 t_2 时刻累积的脉冲数	—	—
N	在计量期间，流量计累积的脉冲数，$N = N_{t_2} - N_{t_1}$	—	—
K	K 系数	m^{-3}，kg^{-1}	—
F	油料压缩系数	$10^{-6}kPa^{-1}$	×.×××
F_w	油料重量换算系数	kg/m^3	×××.×
F_a	油料空气浮力修正系数	—	×.××××
t	油料计量温度	℃	×.×
t'	油料试验温度	℃	
p	油料计量压力（表压）	kPa	kPa：××× MPa：××.××
p_e	油料计量温度下饱和蒸汽压（表压）	kPa	
m_g	在计量期间，油料累积的指示质量	kg或t	kg：××××.× t：×××.×××
m_{gm}	油料的毛质量	kg或t	
m_{nm}	油料的净质量	kg或t	
m_w	油料空气中重量	kg或t	
m_{gw}	油料空气中毛重量	kg或t	
m_{nw}	油料空气中净重量	kg或t	
m_{SW}	油料空气中毛油重量的扣水量	kg或t	
SW	油料中水含量（体积分数或质量分数）	%	×.××
C_{SW}	油料水的修正系数（体积修正系数或质量修正系数）	—	×.××××

三、动态油料油量计算方法

(一)方法概述

交接油量计算依据分为空气中的重量或体积量，因此，油量计算亦分为两种方法：重量计量油量计算方法和体积计量油量计算法。目前，国内以油料在空气中的重量作为交接结算依据。用作交接计量的流量计的准确度等级应不低于0.2级。

油料动态计量分为基本误差法和流量计系数法两类。油料交接双方签订油量交接协议确定油量计算中采用基本误差法或流量计系数法。

1. 基本误差法

基本误差法是指流量计运行期间，如果其误差在允许的基本误差(±0.20%)限内，则流量计系数 MF 视司为1.0000，即不对流量计示值误差进行修正，所计量的油料体积数经温度、压力及扣除含水等修正后的数量即为双方认可的交接数量。

2. 流量计系数法

流量计系数法是指在流量计计量期间，流量计所计量的体积量乘以流量计系数，还要经温度、压力等修正后得到毛标准体积，将毛标准体积扣除含水量后的净标准体积作为交接双方认可的油料交接数量。或将油料净标准体积乘以标准密度，再乘以空气浮力修正系数，则得到油料在空气中的重量作为交接数量。双方应在交接协议中明确流量计系数的具体确定方法和使用方法。

以体积－重量法为例(流量计系数法)，在计量期间，记录在计量温度、计量压力下流量计计量的指示体积(V_t)，并依据流量计不同运行流量下对应的流量计系数，将指示体积乘以流量计系数 MF、温度修正系数 C_{tl}、压力修正系数 C_{pl} 得到毛标准体积，如需要从中扣除水，则进行扣除，得到油料净标准体积作为计量结果，或将油料净标准体积乘以油料密度，再乘以空气浮力修正系数(F_a)，则得到油料在空气中的净标准重量作为计量结果。也可用油料净标准体积乘以重量换算系数(F_w)得到油料在空气中的净标准重量。

(二)体积量计算

1. 计算公式

(1)空气中毛标准体积按式(3－5－1)计算：

$$V_{gs}=V_t\times MF\times C_{tl}\times C_{pl} \qquad (3-5-1)$$

(2)空气中净标准体积按式(3－5－2)或式(3－5－3)计算：

$$V_{ns} = V_{gs} \times C_{SW} \quad (3-5-2)$$

或者

$$V_{ns} = V_t \times MF \times C_{tl} \times C_{pl} \times C_{SW} \quad (3-5-3)$$

注：C_{SW}在此处是油料体积含水修正系数。

2. 计算步骤

(1)确定 V_t：

计量压力下流量计计量的指示体积按式(3－5－4)计算：

$$V_t = V_{t2} - V_{t1} \quad (3-5-4)$$

如果流量计使用 K 系数，则计量压力下流量计计量的指示体积按式(3－5－5)计算：

$$V_t = (N_{t2} - N_{t1})/K \quad (3-5-5)$$

(2)确定 MF：

①采用基本误差法，则 $MF = 1.0000$。

②采用流量计系数法，根据计量时间段内平均流量对应的流量计系数表，计算或查表得到 MF。

(3)确定 C_{tl}：

如果流量计读数经过温度补偿修正，则 $C_{tl} = 1.0000$；否则，依据油料试验温度下的视密度 ρ_t'和试验温度 t'，通过查石油计量表得到 ρ_{20}。由计量温度 t、标准密度 ρ_{20}，查 GB/T 1885，得到油料体积温度修正系数 C_{tl}($C_{tl} = VCF20$)。

(4)确定 C_{pl}：

如果流量计读数经过压力补偿修正过，或低压下其影响小于 0.01% 时，则 $C_{pl} = 1.0000$；否则按式(3－5－6)计算：

$$C_{pl} = \frac{1}{1-(p-p_e)F} \quad (3-5-6)$$

在按式(3－5－6)计算 C_{pl}时，油料的计量压力可取流量计出口压力的平均值计算；在计量温度下，如油料的饱和蒸气压不大于 101.325kPa 时，设 $p_e = 0$(表压)。其中，烃压缩系数 F 查表可得(参见附录一表 24)，也可根据 GB/T 9109.5—2017 附录 B 中的方法计算得出。

例 3－5－2　已知油料的计量压力 $p = 550\text{kPa}$，$\rho_{20} = 845.3\text{kg/m}^3$，$t = 37.75℃$，求油料体积压力修正系数 C_{pl}。

解：查附录一表 22，因 $\rho_{20} = 845.3\text{kg/cm}^3$ 介于 845.0 和 846.0 之间，用内插法计算：

即 $\rho_{15} = 848.6 + \frac{849.6 - 848.6}{846.0 - 845.0} \times (845.3 - 845.0) = 848.6 + 0.3 = 848.9\text{kg/m}^3$

查附录一表 24，再由 $t = 37.75℃$，$\rho_{15} = 848.9\text{kg/cm}^3$，求得 $F = 0.833 \times 10^{-6}\text{kPa}^{-1}$

将已知值代入式(3－5－6)压力修正系数公式，得：

$$C_{pl} = \frac{1}{1-(p-p_e)F} = \frac{1}{1-(550-0)\times 0.833\times 10^{-6}} = \frac{1}{0.99954} = 1.00046 \approx 1.0005$$

(5) 确定 C_{SW}：

油料中水的体积分数为 SW，则 C_{SW} 按式(3－5－7)计算：

$$C_{SW} = 1 - SW \tag{3-5-7}$$

(6) 确定 V_{SW}：

V_{SW} 按式(3－5－8)计算：

$$V_{SW} = V_{gs} \times SW \tag{3-5-8}$$

(7) 质量流量计体积计算公式：

V_{gs} 按式(3－5－9)计算：

$$V_{gs} = (m_g \times MF)/\rho_{20} \tag{3-5-9}$$

☆ 例 3－5－3　已知柴油的温度 $t = 46.0℃$，$\rho_{20} = 859.0\text{kg/m}^3$，$C_{tl} = 0.97825$，如果发油量为50000kg，求流量计的发油体积。采用基本误差法计算，且不考虑油料体积压力和水含量修正。

解： 采用基本误差法计算，即 $MF = 1.0000$，由公式 $m_{nw} = V_{20} \times (\rho_{20} - 1.1)$ 计算 V_{20}：

$$V_{20} = 50000 \div (859.0 - 1.1) = 58.282\text{m}^3$$

由公式 $V_{20} = V_t \times C_{tl}$ 计算 V_t：

$$V_t = 58.282 \div 0.97825 = 59.578\text{m}^3$$

☆ 例 3－5－4　用质量流量计发油，其指示值为900.785t，$\rho_{20} = 730.0\text{kg/m}^3$，$MF = 1.0000$，求交接结算油量应是多少吨？无水含量。

解： 因质量流量计的指示值是真空中的质量，而结算油量应以空气中的重量为准。

因 $m_{nw} = V_{20} \times (\rho_{20} - 1.1) = (V_{20} \times \rho_{20} - 1.1V_{20}) = (m_g - 1.1m_g \div \rho_{20}) = m_g(1 - 1.1 \div \rho_{20})$，

代入数据计算 m_{nw}：

得 $m_{nw}=900.785\times(1-1.1\div730.0)\approx899.425t$

(三)空气中重量计算

按计量方式分为三种，一是以体积计量的流量计配玻璃浮计；二是以体积计量的流量计配在线密度计，通常配备流量计算机；三是直接显示质量计量结果的质量流量计。

1. 流量计配玻璃浮计计量方式

(1)油量计算公式：

1)毛油质量按式(3－5－10)计算：

$$m_{gm}=V_{gs}\times\rho_{20} \quad (3-5-10)$$

2)空气中毛油重量按式(3－5－11)计算：

$$m_{gw}=V_{gs}\times\rho_{20}\times F_a \quad (3-5-11)$$

3)净油质量按式(3－5－12)计算：

$$m_{nm}=V_{ns}\times\rho_{20} \quad (3-5-12)$$

4)空气中净油重量按式(3－5－13)计算：

$$m_{nw}=m_{nm}\times F_a \quad (3-5-13)$$

(2)油量计算步骤：

1)确定 V_{gs}、V_{ns}。由体积计算式(3－5－1)、式(3－5－2)得到 V_{gs}、V_{ns}。

2)确定 ρ_{20}。由视密度和试验温度查石油计量表得到。

3)确定 F_a。式(3－5－11)中($\rho_{20}\times F_a$)可用重量换算系数 $F_w=(\rho_{20}-1.1)$代替计算，在有争议的情况下，建议使用($\rho_{20}\times F_a$)，F_a 由 ρ_{20} 查表确定(参见附录一表20)。

2. 流量计配在线密度计计量方式

(1)油量计算公式：

1)毛油质量按式(3－5－14)计算：

$$m_{gm}=m_g\times MF \quad (3-5-14)$$

2)空气中毛油重量按式(3－5－15)计算：

$$m_{gw}=m_g\times MF\times F_a \quad (3-5-15)$$

3)净油质量按式(3－5－16)计算：

$$m_{nm}=m_{gm}\times C_{SW} \quad (3-5-16)$$

4)空气中净油重量按式(3－5－17)或式(3－5－18)计算：

$$m_{nw}=m_{nm}\times F_a \quad (3-5-17)$$

$$m_{nw}=m_{gm}\times C_{SW}\times F_a \quad (3-5-18)$$

注：C_{SW}在此处是质量含水修正系数。

(2)油量计算步骤：

1)确定 m_g。由流量计算机(或质量计算机)、质量仪表累积的油料指示质量 m_g。

2)确定 MF。采用基本误差法，则 $MF = 1.0000$；采用流量计系数法，根据流量计计量期间平均流量对应的流量计系数表，计算或查表得到 MF。

3)确定 F_a。由 ρ_{20}查附录一表 20 确定。

4)确定 C_{SW}。油料中水的质量百分数为 SW，则油料中质量含水修正系数按式(3-5-19)计算：

$$C_{SW} = 1 - SW \tag{3-5-19}$$

3. 质量流量计计量方式

(1)油量计算公式：

对于设置成质量输出的科氏力质量流量计，其所指示的是质量。油料油量的计算公式同式(3-5-14)~式(3-5-18)，只是此时的 K 系数和 MF 都是对应的质量系数。

(2)油量计算步骤：

1)确定 m_g。由式(3-5-20)得到 m_g：

$$m_g = (N_{t_2} - N_{t_1})/K \tag{3-5-20}$$

2)确定 MF、F_a、C_{SW}。同 2(2)中 2)、3)、4)。

3)确定 m_{gm}、m_{gw}。对应式(3-5-14)和式(3-5-15)。

4)确定 m_{nm}、m_{nw}。由式(3-5-16)~式(3-5-18)得到 m_{nm}、m_{nw}。

当流量计采用基本误差法时，式(3-5-14)和式(3-5-15)中 $MF = 1.0000$。采用流量计系数法，根据流量计计量期间平均质量对应的流量计系数表，计算或查表得到 MF。

注意，某些质量流量计的变送器具有 MF 组态修正功能，应事先确认变送器组态 MF 值(原始值应为 1.0000)，防止进行二次 MF 修正流量计测量值。

☆ 例 3-5-5　某港口油库采用流量计配玻璃浮计的计量方式，接收油轮上岸原油，油料计量温度下饱和蒸气压低于标准大气压。试分别采用基本误差法和流量计系数法计算油料在空气中的净重量。计量参数如表 3-5-2 所示，流量计各检定点对应流量计系数及适用范围如表 3-5-3 所示，原油体积修正系数表如表 3-5-4 所示。

表 3-5-2　计量参数表

时间	计量温度 t/℃	计量压力 p（表压）/kPa	密度 ρ_t/（kg/m³）	标准密度 ρ_{20}/（kg/m³）	体积含水量 SW/%	流量计示值 V_t/m³	平均流量 q_v/（m³/h）
8:00	30.30	350	833.5	845.3	0.15	57709	
10:00	30.70	360				58629	460
12:00	30.40	350	833.5	845.3	0.175	59729	550
14:00	30.40	400				60949	610
16:00	30.40	360				61889	470
平均	30.44	364		845.3	0.1625		522.5
取值	30.50	350		845.3	0.16	4180	

表 3-5-3　流量计各检定点对应流量计系数及适用范围表

检定点/（m³/h）	300	500	700	900
流量计系数 MF	1.0015	1.0005	0.9990	0.9995
适用范围 q_v/（m³/h）	$200 < q_v \leqslant 400$	$400 < q_v \leqslant 600$	$600 < q_v \leqslant 800$	$800 < q_v \leqslant 1000$

注：流量计系数一般按计量时间段内的平均流量就近靠取确定（也可采用其他方法确定，如算术平均法、加权算术平均法等）。

表 3-5-4　油料体积修正系数表（摘自 GB/T 1885 表 60A）

t/℃	ρ_{20}/（kg/m³）			
	844.0	846.0	848.0	850.0
	C_{tl}			
30.25	0.9912	0.9912	0.9912	0.9913
30.50	0.9909	0.9910	0.9910	0.9911
30.75	0.9907	0.9908	0.9908	0.9909

解：（1）采用基本误差法计算：

依据计量参数有效位数和数值修约规则，得到 $t = 30.50$℃，$p = 350$kPa，$\rho_{20} = 845.3$kg/m³，$SW = 0.16\%$，$V_t = 4180$m³。

1）确定体系温度修正系数 C_{tl}：

由 $t = 30.50$℃，$\rho_{20} = 845.3$kg/m³，查附录一表 10 确定油料的体积温度修正系数 C_{tl}（即 VCF_{20}），由于 845.3 介于 844.0 和 846.0 之间，故用内插法计算：

$$C_{tl} = 0.9909 + \frac{0.9910 - 0.9909}{846.0 - 844.0} \times (845.3 - 844.0) \approx 0.9910$$

2）确定体积压力修正系数 C_{pl}：

由 ρ_{20} 查石油计量表（参见附录一表 22）得 ρ_{15}，因 845.3 介于 844.0 和 846.0 之间，故用内插法计算：

$$\rho_{15}=848.6+\frac{849.6-848.6}{846.0-845.0}\times(845.3-845.0)=848.6+0.3=848.9\text{kg/m}^3$$

再由 $t=30.50℃$，$\rho_{15}=848.9\text{kg/m}^3$，查烃压缩系数表（参见附录一表 24）得 F，因 848.9 介于 848.0 和 850.0 之间，故用内插法计算：

$$F=0.794+\frac{0.799-0.794}{850.0-848.0}\times(850.0-848.0)=0.79675\approx0.797\times10^{-6}\text{kPa}^{-1}$$

将 F 值代入式（3-5-6）

$$C_{pl}=\frac{1}{1-(p-p_e)F}=\frac{1}{1-(350-0_e)\times0.797\times10^{-6}}=\frac{1}{0.99972}=1.00028\approx1.0003$$

3）确定净标准体积量：

净标准体积量由下式计算：

$$V_{ns}=V_t\times MF\times C_{tl}\times C_{pl}\times C_{SW}=4180\times1.0000\times0.9910\times1.0003\times(1-0.0016)\approx4136.993\text{m}^3$$

4）确定石油真空中质量换算到空气中重量换算系数 F_a：

查表得 $F_a=0.99870$（参见附录一表 20）。

5）计算油料在空气中的净重量：

净重量由下式计算：

$$m_{nw}=m_{nm}\times F_a=V_{ns}\times\rho_{20}\times F_a=4136.993\times845.3\times0.99870\approx3492454.1\text{kg}=3492.454\text{t}$$

（2）采用流量计系数法计算：

依据计量参数有效位数和数值修约规则，得到 $t=30.50℃$，$P=350\text{kPa}$，$\rho_{20}=845.3\text{kg/m}^3$，$SW=0.16\%$，$V_t=4180\text{m}^3$，$q_v=522.5\text{m}^3/\text{h}$。

1）确定流量计系数 MF：

因 $q_v=522.5\text{m}^3/\text{h}$，由表 3-5-2 得知 q_v 更靠近 $500\text{m}^3/\text{h}$，故流量计系数 $MF=1.0005$

2）确定体系温度修正系数 C_{tl}：

同基本误差法中 1），得 $C_{tl}\approx0.9910$

3）确定体积压力修正系数 C_{pl}：

同基本误差法中 2），得 $C_{pl}\approx1.0003$

4）确定净标准体积量 V_{ns}：

同基本误差法中3），$V_{ns}=V_t\times MF\times C_{tl}\times C_{pl}\times C_{SW}=4180\times1.0005\times0.9910\times1.0003\times(1-0.0016)\approx4139.061\text{m}^3$

5）确定石油真空中质量换算到空气中重量换算系数 F_a：

同基本误差法中4），$F_a=0.99870$

6）计算油料在空气中的净重量：

净重量由下式计算：

$m_{nw}=m_{nm}\times F_a=V_{ns}\times\rho_{20}\times F_a=4139.061\times845.3\times0.99870\approx3494199.9\text{kg}=3494.200\text{t}$

例3-5-6 长输管道输油连续计量，采用流量计配玻璃浮计人工测定密度的计量方式，输油前流量计指示体积值为24315.5m³，8h后输油完毕时流量计指示体积值为40086.5m³，流量计系数 $MF=1.0015$，油料计量温度下饱和蒸气压低于标准大气压，试计算油料空气中的重量。计量参数测量值如表3-5-5所示。

表3-5-5 计量参数测量值

次数	计量温度 t/℃	计量压力 P（表压）/kPa	密度 ρ_t/（kg/m³）	标准密度 ρ_{20}/（kg/m³）	体积含水量 SW/%	空气浮力修正系数 F_a
一	37.80	550	833.5	845.3	0.15	0.9987
二	37.70	550				
三	37.70	550	833.5	845.3	0.175	0.9987
四	37.60	600				
平均	37.70	562.5		845.3	0.1625	0.9987
取值	37.75	550		845.3	0.16	0.9987

表3-5-6 油料体积修正系数表（摘自GB/T 1885 表60A）

t/℃	ρ_{20}/（kg/m³）			
	840.0	842.0	844.0	846.0
	C_{tl}			
37.50	0.9847	0.9848	0.9849	0.9850
37.75	0.9845	0.9846	0.9847	0.9847
38.00	0.9843	0.9844	0.9844	0.9845

解：采用流量计系数法计算：

1）确定累积总计量体积：

累积总计量体积 $V_t=V_{t_2}-V_{t_1}=40086.5-24315.5=15771.0\text{m}^3$

2) 确定体积温度修正系数 C_{tl}：

查表3－5－6，因845.3介于844.0和846.0之间，故用内插法计算：

$$C_{tl}=0.9847+\frac{0.9847-0.9847}{846.0-844.0}\times(845.3-844.0)=0.9847$$

3) 确定体积压力修正系数 C_{pl}：

由 ρ_{20} 查石油计量表（参见附录一表22）得 ρ_{15}，因845.3介于844.0和846.0之间，故用内插法计算：

$$\rho_{15}=848.6+\frac{849.6-848.6}{846.0-845.0}\times(845.3-845.0)=848.6+0.3=848.9\text{kg/m}^3$$

再由 $t=37.75$℃，$\rho_{15}=848.9\text{kg/m}^3$，查烃压缩系数表（参见附录一表24）得 F，因848.9介于848.0和850.0之间，故用内插法计算：

$$F=0.829+\frac{0.835-0.829}{850.0-848.0}\times(850.0-848.9)\approx0.832\times10^{-6}\text{kPa}^{-1}$$

将 F 值代入式（3－5－6）

$$C_{pl}=\frac{1}{1-(p-p_e)F}=\frac{1}{1-(550-0)\times0.832\times10^{-6}}=\frac{1}{0.99954}=1.00046\approx1.0005$$

4) 确定净标准体积量 V_{ns}：

$V_{ns}=V_t\times MF\times C_{tl}\times C_{pl}\times C_{SW}=15771.0\times1.0015\times0.9847\times1.0005\times(1-0.0016)=15535.878\text{m}^3$

5) 确定石油真空中质量换算到空气中重量换算系数 F_a：

同基本误差法中4)，$F_a=0.99870$

6) 计算油料在空气中的净重量：

净重量由下式计算：

$m_{nw}=m_{nm}\times F_a=V_{ns}\times\rho_{20}\times F_a=15535.878\times845.3\times0.99870\approx13115405.5\text{kg}=13115.406\text{t}$

例3－5－7　某油库汽油采用质量流量计计量，计量参数测量值及计算程序如表3－5－7所示。

表3－5－7　油量计算表

基础计量数据				
序号	计量数据	符号	单位	数值
1	质量流量计始读数	m_{g_1}	kg	120452
2	质量流量计末读数	m_{g_2}	kg	904891
3	流量计系数	MF		1.0011

续表

序号	计量数据	符号	单位	数值
4	标准密度	ρ_{20}	kg/m^3	732.5
5	质量含水	SW	%	痕迹
6	空气浮力修正系数	F_a	—	0.9985
		计算交接油量		
7	流量计计量总质量(2-1)	m_g	kg	784439
8	质量含水系数(1.00-5)	C_{SW}	—	1.0000
9	毛油质量(7×3)	m_{gm}	kg	785302
10	净油质量(9×8)	m_{nm}	kg	785302
11	空气中净油重量(10×6)	m_{nw}	kg	784124
12	净标准体积(10÷4)	V_{ns}	m^3	1072.085

例 3-5-8 某油库柴油采用涡轮流量计计量，计量参数测量值及计算程序如表 3-5-8 所示。

表 3-5-8 油量计算表

		基础计量数据		
序号	计量数据	符号	单位	数值
1	流量计计数器开始时读数	N_{t1}	1	5054295
2	流量计计数器结束时读数	N_{t2}	1	51487530
3	K 系数	K	$1/m^3$	2850
4	流量计系数	MF	—	1.0015
5	标准密度	ρ_{20}	kg/m^3	848.4
6	油量平均温度	t	℃	31.0
7	流量计出口压力(表压)	P	kPa	2550
8	温度修正系数	C_{tl}	—	0.9908
9	压力修正系数	C_{pl}	—	1.0020
10	水的体积分数	SW	%	0.15
		计算交接油量		
11	计量温度下体积[(2-1)÷3]	V_t	m^3	16292.363
12	体积含水修正系数(1.00-10)	C_{SW}	—	0.9985
13	毛标准体积(11×4×8×9)	V_{gs}	m^3	16199.020

续表

序号	计量数据	符号	单位	数值
14	净标准体积(13×12)	V_{ns}	m^3	16174.721
15	扣水量(13×10)	V_{SW}	m^3	24.299
16	毛油质量(13×5)	m_{gm}	kg	13743249
17	净油质量(14×5)	m_{nm}	kg	13722633
18	空气中毛油重量[13×(5-1.1)]	m_{gw}	t	13725.430
19	空气中净油重量[14×(5-1.1)]	m_{nw}	t	13704.841

练习题

1. 什么是流量？它有哪几种表示方法？
2. 流量计按照比较常用的测量方法，大体上可分哪几类？
3. 试述椭圆齿轮流量计与腰轮流量计的异同点。
4. 简述刮板流量计的特性。
5. 涡轮流量计是由哪几部分组成的？安装时应注意哪些问题？
6. 涡街流量计与涡轮流量计有何异同点？
7. 叙述直接式质量流量计的特点。
8. 过滤器有什么作用？使用时应注意哪些问题？
9. 消气器作用是什么？选用时应注意些什么？
10. 直管段起什么作用？如果不够长，有什么办法来弥补？
11. 回压阀作用是什么？一般安装在什么位置？
12. 从流量计上读得的流量值要进行哪些修正？试写出其修正公式。
13. 简述使用流量计应注意的事项。
14. 影响流量计准确度的因素有哪些？
15. 容积式流量计能否随意调换？为什么？

第四章　油料损耗

研究和处理油料损耗是石油计量的重要组成部分。加强损耗管理，减少油料损耗数量，是每个计量员必须掌握和熟悉的作业内容，可以在一定程度上缓解能源紧张状况。油料损耗数量的大小，直接关系到国家能源利用限度和能源安全。油料损耗主要包括损耗原因、损耗分类、损耗定额管理和损耗处理，以及如何降低油料损耗等内容。

第一节　损耗原因

油料损耗是因为液体的蒸发以及装液容器难以避免的洒漏等而产生的。

在生产、储存、运输、销售过程中，由于油料的自然蒸发以及未能避免的滴洒、渗漏、容器内壁的黏附，车船底部余油未能卸净等而造成的油料在数量上的损失，称为损耗。

在发生损耗的两种情况中，蒸发是造成油料损失的主要原因。

蒸发是发生在液体表面的汽化过程。任何温度下这个过程都在不断地进行。油料蒸发时，油蒸气分子从液体表面逸出，扩散到液面之上的大气空间中。除了一部分油蒸气返回液面中去重新凝结成液体之外，其余的油蒸气就存留在气体空间里，使油料数量减少，形成永久的损失。

在蒸发过程中，逸出液面的油蒸汽数量不断增加，直到饱和才会停止。如果装油容器是敞开的，或者有孔隙与大气相通时，油蒸汽就会散出容器之外，使容器内的油蒸气浓度降低，无法达到饱和状态(除非温度极低，很少的油蒸汽就会饱和)。这样蒸发就不断地进行，使损耗数量增加。在密闭的装油容器中，随着油气的蒸发，或者当液面升高压缩容器中的气体时，气体的压强也会逐渐变大，超过呼吸阀的控制压力时，油气也会排出容器之外，产生大量损耗。

在蒸发过程中，油料由液态变为气态。这种损耗的产生主要是因油料本身的物理性质而决定的。

除了自然蒸发以外，同样不可忽视的是因容器的洒漏而产生的残漏损耗。作业中滴洒渗漏的油液，容器内壁黏附的薄油层，容器底部未能卸净的残留余油等，也是造成损耗的重要原因。在发生这些损耗时，油料不发生形态变化。这种损耗主要是由容器以及操作完成的质量决定的。

不论是蒸发损耗还是残漏损耗，都会造成很大的损失。除了使油料的数量减少，造成直接经济损失之外，逸出罐外的油液和油气还会给环境造成污染，并且形成燃爆的潜在危险。此外，油料中的轻质成分蒸发，还会使油料的品质降低。因此，避免和降低油料的损耗，是石油计量中一项很重要的工作。

第二节 损耗类型

油料损耗按照油料物理形态变化可分为蒸发损耗和残漏损耗。其中蒸发损耗可以按照发生的原因分为自然通风损耗、小呼吸损耗、大呼吸损耗和装油损耗。

一、蒸发损耗

蒸发损耗是指油料在生产、储存、运输、销售中由于自然蒸发而造成的在数量上的损失。

影响蒸发的因素主要有油料组成、温度、蒸发面积以及容器状况等。

油料中各组分的蒸发性能并不相同，其中的轻质成分更易于蒸发。油中的轻质成分越多，油料的蒸发速度就越快。某些油料，如溶剂油、汽油、石脑油、苯等，因含有的轻质成分越多，也就特别容易蒸发。原油中也含有很多轻质成分，因此原油也会蒸发。

对同一种油料来说，气温和油温的高低是决定蒸发速度的重要因素。温度越高，油料就蒸发得越剧烈。同时，随着温度的升高，容器中气体空间的压强也很快升高，增大的压强一旦超过容器的控制压力使呼吸阀打开时，大量的油蒸气就会排出罐外，从而造成很大的损耗。

在密闭的容器中，随着油料的蒸发，气体空间里的油蒸汽必须达到一定的数量才不再增多。这个数量的大小是由温度高低决定的。此时在单位时间内蒸发出来的分子数与返回液体的分子数相等，油蒸汽与液体保持动态平衡。这种状态称为饱和或饱和蒸汽。饱和蒸汽的压强叫作饱和蒸汽压。饱和蒸汽压是直接说明空间中单位体积内油气数量多少的物理量，它只和液体的种类以及温度有关。不同的液体，越容易蒸发的其饱和蒸汽压也越大；同一种液体，随温度升高，其饱和蒸汽压也随之变大。

由于蒸发只发生在液体和气体的界面上，所以液体裸露的表面积越大蒸发就越快。

蒸发还与储油容器状况有关。承压能力较低或密封不严的油罐，油气很容易逸出罐外，使罐内的压强降低，这样就会使蒸发速度加快。

油料的蒸发损耗按照引起油蒸气排出罐外的原因，可分为以下四种情况。

（一）自然通风损耗

如果装油容器上部有孔隙，随着容器内部或外部气压的波动，油气就会自孔隙被排出或空气被吸入。如果孔隙不止一个，就会因空气流动而形成自然通风，空气从一个孔隙吹入而油气从另一孔隙被吹出。当孔隙分布在不同高度时，还会因高差而产生的气压压差使油气从低处孔隙被排出，空气从高处孔隙吸入。油气排出和空气吸入，都会使容器内的油蒸气浓度降低，结果又使油料不断地蒸发，形成恶性循环。这样产生的损耗，就称为自然通风损耗。

容器上的孔隙，有些是因设备状况不良而产生的，如锈蚀、接缝不严、密封垫缺损、呼吸阀阀盘失灵以及为安装附件而留的孔眼等。有些则与操作有关，如量油口盖忘记盖严等。这些都是产生自然通风损耗的原因。

（二）小呼吸损耗

小呼吸损耗是指因罐内气体空间温度变化而产生的损耗。其温度变化主要指因太阳照射而引起的昼夜温度变化。自日出到午后气温最高的这段时间里，随着外界温度的上升，罐内气体空间的温度也不断升高，导致油蒸汽的大量蒸发。蒸发出来的油蒸气使压强升高，上升的温度也使油气压强升高。当呼吸阀被这升高的气压打开时，油气就被排出罐外。排气后，压强减小，呼吸阀关闭。如果温度还在上升，这样的排气过程还将重复。

从傍晚到夜间，外界温度下降，罐内的温度和压强随之下降。当压强低于真空阀的控制压力时，真空阀打开使外界空气吸入油罐。吸入的空气冲淡了罐内气体中的油蒸气浓度，又促使油料不断地蒸发，使损耗增加。

小呼吸损耗几乎每天都在进行，在四种蒸发损耗中占极大的比重。小呼吸损耗（以及下述的大呼吸和装油损耗）在装有呼吸阀的各类储油容器上都有发生。船舶的油舱和罐车大面积受阳光照射的钢板，也会发生小呼吸损耗。只有不受大气温度影响的油罐才不发生小呼吸损耗，如山洞罐、覆土罐、地下罐等。

（三）大呼吸损耗

大呼吸损耗是指在收油发油时罐内气体空间体积改变而产生的损耗。油罐收油时，罐内液面升高，压缩上部的气体，使气体的压强增大而导致呼吸阀打开产生排气。一般收进多少体积的油料，就要排出大致相同体积的混合气体，损耗是很大的。发油时，罐内气体空间体积增大、压强减小，罐外的空气通过真空阀被吸入罐内，补充因发油而多出来的空间体积。吸入的大量空气使罐内油蒸气的浓度降至很低，这样又加剧了油料的蒸发。

大呼吸损耗虽然只在进行收发作业时才会发生，但因为它每次引起的排气量或蒸发量一般都很大，所以由此产生的损耗数量也是很大的。

（四）空容器装油损耗

装油损耗又称为饱和损耗。空容器是指未装过油或者油蒸气浓度几乎为零的容器。空容器进油后，因原先不含有油蒸气而使油料迅速蒸发以达到饱和状态，其蒸发量要比有存油的容器大得多。这种情况下因蒸发而产生的油料损耗既包括装油以后使气体空间饱和所需的全部油气蒸发，还包括了在进油过程中因压强升高而排出罐外的气体中所含的油蒸气。

装油损耗的大小主要与进油以后容器内剩余的气体空间的体积有关。进油越少，气体空间体积越大，饱和所需的蒸发量也越多，损耗就越大。

二、残漏损耗

残漏损耗是指油料在生产、储存、运输、销售中，由于油罐、车、船等容器内壁的黏附，容器内少量余油未能卸净以及未能避免的滴洒、渗漏而造成的在数量上的损失。

残漏损耗的发生，一是油液在容器内壁上的少量黏附、储运设备不可避免的微量渗漏及容器底部无法卸净的余油等，二是与储运和计量操作完成的质量有关。滴洒渗漏、溅油串油，应该卸净而未能卸净的底部余油等，都与容器设备不完善以及操作不当或疏忽大意有关。因此，保持设备完好，提高技术水平，认真进行操作，是降低残漏损耗的有效措施。

第三节　油料损耗在损耗管理中的分类与计算

在油料的损耗管理上，实际是按油料储运的作业环节对损耗进行分类，即将损耗分为保管损耗、运输损耗和零售损耗三大类，前两大类又按作业情况各分为几项。按作业环节分类的各项损耗，都体现了在各储运作业项目上的损耗情况，使损耗的计算和管理比较方便。油料计量员在计算和统计损耗数量时，就是按照这样分类的各损耗项目进行的。在国家标准 GB 11085《散装液态石油产品损耗》中(见附录)，对成品油的各项按作业环节分类的损耗大小作出了规定，它是进行损耗管理的依据。

一、保管损耗

保管损耗是指油料从入库到出库整个保管过程中发生的损耗。保管损耗包括储存、输转、灌桶、装、卸等损耗。在计算保管损耗的时候，有哪项作业，就要计算哪项损耗。

(一)储存损耗

储存损耗是指单个油罐在不进行收发作业时，因油罐小呼吸而发生的油料损失。储存损耗的损耗量和月损耗率的计算公式为：

储存损耗量 = 前次油罐计量数 - 本次油罐计量数

月储存损耗率 = (月累计储存损耗量 ÷ 月平均储存量) ×100%

公式中的月累计储存损耗量是该月内日储存损耗量的代数和；月平均储存量是该月内每天油料储存量的累计数除以该月的实际储存天数。

储存期内某一个油罐有收发作业时，该罐收发作业时间内发生的损耗不属于储存损耗，这部分损耗应从储存损耗中扣除。

例 4-3-1 2 号油罐某月盘点累计损耗 5000kg，储油量 3000000kg 有 6 天，800000kg 有 5 天，2800000kg 有 3 天，1200000kg 有 6 天，3100000kg 有 10 天，两次输转损耗分别为 1600kg 和 1500kg，求储存损耗率。

解：扣除输转损耗后，月累计储存损耗量为：

$$5000-1600-1500=1900\text{kg}$$

月平均储存量为：

$$(3000000\times6+800000\times5+280000\times3+1200000\times6+3100000\times10)\div(6+5+3+6+10)\approx2034667\text{kg}$$

储存损耗率为：

$$(1900\div2034667)\times100\%\approx0.093\%$$

(二)输转损耗

输转损耗是指油料从某一油罐输往另一油罐时，因油罐大呼吸而产生的油料损失。输转损耗的损耗量和损耗率的计算公式为：

输转损耗量＝付油油罐付出量－收油油罐收入量

输转损耗率＝(输转损耗量÷付油油罐付出量)×100%

例4－3－2 两油罐间输油，1号罐付油1276402kg，2号罐收到1276286kg。求输转损耗率。

解： 输转损耗量为：1276402－1276286＝116kg

输转损耗率为：(116÷1276402)×100%＝0.0091%

(三)装、卸损耗

装、卸损耗是指油料从油罐装入铁路罐车、油船(驳)、汽车罐车等运输容器内或将油料从运输容器卸入油罐时，因油罐大呼吸及运输容器内油料挥发和黏附而产生的损失。装、卸损耗实际包括装油损耗和卸油损耗两项损耗，但它们的计算方法是一样的。装、卸损耗的损耗量和损耗率的计算公式为：

装、卸油损耗量＝付油容器付出量－收油容器收入量

装、卸油损耗率＝(装、卸油损耗量÷付油容量付出量)×100%

例4－3－3 某油罐从油船卸汽油，油船付出3409612kg，油罐收入3401798kg，损耗标准规定的损耗率为0.20%。损耗量是否超出了定额损耗？

解： 根据规定的损耗率计算定额损耗，可以利用计算损耗率的公式倒过来计算。

定额损耗量为：付油容器付出量×卸油损耗率＝3409612×0.20%≈6819kg

卸油损耗量为：3409612－3401798＝7814kg

损耗量超过了定额损耗。

例4－3－4 某油罐向油船装油1839724kg，损耗标准规定的损耗率为0.07%，求损耗量。

解： 当运输容器没有容积表或无法提供装置卸量时，可以按定额损耗计算损耗量。

损耗量为：1839724×0.07%≈1288kg

(四)灌桶损耗

灌桶损耗是指灌桶过程中油料的蒸发损失。灌桶损耗的损耗量和损耗率的计算公式为：

灌桶损耗量＝油罐付出量－油桶收入量

灌桶损耗率＝(灌桶损耗量÷油罐付出量)×100%

二、运输损耗

运输损耗是指从发货点装入车、船起，至车、船到达卸货点止，整个运输过程中发生的损耗。运输损耗包括铁路罐车和公路运输损耗、水上运输损耗等两项损耗。

(一)铁路罐车和公路运输损耗

铁路罐车和公路运输损耗是指油料装车计量后至收站计量验收止，运输途中发生的损耗。这项损耗的损耗量和损耗率的计算公式为：

运输损耗量 = 起运前罐车计量数 - 卸货前罐车计量数

运输损耗率 = (运输损耗量 ÷ 起运前罐车计量数) × 100%

公式中的罐车计量数，是指用铁路罐车或油罐汽车作为计量器具交接时，直接在罐车中计量的数据。如果不是用罐车而是用储油罐等计量交接的，那么在计算时必须把定额保管损耗的有关损耗量计算进去。

(1)发货装车时是用储油罐或流量计计量的：

起运前罐车计量数 = 油罐(或流量计)计量数 - 装车定额损耗量

装车定额损耗量 = 油罐(或流量计)计量数 × 装车定额损耗率

即：起运前罐车计量数 = 油罐(或流量计)计量数 × (1 - 装车定额损耗率)

(2)收站卸车后用储油罐计量的：

卸货前罐车计量数 = 油罐计量数 + 卸车定额损耗量

卸车定额损耗量 = 油罐计量数 × 卸车定额损耗率

(3)收站卸车时用桶装接卸计量的：

卸货前罐车计量数 = 桶装过磅净油量 + 卸车定额损耗量 + 灌桶定额损耗量

卸车定额损耗量 = 桶装净油量 × 卸车定额损耗率

灌桶定额损耗量 = 桶装净油量 × 灌桶定额损耗率

(2)和(3)中卸货前罐车计量数的计算，都可以用(1)中的方法予以简化。

☆ 例 4-3-5 用铁路罐车装运一批柴油，起运前罐车计量数为 208372kg，到达后罐车计量数 208150kg，标准规定的定额损耗率为 0.12%，运输损耗是否超过了定额损耗？

解： 运输损耗量为：208372 - 208150 = 222kg

运输损耗率为：222 ÷ 208372 × 100% = 0.10% < 0.12%

运输损耗未超过定额损耗。

☆ 例 4-3-6 用油罐汽车装运汽油，起运前经储油罐计量装车数为 9845kg，到达后经储油罐计量为9812kg，装车定额损耗率为0.08%，卸车定额损耗率为0.20%。求运输损耗率。

解：起运前罐车计量数为：9845×(1－0.08%)≈9837kg

卸货前罐车计量数为：9812×(1＋0.20%)≈9832kg

运输损耗量为：9837－9832＝5kg

运输损耗率为：(5÷9837)×100%＝0.05%

在计算运输损耗时，对同一批同一种油料来说，计算公式中的罐车计量数指的是整批油料的总和。如果这批油料由多辆罐车分装，则每辆罐车单独计量后，一般将计量数相加以计算运输损耗。

(二)水上运输损耗

水上运输损耗是指油料装入油轮、油驳起，至油轮、油驳到达卸货点止，整个运输过程中发生的损耗。因为目前油驳计量仍存在一定的困难，所以水上运输在计算装卸数量时，都是以岸罐计量数为准。计算水上运输损耗量也是通过油罐计量数计算的，计算公式为：

水上运输损耗量＝发货量－收货量

发货量＝发油油罐计量数－装船定额损耗量

收货量＝收油罐收入量＋卸船定额损耗量

卸货时如果是通过油驳转运入库的，收货量的计算公式为：

收货量＝收油罐收入量＋2×卸船定额损耗量＋短途运输损耗量

短途运输损耗量指的是用里程500km以下的定额水运运输损耗率乘油罐收入量计算出来的运输损耗量。

运输损耗率＝(运输损耗量÷发货量)×100%

例4－3－7　用油轮装运柴油，装货时油罐计量数为3936051kg，到达后用油驳转运入库，油罐收到量为3910255kg，装船定额损耗率为0.01%，卸船定额损耗率0.05%。水运定额损耗率为0.15%，求运输损耗率。

解：发货量为：3936051×(1－0.01%)≈3935657kg

收货量为：3910255×(1＋2×0.05%＋0.15%)≈3920031kg

运输损耗量为：3935657－3920031＝15626kg

运输损耗率为：(15626÷3935657)×100%≈0.39%

三、零售损耗

零售损耗是指零售商店、加油站在小批量付油过程和保管过程中发生的油料损失。零售损耗的损耗量和损耗率的计算公式为：

零售损耗量 = 月初库存量 + 本月入库量 − 本月出库量 − 月末库存量

零售损耗率 = (当月零售损耗量 ÷ 当月付出量) × 100%

第四节　油料的损耗标准

油料损耗的计算应按 GB 11085《散装液态石油产品损耗》和 GJB 1178《军用液态石油产品自然损耗》进行。军队内部交接计量油料损耗通常按 GJB 1178 执行；军地之间交接计量油料损耗按 GB 11085 执行。本节仅对《军用液态石油产品自然损耗》标准的使用作简单介绍，它是军用液态石油产品在储存、装卸及运输作业中计算自然损耗的依据。

一、按地区划分

按照自然地理位置把国内各省、自治区、直辖市划分为北部地区、中部地区和南部地区。

(一) 北部地区

辽宁省、吉林省、黑龙江省、陕西省、甘肃省、宁夏回族自治区、新疆维吾尔自治区。

(二) 中部地区

北京市、天津市、重庆市、河北省、山西省、内蒙古自治区、河南省、山东省、四川省、贵州省、云南省、西藏自治区。

(三) 南部地区

上海市、江苏省、安徽省、浙江省、江西省、福建省、台湾地区、湖北省、湖南省、广东省、海南省、广西壮族自治区。

二、按季节划分

按照季节，把国内各省、自治区、直辖市划分为北部地区、中部地区和南部地区。

(一) 北部地区

每年六月至十月为夏秋季，其余月份为春冬季。

(二) 中部和南部地区

每年五月至十月为夏秋季，其余月份为春冬季。

三、自然损耗率

自然损耗率是指油料在某一作业过程中的自然损耗量与参与该项总重量之百分比。

(一) 储存自然损耗率和储存自然损耗量修正

1. 储存自然损耗率

储存自然损耗率按月计算，为月储存自然损耗量与月平均储存量之百分比。月储存自然损耗量是该月内日储存自然损耗量之和；月平均储存量是该月内日储存之和除以该月的实际储存天数。GJB 1178－91 确定的月储存自然损耗率如表 4－4－1 所示。

表 4－4－1 储存自然损耗率 %

<table>
<tr><th rowspan="3">地区</th><th colspan="3">露天罐</th><th colspan="2">隐蔽罐、浮顶罐、卧式罐</th><th>不分罐型</th></tr>
<tr><th colspan="2">航空汽油
洗涤汽油
车用汽油</th><th rowspan="2">喷气燃料
军用柴油
轻柴油</th><th rowspan="2">航空汽油
洗涤汽油
车用汽油</th><th rowspan="2">喷气燃料
军用柴油
轻柴油</th><th rowspan="2">军舰用燃料油
润滑油</th></tr>
<tr><th>春冬季</th><th>夏秋季</th></tr>
<tr><td>北部</td><td>0.030</td><td>0.090</td><td rowspan="3">0.010</td><td rowspan="3">0.010</td><td rowspan="3">0.005</td><td rowspan="3">0.003</td></tr>
<tr><td>中部</td><td>0.040</td><td>0.120</td></tr>
<tr><td>南部</td><td>0.100</td><td>0.200</td></tr>
</table>

注：桶装油料的储存损耗率忽略不计

2. 储存自然损耗量修正

储存自然损耗量应根据驻地海拔高度进行修正，其修正系数如表 4－4－2 所示。

表 4－4－2 储存自然损耗量修正系数

海拔高度/m	修正系数
1000 以下	1.00
1001～2000	1.20
2001～3000	1.34
3001～4000	1.53
4001 以上	1.83

(二)装车(船)自然损耗率

装车(船)自然损耗率是装车(船)自然损耗量与油罐发出量之百分比。装车(船)自然损耗量是在装油过程中装油系统及放空系统自然损耗量之和。GJB 1178—91 确定的装车(船)自然损耗率如表 4－4－3 所示。

表 4－4－3　装车(船)自然损耗率　　%

<table>
<tr><th rowspan="2">地区</th><th colspan="3">船空汽油、洗涤汽油、车用汽油</th><th>喷气燃料
军用柴油
轻柴油</th><th>军舰用燃料油
润滑油</th></tr>
<tr><th>铁路罐车</th><th>汽车罐车、桶</th><th>油轮、油驳</th><th>不分容器</th><th>不分容器</th></tr>
<tr><td>北部</td><td>0. 080</td><td>0. 060</td><td rowspan="3">0. 070</td><td rowspan="3">0. 010</td><td rowspan="3">0. 005</td></tr>
<tr><td>中部</td><td>0. 130</td><td>0. 080</td></tr>
<tr><td>南部</td><td>0. 170</td><td>0. 100</td></tr>
</table>

(三)卸车(船)自然损耗率

卸车(船)自然损耗率是卸车(船)自然损耗量与车(船)载油量之百分比。卸车(船)自然损耗量是在卸油过程中卸油系统及放空系统自然损耗量之和;车(船)载油量是库(站)接车(船)时实测载油量。GJB 1178—91 确定的卸车(船)自然损耗率如表 4－4－4 所示。

表 4－4－4　卸车(船)自然损耗率　　%

<table>
<tr><th rowspan="2">地区</th><th colspan="2">航空汽油、洗涤汽油、车用汽油</th><th>喷气燃料、
军用柴油、
轻柴油</th><th>军舰用燃料油、
润滑油</th></tr>
<tr><th>浮顶罐</th><th>其他罐</th><th>不分罐型</th><th>不分罐型</th></tr>
<tr><td>北部</td><td rowspan="3">0. 010</td><td>0. 120</td><td rowspan="3">0. 050</td><td rowspan="3">0. 040</td></tr>
<tr><td>中部</td><td>0. 180</td></tr>
<tr><td>南部</td><td>0. 200</td></tr>
</table>

(四)运输自然损耗率

运输自然损耗率是车(船)运输的自然损耗量与发运前载油量之百分比。一批发运两个(含)以上车(船),自然损耗量为各车(船)自然损耗量之和;发运前载油量为各车(船)发运前实测载油量之和。GJB 1178—91 确定的自然运输损耗率如表 4－4－5 所示。

表 4-4-5　运输自然损耗率　　%

<table>
<tr><th>运输方式</th><th>运输里程/km</th><th>航空汽油
洗涤汽油
车用汽油</th><th>喷气燃料
军用柴油
轻柴油</th><th>军舰用燃料油
润滑油</th></tr>
<tr><td rowspan="4">公路</td><td>50 以下</td><td colspan="3">0.010</td></tr>
<tr><td>51 ~ 500</td><td>0.100</td><td>0.050</td><td rowspan="3">0.040</td></tr>
<tr><td>501 ~ 1000</td><td>0.200</td><td>0.100</td></tr>
<tr><td>1001 以上</td><td>0.300</td><td>0.150</td></tr>
<tr><td rowspan="3">铁路</td><td>500 以下</td><td>0.160</td><td rowspan="3">0.120</td><td rowspan="3">0.060</td></tr>
<tr><td>501 ~ 1500</td><td>0.240</td></tr>
<tr><td>1501 以上</td><td>0.280</td></tr>
<tr><td rowspan="3">水路</td><td>500 以下</td><td>0.240</td><td rowspan="3">0.150</td><td rowspan="3">0.075</td></tr>
<tr><td>501 ~ 1500</td><td>0.280</td></tr>
<tr><td>1501 以上</td><td>0.360</td></tr>
</table>

注：①水运在途中九天以上，自超过日起，按同种油料露天罐的储存自然损耗率和超过天数计算
②桶装油料的运输自然损耗率忽略不计

(五) 自然损耗量计算

油料月总自然损耗量按下列公式计算：

$$\Delta G = KG_c F_c + G_z F_z + G_x F_x + G_y F_y$$

式中　ΔG——油料月总自然损耗量，kg；

K——储存自然损耗量修正系数；

G_c——月平均储存量，kg；

F_c——月储存自然损耗率；

G_z——月装油量，kg；

F_c——月储存自然损耗率；

G_x——月卸油量，kg；

F_x——卸车(船)自然损耗率；

G_y——月运油量，kg；

F_y——运输自然损耗率。

第五节　损耗处理

石油成品油损耗处理是一项责任性和技术性很强的工作，也是石油成品油计

量工作的一个很重要的组成部分。计量人员都应掌握其相关标准和要求，在自己的职责范围内，配合做好油料损耗处理工作。

一、职责要求

①计量员要经考核并获得相应级别的合格证书。

②计量员要使用检定合格的计量器具进行成品油计量，并严格按照有关计量标准和规范进行操作，做好计量交接工作。

③在计量操作中做到认真细致，避免不必要的油料损耗，并应积极采取各种降低油料损耗的措施，尽量减少成品油的损耗数量。

④完整、及时、准确地做好各项成品油计量的数据记录，按要求填报有关单据，按规定妥善保存必要的油样和其他有关材料。

⑤发现溢耗后，应按有关标准和要求进行妥善处理，应该核销的予以核销；应该上报的及时上报；需要查明损耗原因的，立即对全部计量工作进行复核和检查，尽快查明原因或协助有关部门查找。

二、油料损耗的处理原则

油料损耗的处理原则是：一切损耗的处理必须实事求是，有依据，有凭证，不得弄虚作假。

具体应注意以下两个方面：

①处理损耗时，要有计量记录，没有凭证，不得任意报损。一切超定额损耗，要查明原因，按财务管理权限规定，成品油的定额损耗必须经油库主管部门负责人认真审查批准后核销。

②出库前所发生的一切损耗，都应由经营单位处理并负担。不得以任何借口转嫁给用户或其他单位。中转代管油料，在保管、收发环节中发生的一切定额损耗，由委托方负担。

三、油料损耗的处理

(一) 保管损耗处理

①保管损耗应根据储存、输转、装卸等作业环节分项统计，按月计算与申报。填报油料损耗(溢余)处理凭证，按月核销。

②由于虚假盈亏造成的超(溢)耗情况，一时难以查找原因，无法确认时，

允许跨月处理，但最多不得超过3个月。

③保管损耗超耗或溢余量超过定额损耗一倍时，应查明原因，写出详细分析报告，经上级主管部门核实原因后，方可核销。

(二)零售损耗处理

①加油站零售损耗根据当月盘点计量结果统计，填报油料损耗(溢余)处理凭证；

②实际损耗超定额时，应查明原因并向上级汇报。

(三)运输损耗处理

①铁路罐车、油轮(驳)运输损耗按批次计算，同批同品种发运的油料溢耗可以相抵，但单车超耗500kg以上时的损耗量应单独计算，不得相抵。铁路、水路运输损耗按收油批次，逐批核销。

②汽车罐车运输的实际损耗每月分品种统计申报，填报油料损耗(溢余)处理凭证，按月核销。

③加油站汽车罐车运输损耗也可与零售损耗一并统计申报。

④运输超耗时按定额申报，超耗量列入待处理，未超耗时按实际损耗申报，定额损耗只做参考量。

⑤收货方负担定额损耗，发货方承受溢余，责任方负担超耗。确定由于承运方责任造成超耗时，超耗量由承运方负担。

⑥整船、整车转运的油料所发生的超耗，责任方承担超耗，查不出原因时，由转运方负担超耗。

⑦运输损耗在扣除定额损耗后，超溢耗部分，应按规定办理索赔。

第六节 损耗原因分析与降低损耗措施

一、损耗原因分析

在损耗管理工作中不能只做简单的计算和差量统计，还应该对计算所得损耗量加以分析、检查，找出其中的虚假成分，使油料计量数据更加合理、准确。

检查不正常的超耗溢余，实际上也是查找计量差错的过程，这可以从油料的体积、温度和密度等三个方面进行。

(一)从油料体积上检查

经过每一道储运环节以后，油料体积的减少量都不应该超出定额损耗所规定的范围。如果体积的变化超过定额损耗所规定的很多，就应该分析原因、查明情况。为发现油料体积变化有无异常或差错，可以在作业前后分别测量参与作业油料的体积和温度，然后根据相应的体积系数 K 或体积温度系数，用国际 GB/T 1885 中规定的公式将油料的体积都换算为标准体积进行比较。也可以根据 K 值或用另一方法计算：设作业前的体积为 V_1，体积系数为 K_1，作业后的体积为 V_2，体积系数为 K_2，则可以求出 $V_2 \times K_2 \div K_1$ 与 V_1 比较，或者求出 $V_1 \times K_1 \div K_2$ 与 V_2 比较。这两种方法是等价的。

体积上发生差错可能有以下各种原因：

(1)容积表不准。

对于储油罐来说，可能是检定数据有差错或编表时有计算错误，也可能是编表方法不当或容积表有缺陷，例如底部容积按均匀变化处理、缺少零位死量、浮顶罐的不可计量段范围偏移、容积表超期使用等。对铁路罐车来说，可能是容积表号标错或查错。在这些情况下，都需要对所用的容积表做仔细的检查和复核。当油料体积存有疑问时，一般总是首先审阅容积表、复核查表数据和油料体积计算过程。

(2)油料测量是否有错。

例如是否动作规范、读数准确、工具完好等。这可以通过复测来检查。

(3)罐底是否存在影响液高测量的变化。

例如计量基准板有移动，计量基准点积有杂物或锈蚀凹陷，罐底受压后有较大的起伏变形等。这些情况，有的可以通过复核总高来发现纠正，有的可能需要经过很细致复杂的检查才能发现。

(4)大油罐作小批量的收发时，将会有较大的误差。

油罐检定的总不确定至少为 0.1%，即使是 $1000m^3$ 的容量，误差也达 $1m^3$ 以上，如果只收发 $100m^3$，误差就是 1%，那就不能允许了。应该提倡尽量用小罐收发小批量油料。

(5)管线中的存油量在作业前后有变化将使计量结果不准。

发油后罐内液面低于管口或因阀门关闭不当会把管线抽空，把应该填充管线的油发了出去(前满后空)；或者原先空的管线被应该发给用户或收进罐内的油料充满(前空后满)。两种情况都会造成计量差错，此时都应判断管线的填充情况并修正计量结果。必要时应该在输油记录单上注明管线状况。较为妥当的做法是在输油作业中进行阀门和油泵操作时注意其启闭次序，在罐中液面接近管口时即停止泵油，避免改变管线中的充满情况。

(6)防止串油。

特别两个以上油罐各自同时有收发作业时，如果发现超差，就应怀疑有串油的可能。

(7)注意检查车船等运输容器中的余油是否卸净。

(8)用浮顶罐计量时要考虑浮顶的起浮状态，并注意液面是否落进不可计量段内。

(9)浮顶罐内的底部积水进入导向管内将会影响测量结果，要注意导向管内外的水高是否一致。

(二)从温度测量上检查

一般情况下，在油料有动态作业的一段时间之内，油料与外界的热交换量比起油料本身的热容量来说是相对较小而可以忽略不计的。因此，当容器里的油料未加入输入的油料时，例如发油时或空容器装油时，油温变化应该是很小的。如果容器里有存油，再输入温度不同的另一批油，此时混合以后的油温应该是原先两批油料温度的加权平均值。如设 t_1、m_1 为存油的温度和质量，t_2、m_2 为进油的温度和质量，那么混合后的温度应该为：

$$t=(m_1t_1+m_2t_2)/(m_1+m_2)$$

如果油温与上述情况相差较大，就应该检查是否存在差错或特殊情况，进行必要的处理。

油温上发生差错可能有以下原因：

①读错温度或提起、读数的速度太慢；

②温度计失准(如水银柱断裂、玻璃破裂、超期使用等)；

③温度计未放在规定的测温位置进行测量；

④未使用或者未正确使用温度计证书上给出的修正值；

⑤量油口是否开在不适当的位置，例如量油口离罐壁太近而使测得的温度受到外界太大的影响，不能反映罐内真实的温度；

⑥必要时可以分层、多点测量油温，这样就可以在罐内油温有分层现象时测得具有代表性的温度。

(三)从密度上检查

与油温的情况类似，容器里的油料在没有因收油而增加时，其密度不应有明显的变化。收油以后，则可以计算两批油料的混合密度即密度的加权平均值，再与实测密度进行比较。如设 d_1、V_1 为存油的密度和体积，d_2、V_2 为进油的密度和体积，那么混合密度应该为：

$$d=(V_1d_1+V_2d_2)/(V_1+V_2)$$

发现密度有较大的差异时，也需要进行检查，找出原因并加以修正。油料密度发生差错可能有以下原因：

①测密度时读数错误或未按规定方法操作。

②密度计失准(如密度计压载室有裂痕、分度纸移动、超期使用等)。

③未使用或者未正确使用密度计证书上给出的修正值。

④测密度用的油样未在规定的部位进行采集。

⑤罐内油料是否有密度分层现象。发现密度有差异时，如果没有其他明显的原因，一般都须进行分层采样，以检查是否密度分层并据以计算罐内油料的真实密度。分层采样的分层间隔以不大于1m或更小为好，各层油样必须分别进行密度测量后再取平均。

二、降低损耗的措施

降低油料损耗，主要依靠在储运工作中科学、合理地进行管理和操作，按照损耗发生的规律采用适当的降耗措施，加强工作责任心，防止产生不应出现的额外损耗。在实际工作中已经总结出了许多有效的降耗措施，我们可以结合本单位的具体情况采用相应的措施，把损耗降到最低程度。

油料损耗数量的大小，除了与容器和操作质量不良而产生的残漏损耗有关之外，还分别与油罐经大小呼吸排出罐外的混合气数量以及混合气中油蒸气的浓度成正比。残漏量、排气量和油蒸气浓度，这三者的数量越大，损耗量也就越大。因此，制定有效可行的降耗措施，可以从这三个方面加以考虑。根据各项措施所属的操作范围，可分为以下几类。

(一)减少操作环节，合理使用油罐

在油料运输中往往多一次装卸就会多一次大呼吸损耗，因此应尽量减少中间环节，提倡直达运输和就炼厂、就车站码头、就车船和就油库的“四就”直拨业务。

每次输转都会产生大量的损耗，应该将输转的次数减少到最低限度。油库应加强对油罐的计划管理，合理使用油罐，尽量避免不必要的倒换油罐。

油罐中的气体空间越大，油料的蒸发量就越大，要尽量减少储油罐中的空容量。应该合理制定油料的储运计划，可能时尽量实行并罐储存，保持储存罐有较高的装满程度。

（二）合理安排储运作业，减少呼吸损耗

油罐小呼吸几乎每天都要进行，可以利用大呼吸的吸气和排气冲抵小呼吸的排气和吸气。

油罐发油可以安排在当温度升高油罐要排气时进行，用发油来减小罐内升高的压力，就可少排或不排气，以减少损耗量。同样，在温度降低油罐要吸气时安排收油，就可以少吸进新鲜空气，也可减少油料的蒸发量。

即使是不可避免的大呼吸排气，也可尽量减少排气中油蒸气的浓度。油料蒸发达到饱和程度是需要一定时间的，因此可以在发油后尽快安排收油，让发油后吸进的新鲜空气中油蒸气还不多的时候被排出去，使损耗不至于太大。

（三）利用附属设备，减少呼吸损耗

提倡使用浮顶罐。浮顶罐内液面上的气体空间很小，油料几乎没有蒸发，也几乎不排气，呼吸损耗也就极小。用浮顶罐储存易蒸发的油料，是降低损耗的有力措施。

较大的油库，可以用管线把一些承压相同、储存油料也相同的油罐的气体空间连接起来，使需要排气的油罐排出的油气通过管线进入压力降低需要吸气的油罐，以减少排出罐外的油气。

有条件的油库，可以建立集气罐，收集油罐排出的气体以便再重新送回油罐，使油气完全不排向大气，彻底杜绝呼吸损耗。

安装呼吸阀挡板也是一种简单有效的降耗措施。它是一块比呼吸阀在罐内的开口面积稍大的薄金属板，固定在呼吸阀罐内开口的前方。挡板使经呼吸阀吸进来的新鲜空气流速降低，而且只沿着罐顶向四周扩散，使空气不至于直冲罐内而引起罐内气体的强烈上下对流。这样就使空气只稀释了最上部的油气，不会冲淡整个油气空间而使油料蒸发加剧。即使再排气，首先被排出的也只是最上部油气浓度较低的混合气。这样就减少了损耗。

还原吸收器内部装有多层活性炭或其他吸附剂，安装在呼吸阀的外端。油罐排气中的油蒸气可以被吸附剂吸附而不排向大气。油罐吸气时，新鲜空气经过吸附剂时又可将部分被吸附的油蒸气带回罐内，增加了罐内的油蒸气浓度，减缓油料的蒸发。

还可以在油面上设置某种覆盖层阻止油料的蒸发。一类是由微型空心塑料球组成的泡沫覆盖层，使用在原油之类的不会沸腾的油料上，可以使蒸发大幅度减少。另一类是加在油面上的一层密度很小的表面活性剂，可以提高油料的表面张力，使油料难以蒸发。但这一类方法目前还只见于国外的报道。

(四)降低油罐温度，减少蒸发损耗

地下罐、山洞罐和覆土罐不受阳光照射，与大气接触也较少，因此温度变化很小。在这些罐中储存易蒸发的油料，损耗就很小。对地面钢板罐也可以采用类似方法，例如在罐顶和侧壁铺挂石棉水泥板，形成空气夹层，可起到遮蔽和隔热作用，明显地减小油罐呼吸。

油罐表面的涂料颜色对降温和损耗起着重要的作用。白色或银色的涂料可以有效地反射太阳的热辐射，使罐内温度较低，油罐小呼吸和油料蒸发量也就比较少。而灰色或深色的涂料，损耗量相对就比较大。

淋水降温是一项有效的措施。一般日出不久温度上升时就应开始淋水降温，直到气温下降油罐不再会排气时停止。为防止罐内温度波动而增大损耗，淋水中间不应中断，也不能断续淋水。对于油罐表面涂漆良好、水源便利、排水通畅的库区来说，特别在高温季节，应该坚持使用淋水降温。

(五)保持设备状态完好

油罐及其附属设备的孔隙处的跑气和渗漏造成的损耗是不能忽视的。应该注意油罐设备的密封程度及锈蚀和损坏，经常维护保养，保持其技术状态完好。经常需要检查的地方包括计量口、呼吸阀、泡沫室、与罐内相通的自动化装置及其他附件、油泵、阀门、鹤管、法兰、油嘴等。

有清罐机会时，还应检查底板的情况，及时发现损坏和渗漏。

呼吸阀必须按时检查保养，保持正负压适度，密封良好，阀盘灵活有效。

使用油桶、油罐车、油轮、油驳等其他油料储运容器时，也应检查其技术状况是否良好，有无渗漏或呼吸阀失灵现象，以免发生残漏损耗。

(六)用好计量口，避免大量呼吸损耗

当油罐内外压力差较大时开启计量口盖，将会排出或吸进大量气体，损耗极大，应该尽量避免。计量或采样工作应安排在内外压差较小时进行，一般可在清晨、傍晚或者是小呼吸刚排完气的时候进行较好。

除非作业必需，否则不应随意打开计量口盖、透光孔或取下呼吸阀阀盘。油罐在收发油时，只要罐内的压强处于呼吸阀控制的范围之内，就应该用呼吸阀呼吸，不能为了方便而让计量口一直开启着。

(七)认真操作，防止发生滴洒残漏

油罐收油及装车装船时，必须密切注意监控装油高度，防止溢油。使用鹤管等设备装油时，应避免油液滴洒喷溅。鹤管应该插至罐车底部放油，或者采取下部装油。

接卸车船时，要将容器底部余油卸尽。接卸人员应注意检视，防止油液残留。油驳卸完后，具备冲舱条件的，最好进行冲舱。

对于整装油料，在灌桶和倒桶时要精心操作，桶盖须旋紧，不可滴洒或冒溢。回空的油桶，也要将桶底余油倒空、沥尽。

练习题

1. 油料损耗的原因有哪些？
2. 为什么要降低并避免油料损耗？
3. 油料损耗是如何分类的？
4. 哪些因素影响了蒸发损耗的大小？
5. 蒸发损耗有哪几类？
6. 简述小呼吸损耗的发生过程。
7. 简述大呼吸损耗的发生过程。
8. 按作业环节可以将损耗分为哪几类？
9. 怎样计算储存损耗？
10. 1#罐付油2029043kg，2#罐收到2025857kg，求输转损耗率。
11. 某罐从油船卸柴油，油船付出6803962kg，油罐收到6801280kg，损耗数量是否超出了标准规定？
12. 铁路罐车运送一批汽油，起运前罐车计量数为361972kg，到达后罐车计量数为361305kg，若定额损耗率为0.16%，是否发生超耗？
13. 用油轮装运汽油，发货罐发出量为3370182kg，卸货点收到量为3347906kg，若装船定额损耗率为0.07%，卸船定额损耗率为0.20%，运输定额损耗率为0.36%，是否发生超耗？
14. 油料损耗的大小与损耗中的哪些因素直接有关？
15. 列举一些可降低油料损耗的措施。
16. 怎样判别有无计量差错？
17. 列举一些计量中发生差错的可能原因。

附录一　教学用表

表1　立式罐容积表

罐号：108 参照高度：12.862m 国检容(上)79 第059号

高度/m	容积/L	高度/m	容积/L	高度/m	容积/L	高度/m	容积/L
0.10	58163	3.10	1358204	6.10	2653878	9.10	3946386
0.20	101540	3.20	1401488	6.20	2697008	9.20	3989413
0.30	144916	3.30	1444772	6.30	2740137	9.30	4032439
0.40	188293	3.40	1488057	6.20	2783267	9.40	4075466
0.50	231670	3.50	1531326	6.50	2826396	9.50	4118492
0.60	275046	3.60	1574525	6.60	2869526	9.60	4161519
0.70	318423	3.70	1617725	6.70	2912655	9.70	4204540
0.80	361799	3.80	1660924	6.80	2955785	9.80	4247522
0.90	405176	3.90	1704124	6.90	2998915	9.90	4290505
1.00	448553	4.00	1747323	7.00	3042016	10.00	4333487
1.10	491929	4.10	1790523	7.10	3085090	10.10	4376470
1.20	535306	4.20	1833722	7.20	3128165	10.20	4419452
1.30	578682	4.30	1876922	7.30	3171239	10.30	4462434
1.40	622059	4.40	1920121	7.40	3214313	10.40	4505417
1.50	665439	4.50	1963321	7.50	3257388	10.50	4548399
1.60	708812	4.60	2006521	7.60	3300462	10.60	4591382
1.70	752189	4.70	2049720	7.70	3343536	10.70	4634354
1.80	795507	4.80	2092920	7.80	3386611	10.80	4677270
1.90	838792	4.90	2136119	7.90	3429685	10.90	4720187
2.00	882076	5.00	2179319	8.00	3472759	11.00	4763103
2.10	925360	5.10	2222518	8.10	3515834	11.10	4806019
2.20	968645	5.20	2265712	8.20	3558908	11.20	4848935
2.30	1011929	5.30	2308842	8.30	3601982	11.30	4891852
2.40	1055213	5.40	2351971	8.40	3645057	11.40	4934768
2.50	1098498	5.50	2395101	8.50	3688131	11.50	4977684
2.60	1141782	5.60	2438230	8.60	3731205	11.60	5020601
2.70	1185066	5.70	2481360	8.70	3774280	11.70	5063517
2.80	1228351	5.80	2524489	8.80	3817307	11.80	5106433
2.90	1271635	5.90	2567619	8.90	3860333	11.90	5149349
3.00	1314919	6.00	2610749	9.00	3903360	12.00	5192266

表 1　（附件一　立式罐小数表）

罐号：108 国检容(上)79 第059 号

0. 001 ~0. 080m				0. 081 ~1. 737m				1. 738 ~3. 482m			
cm	容积	mm	容积	cm	容积	mm	容积	cm	容积	mm	容积
1	18963	1		1	4338	1	434	1	4328	1	433
2	22663	2		2	8675	2	868	2	8657	2	866
3	26825	3		3	13013	3	1301	3	12985	3	1299
4	30523	4		4	17351	4	1735	4	17314	4	1731
5	37000	5		5	21688	5	2169	5	21642	5	2164
6	40700	6		6	26026	6	2603	6	25971	6	2597
7	44863	7		7	30364	7	3036	7	30299	7	3030
8	49488	8		8	34701	8	3470	8	34627	8	3463
9		9		9	39039	9	3904	9	38956	9	3896

0. 483 ~5. 192m				5. 193 ~6. 949m				6. 950 ~8. 701m			
cm	容积	mm	容积	cm	容积	mm	容积	cm	容积	mm	容积
1	4320	1	432	1	4313	1	431	1	4307	1	431
2	8640	2	864	2	8626	2	863	2	8615	2	861
3	12960	3	1296	3	12939	3	1294	3	12922	3	1292
4	17280	4	1728	4	17252	4	1725	4	17230	4	1723
5	21600	5	2160	5	21565	5	2156	5	21537	5	2154
6	25920	6	2592	6	25878	6	2588	6	25845	6	2584
7	30240	7	3024	7	30191	7	3019	7	30152	7	3015
8	34560	8	3456	8	34504	8	3450	8	34459	8	3440
9	38880	9	3888	9	38817	9	3882	9	38767	9	3877

8. 702 ~9. 688m				9. 689 ~10. 685m				10. 686m 以上			
cm	容积	mm	容积	cm	容积	mm	容积	cm	容积	mm	容积
1	4303	1	430	1	4298	1	430	1	4292	1	429
2	8605	2	861	2	8596	2	860	2	8583	2	858
3	12908	3	1291	3	12895	3	1289	3	12875	3	1287
4	17211	4	1721	4	17193	4	1719	4	17167	4	1717
5	21513	5	2151	5	21491	5	2149	5	21458	5	2146
6	25816	6	2582	6	25789	6	2579	6	25750	6	2575
7	30119	7	3012	7	30088	7	3009	7	30041	7	3004
8	34421	8	3442	8	34386	8	3439	8	34333	8	3433
9	38724	9	3872	9	38684	9	3868	9	38625	9	3862

表1(附件二　静压力修正表)

罐号：108 国检容(上)79 第059号

	0	1	2	3	4	5	6	7	8	9
1	21	27	34	40	46	53	59	65	71	78
2	84	95	107	118	130	141	152	164	175	187
3	198	214	230	247	263	279	295	311	328	344
4	360	381	402	423	444	465	486	507	528	549
5	570	598	626	654	682	710	738	766	794	822
6	850	884	919	953	988	1022	1056	1091	1125	1160
7	1194	1234	1275	1315	1355	1396	1436	1476	1516	1557
8	1597	1644	1691	1738	1785	1832	1879	1926	1973	2020
9	2067	2124	1281	2238	2295	2352	2409	2466	2523	2580
10	2637	2705	2773	2840	2908	2976	3044	3112	3179	3247
11	3315	3389	3462	3536	3609	3683	3757	3830	3904	3977
12	4051									

表2 立式金属罐容积表

罐号：423　　液体密度：kg/m³　　参照高度：14.007m

高度/m	容积/kL	高度/m	容积/kL	高度/m	容积/kL
0.00	0.000	0.40	60.579	0.80	125.965
0.01	1.217	0.41	62.148	0.81	127.622
0.02	2.434	0.42	63.716	0.82	129.278
0.03	3.652	0.43	65.285	0.83	130.935
0.04	4.869	0.44	66.854	0.84	132.592
0.05	6.086	0.45	68.423	0.85	134.248
0.06	7.303	0.46	69.991	0.86	135.905
0.07	8.521	0.47	71.560	0.87	137.562
0.08	9.738	0.48	73.129	0.88	139.218
0.09	10.955	0.49	74.698	0.89	140.875
0.10	12.172	0.50	76.266	0.90	142.531
0.11	13.521	0.51	77.923	0.91	144.188
0.12	15.177	0.52	79.580	0.92	145.845
0.13	16.832	0.53	81.236	0.93	147.501
0.14	18.488	0.54	82.893	0.94	149.158
0.15	20.144	0.55	84.549	0.95	150.815
0.16	21.799	0.56	86.206	0.96	152.471
0.17	23.455	0.57	87.863	0.97	154.128
0.18	25.111	0.58	89.519	0.98	155.784
0.19	26.766	0.59	91.176	0.99	157.441
0.20	28.422	0.60	92.833	1.00	159.098
0.21	30.078	0.61	94.489	1.01	160.754
0.22	31.733	0.62	96.146	1.02	162.411
0.23	33.389	0.63	97.802	1.03	164.068
0.24	35.044	0.64	99.459	1.04	165.724
0.25	36.700	0.65	101.116	1.05	167.381
0.26	38.356	0.66	102.772	1.06	169.038
0.27	40.011	0.67	104.429	1.07	170.694
0.28	41.667	0.68	106.086	1.08	172.351
0.29	43.323	0.69	107.742	1.09	174.007
0.30	44.891	0.70	109.399	1.10	175.664
0.31	46.460	0.71	111.055	1.11	177.320
0.32	48.029	0.72	112.712	1.12	178.975
0.33	49.598	0.73	114.369	1.13	180.631
0.34	51.166	0.74	116.025	1.14	182.287
0.35	52.735	0.75	117.682	1.15	183.942
0.36	54.304	0.76	119.339	1.16	185.598
0.37	55.873	0.77	120.995	1.17	187.254
0.38	57.441	0.78	122.652	1.18	188.909
0.39	59.010	0.79	124.309	1.19	190.565

毫米容积表

(0.000 ~ 1.199m)

mm	kL
1	0.166
2	0.331
3	0.497
4	0.662
5	0.828
6	0.993
7	1.159
8	1.325
9	1.490

续表

高度/m	容积/kL	高度/m	容积/kL	高度/m	容积/kL	毫米容积表	
						(1.2000～1.520m)	
						mm	kL
1.20	192.220	1.60	258.443	2.00	324.650	1	0.166
1.21	193.876	1.61	260.098	2.01	326.305	2	0.331
1.22	195.532	1.62	261.753	2.02	327.961	3	0.497
1.23	197.187	1.63	263.408	2.03	329.616	4	0.662
1.24	198.843	1.64	265.063	2.04	331.271	5	0.828
1.25	200.499	1.65	266.719	2.05	332.926	6	0.993
1.26	202.154	1.66	268.374	2.06	334.581	7	1.159
1.27	203.810	1.67	270.029	2.07	336.237	8	1.325
1.28	205.466	1.68	271.684	2.08	337.892	9	1.490
1.29	207.121	1.69	273.339	2.09	339.547	(1.521～2.399m)	
						mm	kL
1.30	208.777	1.70	274.995	2.10	341.202	1	0.166
1.31	210.433	1.71	276.650	2.11	342.857	2	0.331
1.32	212.088	1.72	278.305	2.12	344.513	3	0.497
1.33	213.744	1.73	279.960	2.13	346.168	4	0.662
1.34	215.400	1.74	281.615	2.14	347.823	5	0.828
1.35	217.055	1.75	283.271	2.15	349.478	6	0.993
1.36	218.711	1.76	284.926	2.16	351.133	7	1.159
1.37	200.366	1.77	286.581	2.17	352.788	8	1.324
1.38	222.022	1.78	288.236	2.18	354.444	9	1.490
1.39	223.678	1.79	289.891	2.19	356.099		
1.40	225.333	1.80	291.546	2.20	357.754		
1.41	226.989	1.81	293.202	2.21	359.409		
1.42	228.645	1.82	794.857	2.22	361.064		
1.43	230.300	1.83	296.512	2.23	362.720		
1.44	231.956	1.84	298.167	2.24	364.375		
1.45	233.612	1.85	299.822	2.25	366.030		
1.46	235.267	1.86	301.478	2.26	367.685		
1.47	236.923	1.87	303.133	2.27	369.340		
1.48	238.579	1.88	304.788	2.28	370.996		
1.49	240.234	1.89	306.443	2.29	372.651		
1.50	241.890	1.90	308.098	2.30	374.306		
1.51	243.545	1.91	309.754	2.31	375.961		
1.52	245.201	1.92	311.409	2.32	377.616		
1.53	246.856	1.93	313.064	2.33	379.271		
1.54	248.512	1.94	314.719	2.34	380.927		
1.55	250.167	1.95	316.374	2.35	382.582		
1.56	251.822	1.96	318.029	2.36	384.237		
1.57	253.477	1.97	319.685	2.37	385.892		
1.58	255.132	1.98	321.340	2.38	387.547		
1.59	256.787	1.99	322.995	2.39	389.203		

续表

高度/m	容积/kL	高度/m	容积/kL	高度/m	容积/kL
2.40	390.858	2.80	457.065	3.20	523.255
2.41	392.513	2.81	458.721	3.21	524.908
2.42	394.168	2.82	460.376	3.22	526.562
2.43	395.823	2.83	462.031	3.23	528.216
2.44	397.479	2.84	463.686	3.24	529.870
2.45	399.134	2.85	465.341	3.25	531.523
2.46	400.789	2.86	466.997	3.26	533.177
2.47	402.444	2.87	468.652	3.27	534.831
2.48	404.099	2.88	470.307	3.28	536.485
2.49	405.755	2.89	471.962	3.29	538.139
2.50	407.410	2.90	473.617	3.30	539.792
2.51	409.065	2.91	475.272	3.31	541.446
2.52	410.720	2.92	476.928	3.32	543.100
2.53	412.375	2.93	478.583	3.33	544.754
2.54	414.030	2.94	480.238	3.34	546.407
2.55	415.686	2.95	481.893	3.35	548.061
2.56	417.341	2.96	483.548	3.36	549.715
2.57	418.996	2.97	485.204	3.37	551.369
2.58	420.651	2.98	486.859	3.38	553.023
2.59	422.306	2.99	488.514	3.39	554.676
2.60	423.962	3.00	490.169	3.40	556.330
2.61	425.617	3.01	491.824	3.41	557.984
2.62	427.272	3.02	493.480	3.42	559.638
2.63	428.927	3.03	495.135	3.43	561.291
2.64	430.582	3.04	496.790	3.44	562.945
2.65	432.238	3.05	498.445	3.45	564.599
2.66	433.893	3.06	500.100	3.46	566.253
2.67	435.548	3.07	501.756	3.47	567.907
2.68	437.203	3.08	503.409	3.48	569.560
2.69	438.858	3.09	505.063	3.49	571.214
2.70	440.514	3.10	506.717	3.50	572.868
2.71	442.169	3.11	508.371	3.51	574.522
2.72	443.824	3.12	510.024	3.52	576.175
2.73	445.479	3.13	511.678	3.53	577.829
2.74	447.134	3.14	513.332	3.54	579.483
2.75	448.789	3.15	514.986	3.55	581.137
2.76	450.445	3.16	516.640	3.56	582.791
2.77	452.100	3.17	518.293	3.57	584.444
2.78	453.755	3.18	519.947	3.58	586.098
2.79	455.410	3.19	521.601	3.59	587.752

毫米容积表

毫米容积表	
(2.400～3.070m)	
mm	kL
1	0.166
2	0.331
3	0.497
4	0.662
5	0.828
6	0.993
7	1.159
8	1.324
9	1.490
(3.071～3.599m)	
mm	kL
1	0.165
2	0.331
3	0.496
4	0.662
5	0.827
6	0.992
7	1.158
8	1.323
9	1.488

续表

高度/m	容积/kL	高度/m	容积/kL	高度/m	容积/kL	毫米容积表	
						(3.600~4.055m)	
3.60	589.406	4.00	655.557	4.40	721.642	mm	kL
3.61	591.059	4.01	657.210	4.41	723.294	1	0.165
3.62	592.713	4.02	658.864	4.42	724.945	2	0.331
3.63	594.367	4.03	660.518	4.43	726.597	3	0.496
3.64	596.021	4.04	662.172	4.44	728.249	4	0.662
3.65	597.675	4.05	663.826	4.45	729.901	5	0.827
3.66	599.328	4.06	665.478	4.46	731.553	6	0.992
3.67	600.982	4.07	667.130	4.47	733.205	7	1.158
3.68	602.636	4.08	668.782	4.48	734.857	8	1.323
3.69	604.290	4.09	670.434	4.49	736.508	9	1.488
						(4.056~4.799m)	
3.70	605.943	4.10	672.086	4.50	738.160	mm	kL
3.71	607.597	4.11	673.738	4.51	739.812	1	0.165
3.72	609.251	4.12	675.390	4.52	741.464	2	0.330
3.73	610.905	4.13	677.041	4.53	743.116	3	0.496
3.74	612.559	4.14	678.693	4.54	744.768	4	0.661
3.75	614.212	4.15	680.345	4.55	746.420	5	0.826
3.76	615.866	4.16	681.997	4.56	748.071	6	0.991
3.77	617.520	4.17	683.649	4.57	749.723	7	1.156
3.78	619.174	4.18	685.301	4.58	751.375	8	1.321
3.79	620.827	4.19	686.953	4.59	753.027	9	1.487
3.80	622.481	4.20	688.604	4.60	754.679		
3.81	624.135	4.21	690.256	4.61	756.331		
3.82	625.789	4.22	691.908	4.62	757.983		
3.83	627.443	4.23	693.560	4.63	759.635		
3.84	629.096	4.24	695.212	4.64	761.286		
3.85	630.750	4.25	696.864	4.65	762.938		
3.86	632.404	4.26	698.516	4.66	764.590		
3.87	634.058	4.27	700.168	4.67	766.242		
3.88	635.711	4.28	701.819	4.68	767.894		
3.89	637.365	4.29	703.471	4.69	769.546		
3.90	639.019	4.30	705.123	4.70	771.198		
3.91	640.673	4.31	706.775	4.71	772.849		
3.92	642.396	4.32	708.427	4.72	774.501		
3.93	634.980	4.33	710.079	4.73	776.153		
3.94	645.634	4.34	711.731	4.74	777.805		
3.95	647.288	4.35	713.382	4.75	779.457		
3.96	648.942	4.36	715.034	4.76	781.109		
3.97	650.595	4.37	716.686	4.77	782.761		
3.98	652.249	4.38	718.338	4.78	784.412		
3.99	653.903	4.39	719.990	4.79	786.064		

续表

高度/m	容积/kL	高度/m	容积/kL	高度/m	容积/kL
4.80	787.716	5.20	853.791	5.60	919.865
4.81	789.368	5.21	855.443	5.61	921.517
4.82	791.020	5.22	857.094	5.62	923.169
4.83	792.672	5.23	858.746	5.63	924.821
4.84	794.324	5.24	860.398	5.64	926.473
4.85	795.975	5.25	862.050	5.65	928.124
4.86	797.627	5.26	863.702	5.66	929.776
4.87	799.279	5.27	865.354	5.67	931.428
4.88	800.931	5.28	867.006	5.68	933.080
4.89	802.583	5.29	868.657	5.69	934.732
4.90	804.235	5.30	870.309	5.70	936.384
4.91	805.887	5.31	871.961	5.71	938.036
4.92	807.539	5.32	873.613	5.72	939.687
4.93	809.190	5.33	875.265	5.73	941.339
4.94	810.842	5.34	876.917	5.74	942.991
4.95	812.494	5.35	878.569	5.75	944.643
4.96	814.146	5.36	880.220	5.76	946.295
4.97	815.798	5.37	881.872	5.77	947.947
4.98	817.450	5.38	883.524	5.78	949.599
4.99	819.102	5.39	885.176	5.79	951.251
5.00	820.753	5.40	886.828	5.80	952.902
5.01	822.405	5.41	888.480	5.81	954.554
5.02	824.057	5.42	890.132	5.82	956.206
5.03	825.709	5.43	891.783	5.83	957.858
5.04	827.361	5.44	893.435	5.84	959.510
5.05	829.013	5.45	895.087	5.85	961.162
5.06	830.665	5.46	896.739	5.86	962.814
5.07	832.316	5.47	898.391	5.87	964.465
5.08	833.968	5.48	900.043	5.88	966.117
5.09	835.620	5.49	901.695	5.89	967.769
5.10	837.272	5.50	903.347	5.90	969.421
5.11	838.924	5.51	904.998	5.91	971.073
5.12	840.576	5.52	906.650	5.92	972.725
5.13	842.228	5.53	908.302	5.93	974.377
5.14	843.879	5.54	909.954	5.94	976.028
5.15	845.531	5.55	911.606	5.95	977.680
5.16	847.183	5.56	913.258	5.96	979.332
5.17	848.835	5.57	914.910	5.97	980.984
5.18	850.487	5.58	916.561	5.98	982.636
5.19	852.139	5.59	918.213	5.99	984.288

毫米容积表

(4.800~5.500m) mm	kL	(5.501~5.999m) mm	kL
1	0.165	1	0.165
2	0.330	2	0.330
3	0.496	3	0.496
4	0.661	4	0.661
5	0.826	5	0.826
6	0.991	6	0.991
7	1.156	7	1.156
8	1.321	8	1.321
9	1.487	9	1.487

续表

高度/m	容积/kL	高度/m	容积/kL	高度/m	容积/kL	毫米容积表	
						(6.000～7.105m)	
						mm	kL
6.00	985.940	6.40	1052.104	6.80	1118.089		
6.01	987.591	6.41	1053.666	6.81	1119.740	1	0.165
6.02	989.934	6.42	1055.318	6.82	1121.392	2	0.330
6.03	990.895	6.43	1056.970	6.83	1123.044	3	0.496
6.04	992.547	6.44	1058.622	6.84	1124.696	4	0.661
6.05	994.199	6.45	1060.273	6.85	1126.348	5	0.826
6.06	995.851	6.46	1061.925	6.86	1128.000	6	0.991
6.07	997.503	6.47	1063.577	6.87	1129.652	7	1.156
6.08	999.155	6.48	1065.229	6.88	1131.303	8	1.321
6.09	1000.806	6.49	1066.881	6.89	1132.955	9	1.487
						(7.106～7.199m)	
						mm	kL
6.10	1002.458	6.50	1068.533	6.90	1134.607		
6.11	1004.110	6.51	1070.185	6.91	1136.259	1	0.165
6.12	1005.762	6.52	1071.836	6.92	1137.911	2	0.330
6.13	1007.414	6.53	1073.488	6.93	1139.563	3	0.496
6.14	1009.066	6.54	1075.140	6.94	1141.215	4	0.661
6.15	1010.718	6.55	1076.792	6.95	1142.867	5	0.826
6.16	1012.369	6.56	1078.444	6.96	1144.518	6	0.991
6.17	1014.021	6.57	1080.096	6.97	1146.170	7	1.156
6.18	1015.673	6.58	1081.748	6.98	1147.822	8	1.321
6.19	1017.325	6.59	1083.399	6.99	1149.474	9	1.487
6.20	1018.977	6.60	1085.051	7.00	1151.126		
6.21	1020.629	6.61	1086.703	7.01	1152.778		
6.22	1022.281	6.62	1088.355	7.02	1154.430		
6.23	1023.932	6.63	1090.007	7.03	1156.081		
6.24	1025.584	6.64	1091.659	7.04	1157.733		
6.25	1027.236	6.65	1093.311	7.05	1159.385		
6.26	1028.888	6.66	1094.963	7.06	1161.037		
6.27	1030.540	6.67	1096.614	7.07	1162.689		
6.28	1032.192	6.68	1098.266	7.08	1164.341		
6.29	1033.844	6.69	1099.918	7.09	1165.993		
6.30	1035.495	6.70	1101.570	7.10	1167.644		
6.31	1037.147	6.71	1103.222	7.11	1169.296		
6.32	1038.799	6.72	1104.874	7.12	1170.948		
6.33	1040.451	6.73	1106.526	7.13	1172.600		
6.34	1042.103	6.74	1108.177	7.14	1174.252		
6.35	1043.755	6.75	1109.829	7.15	1175.904		
6.36	1045.407	6.76	1111.481	7.16	1177.556		
6.37	1047.059	6.77	1113.133	7.17	1179.207		
6.38	1048.710	6.78	1114.785	7.18	1180.859		
6.39	1050.362	6.79	1116.437	7.19	1182.511		

续表

高度/m	容积/kL	高度/m	容积/kL	高度/m	容积/kL
7.20	1184.163	7.60	1250.238	8.00	1316.312
7.21	1185.815	7.61	1251.889	8.01	1317.964
7.22	1187.467	7.62	1253.541	8.02	1319.616
7.23	1189.119	7.63	1255.193	8.03	1321.268
7.24	1190.771	6.64	1256.845	8.04	1322.919
7.25	1192.422	7.65	1258.497	8.05	1324.571
7.26	1194.074	7.66	1260.149	8.06	1326.223
7.27	1195.726	7.67	1261.801	8.07	1327.875
7.28	1197.378	7.68	1263.452	8.08	1329.527
7.29	1199.030	7.69	1265.104	8.09	1331.179
7.30	1200.682	7.70	1266.756	8.10	1332.831
7.31	1202.334	7.71	1268.408	8.11	1334.482
7.32	1203.985	7.72	1270.060	8.12	1336.134
7.33	1205.637	7.73	1271.712	8.13	1337.786
7.34	1207.289	7.74	1273.364	8.14	1339.438
7.35	1208.941	7.75	1275.015	8.15	1341.090
7.36	1210.593	7.76	1276.667	8.16	1342.742
7.37	1212.245	7.77	1278.319	8.17	1344.394
7.38	1213.897	7.78	1279.971	8.18	1346.046
7.39	1215.548	7.79	1281.623	8.19	1347.697
7.40	1217.200	7.80	1283.275	8.20	1349.349
7.41	1218.852	7.81	1284.927	8.21	1351.001
7.42	1220.504	7.82	1286.578	8.22	1352.653
7.43	1222.156	7.83	1288.230	8.23	1354.305
7.44	1223.808	7.84	1289.882	8.24	1355.957
7.45	1225.460	7.85	1991.534	8.25	1357.609
7.46	1227.111	7.86	1293.186	8.26	1359.260
7.47	1228.763	7.87	1394.838	8.27	1360.912
7.48	1230.415	7.88	1296.490	8.28	1362.564
7.49	1232.067	7.89	1298.142	8.29	1364.216
7.50	1233.719	7.90	1299.793	8.30	1365.868
7.51	1235.371	7.91	1301.445	8.31	1367.520
7.52	1237.023	7.92	1303.097	8.32	1369.172
7.53	1238.675	7.93	1304.749	8.33	1370.823
7.54	1240.326	7.94	1306.401	8.34	1372.475
7.55	1241.978	7.95	1308.053	8.35	1374.127
7.56	1243.630	7.96	1309.705	8.36	1375.779
7.57	1245.282	7.97	1311.356	8.37	1377.431
7.58	1246.934	7.98	1313.008	8.38	1379.083
7.59	1248.586	7.99	1314.660	8.39	1380.735

毫米容积表

(7.200~8.399m)

mm	kL
1	0.165
2	0.330
3	0.496
4	0.661
5	0.826
6	0.991
7	1.156
8	1.371
9	1.487

续表

高度/m	容积/kL	高度/m	容积/kL	高度/m	容积/kL
8.40	1382.386	8.80	1448.461	9.20	1514.535
8.41	1384.038	8.81	1450.113	9.21	1516.187
8.42	1385.690	8.82	1451.765	9.22	1517.839
8.43	1387.342	8.83	1453.417	9.23	1519.491
8.44	1388.994	8.84	1455.068	9.24	1521.143
8.45	1390.646	8.85	1456.720	9.25	1522.795
8.46	1392.298	8.86	1458.372	9.26	1524.447
8.47	1393.950	8.87	1460.024	9.27	1526.098
8.48	1395.601	8.88	1461.676	9.28	1527.750
8.49	1397.253	8.89	1463.328	9.29	1529.402
8.50	1398.905	8.90	1464.980	9.30	1531.054
8.51	1400.557	8.91	1466.631	9.31	1532.706
8.52	1402.209	8.92	1468.283	9.32	1534.358
8.53	1403.861	8.93	1469.935	9.33	1536.010
8.54	1405.513	8.94	1471.587	9.34	1537.662
8.55	1407.164	8.95	1473.239	9.35	1539.313
8.56	1408.816	8.96	1474.891	9.36	1540.965
8.57	1410.468	8.97	1476.543	9.37	1542.617
8.58	1412.120	8.98	1478.194	9.38	1544.269
8.59	1413.772	8.99	1479.846	9.39	1545.921
8.60	1415.424	9.00	1481.498	9.40	1547.573
8.61	1417.076	9.01	1483.150	9.41	1549.225
8.62	1418.727	9.02	1484.802	9.42	1550.876
8.63	1420.379	9.03	1486.454	9.43	1552.528
8.64	1422.031	9.04	1488.106	9.44	1554.180
8.65	1423.683	9.05	1489.758	9.45	1555.832
8.66	1425.335	9.06	1491.409	9.46	1557.484
8.67	1426.987	9.07	1493.061	9.47	1559.136
8.68	1428.639	9.08	1494.713	9.48	1560.788
8.69	1430.290	9.09	1496.365	9.49	1562.439
8.70	1431.942	9.10	1498.017	9.50	1564.091
8.71	1433.594	9.11	1499.669	9.51	1565.743
8.72	1453.246	9.12	1501.321	9.52	1567.395
8.73	1436.898	9.13	1502.972	9.53	1569.047
8.74	1438.550	9.14	1504.624	9.54	1570.699
8.75	1440.202	9.15	1506.276	9.55	1572.351
8.76	1441.854	9.16	1507.928	9.56	1574.002
8.77	1443.505	9.17	1509.580	9.57	1575.654
8.78	1445.157	9.18	1511.232	9.58	1577.306
8.79	1446.809	9.19	1512.884	9.59	1578.958

毫米容积表

(8.400~8.620m)	
mm	kL
1	0.165
2	0.330
3	0.496
4	0.661
5	0.826
6	0.991
7	1.156
8	1.321
9	1.487
(8.621~9.599m)	
mm	kL
1	0.165
2	0.330
3	0.496
4	0.661
5	0.826
6	0.991
7	1.156
8	1.321
9	1.487

续表

高度/m	容积/kL	高度/m	容积/kL	高度/m	容积/kL
9.60	1580.610	10.00	1646.684	10.40	1712.759
9.61	1582.262	10.01	1648.336	10.41	1714.411
9.62	1583.914	10.02	1649.988	10.42	1716.063
9.63	1585.566	10.03	1651.640	10.43	1717.714
9.64	1587.217	10.04	1653.292	10.44	1719.366
9.65	1588.869	10.05	1654.944	10.45	1721.018
9.66	1590.521	10.06	1656.596	10.46	1722.670
9.67	1592.173	10.07	1658.247	10.47	1724.322
9.68	1593.825	10.08	1659.899	10.48	1725.974
9.69	1595.477	10.09	1661.551	10.49	1727.626
9.70	1597.129	10.10	1663.203	10.50	1729.278
9.71	1598.780	10.11	1664.855	10.51	1730.929
9.72	1600.432	10.12	1666.507	10.52	1732.581
9.73	1602.084	10.13	1668.159	10.53	1734.233
9.74	1603.736	10.14	1669.810	10.54	1735.885
9.75	1605.388	10.15	1671.462	10.55	1737.537
9.76	1607.040	10.16	1673.114	10.56	1739.189
9.77	1608.692	10.17	1674.766	10.57	1740.841
9.78	1610.343	10.18	1676.418	10.58	1742.492
9.79	1611.995	10.19	1678.070	10.59	1744.144
9.80	1613.647	10.20	1679.722	10.60	1745.796
9.81	1615.299	10.21	1681.374	10.61	1747.448
9.82	1616.951	10.22	1683.025	10.62	1749.100
9.83	1618.603	10.23	1684.677	10.63	1750.752
9.84	1620.255	10.24	1686.329	10.64	1752.404
9.85	1621.906	10.25	1687.981	10.65	1754.055
9.86	1623.558	10.26	1689.633	10.66	1755.707
9.87	1625.210	10.27	1691.285	10.67	1757.359
9.88	1626.862	10.28	1692.937	10.68	1759.011
9.89	1628.514	10.29	1694.588	10.69	1760.663
9.90	1630.166	10.30	1696.240	10.70	1762.315
9.91	1631.818	10.31	1697.892	10.71	1763.967
9.92	1633.470	10.32	1699.544	10.72	1765.618
9.93	1635.121	10.33	1701.196	10.73	1767.270
9.94	1636.773	10.34	1702.848	10.74	1768.922
9.95	1638.425	10.35	1704.500	10.75	1770.574
9.96	1640.077	10.36	1706.151	10.76	1772.226
9.97	1641.729	10.37	1707.803	10.77	1773.878
9.98	1643.381	10.38	1709.455	10.78	1775.530
9.99	1645.033	10.39	1711.107	10.79	1777.182

毫米容积表	
(9.600～10.120m)	
mm	kL
1	0.165
2	0.330
3	0.496
4	0.661
5	0.826
6	0.991
7	1.156
8	1.321
9	1.487
(10.121～10.799m)	
mm	kL
1	0.165
2	0.330
3	0.496
4	0.661
5	0.826
6	0.991
7	1.156
8	1.321
9	1.487

续表

高度/m	容积/kL	高度/m	容积/kL	高度/m	容积/kL	毫米容积表	
						(10.800～11.720m)	
10.80	1778.833	11.20	1844.908	11.60	1910.982	mm	kL
10.81	1780.485	11.21	1846.560	11.61	1912.634	1	0.165
10.82	1782.137	11.22	1848.212	11.62	1914.286	2	0.330
10.83	1783.789	11.23	1849.863	11.63	1915.938	3	0.496
10.84	1785.441	11.24	1851.515	11.64	1917.590	4	0.661
10.85	1787.093	11.25	1853.167	11.65	1919.242	5	0.826
10.86	1788.745	11.26	1854.819	11.66	1920.893	6	0.991
10.87	1790.396	11.27	1856.471	11.67	1922.545	7	1.156
10.88	1792.048	11.28	1858.123	11.68	1924.197	8	1.321
10.89	1793.700	11.29	1859.775	11.69	1925.849	9	1.487
						(11.721～11.999m)	
10.90	1795.352	11.30	1861.426	11.70	1927.501	mm	kL
10.91	1797.004	11.31	1863.078	11.71	1929.153	1	0.165
10.92	1798.656	11.32	1864.730	11.72	1930.805	2	0.330
10.93	1800.308	11.33	1866.382	11.73	1932.457	3	0.496
10.94	1801.959	11.34	1868.034	11.74	1934.108	4	0.661
10.95	1803.611	11.35	1869.686	11.75	1835.760	5	0.826
10.96	1805.263	11.36	1871.338	11.76	1937.412	6	0.991
10.97	1806.915	11.37	1872.989	11.77	1939.064	7	1.156
10.98	1808.567	11.38	1874.641	11.78	1940.716	8	1.321
10.99	1810.219	11.39	1876.293	11.79	1942.368	9	1.487
11.00	1811.871	11.40	1877.945	11.80	1944.020		
11.01	1813.522	11.41	1879.597	11.81	1945.671		
11.02	1815.174	11.42	1881.249	11.82	1947.323		
11.03	1816.826	11.43	1882.901	11.83	1948.975		
11.04	1818.478	11.44	1884.553	11.84	1950.627		
11.05	1820.130	11.45	1886.204	11.85	1952.279		
11.06	1821.782	11.46	1887.856	11.86	1953.931		
11.07	1823.434	11.47	1889.508	11.87	1955.583		
11.08	1825.085	11.48	1891.160	11.88	1957.234		
11.09	1826.737	11.49	1892.812	11.89	1958.886		
11.10	1828.389	11.50	1894.464	11.90	1960.538		
11.11	1830.041	11.51	1896.116	11.91	1962.190		
11.12	1831.693	11.52	1897.767	11.92	1963.842		
11.13	1833.345	11.53	1899.419	11.93	1965.494		
11.14	1834.997	11.54	1901.071	11.94	1967.146		
11.15	1836.649	11.55	1902.723	11.95	1968.797		
11.16	1838.300	11.56	1904.375	11.96	1970.449		
11.17	1839.952	11.57	1906.027	11.97	1972.101		
11.18	1841.604	11.58	1907.679	11.98	1973.753		
11.19	1843.256	11.59	1909.330	11.99	1975.405		

续表

高度/m	容积/kL	高度/m	容积/kL	高度/m	容积/kL
12.00	1977.057	12.40	2043.131	12.80	2109.206
12.01	1978.709	12.41	2044.783	12.81	2110.858
12.02	1980.361	12.42	2046.435	12.82	2112.509
12.03	1982.012	12.43	2048.087	12.83	2114.161
12.04	1983.664	12.44	2049.739	12.84	2115.813
12.05	1985.316	12.45	2051.391	12.85	2117.465
12.06	1986.968	12.46	2053.042	12.86	2119.117
12.07	1988.620	12.47	2054.694	12.87	2120.769
12.08	1990.272	12.48	2056.346	12.88	2122.421
12.09	1991.924	12.49	2057.998	12.89	2124.073
12.10	1993.575	12.50	2059.650	12.90	2125.724
12.11	1995.227	12.51	2061.302	12.91	2127.376
12.12	1996.879	12.52	2062.954	12.92	2129.028
12.13	1998.531	12.53	2064.605	12.93	2130.680
12.14	2000.183	12.54	2066.257	12.94	2132.332
12.15	2001.835	12.55	2067.909	12.95	2133.984
12.16	2003.487	12.56	2069.561	12.96	2135.636
12.17	2005.138	12.57	2071.213	12.97	2137.287
12.18	2006.790	12.58	2072.865	12.98	2138.939
12.19	2008.442	12.59	2074.517	12.99	2140.591
12.20	2010.094	12.60	2076.169	13.00	2142.243
12.21	2011.746	12.61	2077.820	13.01	2143.895
12.22	2013.398	12.62	2079.472	13.02	2145.547
12.23	2015.050	12.63	2081.124	13.03	2147.199
12.24	2016.701	12.64	2082.776	13.04	2148.850
12.25	2018.353	12.65	2084.428	13.05	2150.502
12.26	2020.005	12.66	2086.080	13.06	2152.154
12.27	2021.657	12.67	2087.732	13.07	2153.806
12.28	2023.309	12.68	2089.383	13.08	2155.458
12.29	2024.961	12.69	2091.035	13.09	2157.110
12.30	2026.613	12.70	2092.687	13.10	2158.762
12.31	2028.265	12.71	2094.339	13.11	2160.413
12.32	2029.916	12.72	2095.991	13.12	2162.065
12.33	2031.568	12.73	2097.643	13.13	2163.717
12.34	2033.220	12.74	2099.295	13.14	2165.369
12.35	2034.872	12.75	2100.946	13.15	2167.021
12.36	2036.524	12.76	2102.598	13.16	2168.673
12.37	2038.176	12.77	2104.250	13.17	2170.325
12.38	2039.828	12.78	2105.902	13.18	2171.977
12.39	2041.479	12.79	2107.554	13.19	2173.628

毫米容积表

(12.000~13.199m)

mm	kL
1	0.165
2	0.330
3	0.496
4	0.661
5	0.826
6	0.991
7	1.156
8	1.321
9	1.487

续表

高度/m	容积/kL	高度/m	容积/kL	高度/m	容积/kL	毫米容积表	
						(13.200~13.330m)	
						mm	kL
13.20	2175.280	13.30	2191.799			1	0.165
13.21	2176.932	13.31	2193.451			2	0.330
13.22	2178.584	13.32	2195.103			3	0.496
13.23	2180.236	13.33	2196.754			4	0.661
13.24	2181.888					5	0.826
13.25	2183.540					6	0.991
13.26	2185.191					7	1.156
13.27	2186.843					8	1.321
13.28	2188.495					9	1.487
13.29	2190.147						

表2（附件一，静压力修正表）

罐号：423　　　　参照高度：14.007m

高度/m	容积/kL	高度/m	容积/kL	高度/m	容积/kL	高度/m	容积/kL
0.00	0.000	4.00	0.162	8.00	0.649	12.00	1.461
0.10	0.000	4.10	0.171	8.10	0.666	12.10	1.486
0.20	0.000	4.20	0.179	8.20	0.682	12.20	1.510
0.30	0.001	4.30	0.188	8.30	0.699	12.30	1.535
0.40	0.002	4.40	0.196	8.40	0.716	12.40	1.560
0.50	0.003	4.50	0.205	8.50	0.733	12.50	1.585
0.60	0.004	4.60	0.215	8.60	0.750	12.60	1.611
0.70	0.005	4.70	0.224	8.70	0.768	12.70	1.637
0.80	0.006	4.80	0.234	8.80	0.786	12.80	1.662
0.90	0.008	4.90	0.244	8.90	0.804	12.90	1.689
1.00	0.010	5.00	0.254	9.00	0.822	13.00	1.715
1.10	0.012	5.10	0.264	9.10	0.840	13.10	1.741
1.20	0.015	5.20	0.274	9.20	0.859	13.20	1.768
1.30	0.017	5.30	0.285	9.30	0.878	13.30	1.795
1.40	0.020	5.40	0.296	9.40	0.897	13.40	1.822
1.50	0.023	5.50	0.307	9.50	0.916		
1.60	0.026	5.60	0.318	9.60	0.935		
1.70	0.029	5.70	0.330	9.70	0.955		
1.80	0.033	5.80	0.341	9.80	0.974		
1.90	0.037	5.90	0.353	9.90	0.994		
2.00	0.041	6.00	0.365	10.00	1.015		
2.10	0.045	6.10	0.378	10.10	1.035		
2.20	0.049	6.20	0.390	10.20	1.056		
2.30	0.054	6.30	0.403	10.30	1.076		
2.40	0.058	6.40	0.416	10.40	1.097		
2.50	0.063	6.50	0.429	10.50	1.119		
2.60	0.069	6.60	0.442	10.60	1.140		
2.70	0.074	6.70	0.445	10.70	1.162		
2.80	0.080	6.80	0.469	10.80	1.184		
2.90	0.085	6.90	0.483	10.90	1.206		
3.00	0.091	7.00	0.497	11.00	1.228		
3.10	0.098	7.10	0.512	11.10	1.250		
3.20	0.104	7.20	0.526	11.20	1.273		
3.30	0.110	7.30	0.541	11.30	1.296		
3.40	0.117	7.40	0.556	11.40	1.319		
3.50	0.124	7.50	0.571	11.50	1.342		
3.60	0.132	7.60	0.586	11.60	1.365		
3.70	0.139	7.70	0.602	11.70	1.389		
3.80	0.147	7.80	0.617	11.80	1.413		
3.90	0.154	7.90	0.633	11.90	1.437		

表 3　浮顶罐容积表

罐号：073　　　　沪计量力字第 893021 号

高度/m	容积/L	高度/m	容积/L	高度/m	容积/L	高度/m	容积/L
0. 000	3214	2. 200	879508	4. 700	1873258	7. 100	2826651
0. 079	36570	2. 300	919263	4. 764	1898696	7. 200	2866361
0. 100	44912	2. 400	959019	4. 800	1913000	7. 300	2906070
0. 200	84638	2. 500	998775	4. 900	1952732	7. 400	2945780
0. 300	124364	2. 600	1038530	5. 000	1992464	7. 500	2985490
0. 400	164106	2. 700	1078286	5. 100	2032197	7. 600	3025200
0. 500	203848	2. 800	1118042	5. 200	2071929	7. 700	3064910
0. 600	243591	2. 900	1157797	5. 300	2111661	7. 800	3104619
0. 700	283333	3. 000	1197553	5. 400	2151394	7. 853	3125665
0. 800	323075	3. 100	1237309	5. 500	2191126	7. 900	3144321
0. 900	362817	3. 159	1260765	5. 600	2230858	8. 000	3184013
1. 000	402544	3. 200	1277061	5. 700	2270591	8. 100	3223706
1. 100	442270	3. 300	1316807	5. 800	2310323	8. 200	3263398
1. 200	481995	3. 400	1356554	5. 900	2350056	8. 300	3303091
1. 300	521720	3. 500	1396300	6. 000	2389788	8. 400	3342783
1. 400	561446	3. 600	1436047	6. 100	2429520	8. 500	3382476
1. 500	601171	3. 700	1475793	6. 200	2469253	8. 600	3422168
1. 555	622197	3. 800	1515540	6. 247	2487927	8. 700	3461860
1. 600	639400	3. 900	1555286	6. 300	2508973	8. 800	3501553
1. 602	639818	4. 000	1595033	6. 400	2548683	8. 900	3541245
1. 700	660321	4. 100	1634779	6. 500	2588392	9. 000	3580938
1. 706	661576	4. 200	1674526	6. 600	2628102	9. 100	3620630
1. 800	720485	4. 300	1714272	6. 700	2667812	9. 200	3660323
1. 900	760241	4. 400	1754019	6. 800	2707522	9. 300	3700015
2. 000	799996	4. 500	1793765	6. 900	2747231	9. 400	3739708
2. 100	839752	4. 600	1833512	7. 000	2786941	9. 456	3761935

续表

高度/m	容积/L	高度/m	容积/L	高度/m	容积/L	高度/m	容积/L
9.500	3779403	12.000	4771882	14.400	5724474	16.900	6717181
9.600	3819102	12.100	4811581	14.500	5764182	17.000	6756890
9.700	3858801	12.200	4851280	14.600	5803890	17.100	6796599
9.800	3898500	12.300	4890979	14.700	5843597	17.200	6836308
9.900	3938200	12.400	4930679	14.800	5883305	17.300	6876017
10.000	3977899	12.500	4970378	14.900	5923013	17.385	6909770
10.100	4017598	12.600	5010077	15.000	5962720	17.400	6915726
10.200	4057297	12.671	5038263	15.100	6002428	17.500	6955435
10.300	4096996	12.700	5049772	15.200	6042135	17.600	6995144
10.400	4136695	12.800	5089457	15.300	6081843	17.700	7034853
10.500	4176395	12.900	5129143	15.400	6121551	17.800	7074562
10.600	4216094	13.000	5168828	15.500	6161258	17.900	7114272
10.700	4255793	13.100	5208514	15.600	6200966	18.000	7153981
10.800	4295492	13.200	5248199	15.700	6240674	18.100	7193690
10.900	4335191	13.300	5287884	15.779	6272043	18.200	7233399
11.000	4374890	13.400	5327570	15.800	6280382	18.300	7273108
11.066	4401092	13.500	5367255	15.900	6320091	18.400	7312817
11.100	4414590	13.600	5406941	16.000	6359800	18.500	7352526
11.200	4454289	13.700	5446626	16.100	6399509	18.600	7392235
11.300	4493988	13.800	5468311	16.200	6439218	18.700	7431944
11.400	4533687	13.900	5525997	16.300	6478927	18.800	7471653
11.500	4573386	14.000	5565682	16.400	6518636	18.900	7511362
11.600	4613085	14.100	5605367	16.500	6558345	18.995	7549086
11.700	4652784	14.172	5633941	16.600	6598054		
11.800	4692484	14.200	5645059	16.700	6637763		
11.900	4732183	14.300	5684767	16.800	6677472		

表3(附件一　浮顶罐小数表)

罐号：073　　　　　　　　　　　　　　　　　　　　　　　　　沪计量力字第893021号

0.079~1.555m				3.160~4.764m			
cm	容积	mm	容积	cm	容积	mm	容积
1	3973	1	397	1	3975	1	398
2	7946	2	795	2	7949	2	795
3	11920	3	1192	3	11924	3	1192
4	15893	4	1589	4	15899	4	1590
5	19886	5	1987	5	19873	5	1987
6	23839	6	2384	6	23848	6	2385
7	27813	7	2781	7	27823	7	2782
8	31786	8	3179	8	31797	8	3180
9	35759	9	3576	9	35772	9	3577
1.556~1.602m				4.765~6.247m			
cm	容积	mm	容积	cm	容积	mm	容积
1	3504	1	350	1	3973	1	397
2	7009	2	701	2	7946	2	795
3	10513	3	1051	3	11920	3	1192
4	14018	4	1402	4	15893	4	1589
5	17522	5	1752	5	19866	5	1987
6	21027	6	2103	6	23839	6	2384
7	24531	7	2453	7	27813	7	2781
8	28036	8	2804	8	31786	8	3179
9	31540	9	3154	9	35759	9	3576
1.603~1.706m				6.248~7.853m			
cm	容积	mm	容积	cm	容积	mm	容积
1	3599	1	360	1	3971	1	397
2	7198	2	720	2	7942	2	794
3	10797	3	1080	3	11913	3	1191
4	14396	4	1440	4	15884	4	1588
5	17995	5	1800	5	19855	5	1986
6	21594	6	2159	6	23826	6	2383
7	25193	7	2519	7	27797	7	2780
8	28792	8	2879	8	31768	8	3177
9	32391	9	3239	9	35739	9	3574
1.707~3.159m				7.854~9.456m			
cm	容积	mm	容积	cm	容积	mm	容积
1	3976	1	398	1	3969	1	397
2	7951	2	795	2	7938	2	794
3	11927	3	1193	3	11908	3	1191
4	15902	4	1590	4	15877	4	1588
5	19878	5	1988	5	19846	5	1985
6	23853	6	2385	6	23815	6	2382
7	27829	7	2783	7	27785	7	2778
8	31805	8	3180	8	31754	8	3175
9	35780	9	3578	9	35723	9	3572

续表

9.457～11.066m				14.173～15.779m			
cm	容积	mm	容积	cm	容积	mm	容积
1	3970	1	397	1	3971	1	397
2	7940	2	794	2	7942	2	794
3	11910	3	1191	3	11912	3	1191
4	15880	4	1588	4	15883	4	1588
5	19850	5	1985	5	19854	5	1985
6	23819	6	2382	6	23825	6	2382
7	27789	7	2779	7	27795	7	2780
8	31759	8	3176	8	31766	8	3177
9	35729	9	3573	9	35737	9	3574
11.067～12.671m				15.780～17.385m			
cm	容积	mm	容积	cm	容积	mm	容积
1	3970	1	397	1	3971	1	397
2	7940	2	794	2	7942	2	794
3	11910	3	1191	3	11913	3	1191
4	15880	4	1588	4	15884	4	1588
5	19850	5	1985	5	19855	5	1986
6	23819	6	2382	6	23825	6	2382
7	27789	7	2779	7	27796	7	2780
8	31759	8	3176	8	31767	8	3177
9	35729	9	3573	9	35738	9	3574
12.672～14.172m				17.386～18.995m			
cm	容积	mm	容积	cm	容积	mm	容积
1	3969	1	397	1	3971	1	397
2	7937	2	794	2	7942	2	794
3	11906	3	1191	3	11913	3	1191
4	15874	4	1587	4	15884	4	1588
5	19843	5	1984	5	19855	5	1986
6	23811	6	2381	6	23825	6	2383
7	27780	7	2778	7	27796	7	2780
8	31748	8	3175	8	31767	8	3177
9	35717	9	3572	9	35738	9	3574

表 3（附件二　浮顶罐静压力修正表）

罐号：073　　　　沪计量力字第 893021 号

	0	1	2	3	4	5	6	7	8	9
1	21	23	25	27	29	31	34	39	46	53
2	60	67	74	81	89	96	103	110	117	124
3	131	138	147	159	171	182	194	206	218	229
4	241	253	264	276	288	300	311	323	337	355
5	372	390	408	426	443	461	479	497	514	532
6	550	567	585	606	629	652	675	699	722	745
7	768	791	814	838	861	884	907	930	954	980
8	1012	1043	1074	1105	1136	1168	1199	1230	1261	1292
9	1323	1355	1386	1417	1448	1484	1525	1566	1607	1648
10	1689	1730	1771	1812	1853	1894	1935	1976	2016	2057
11	2098	2143	2194	2245	2296	2347	2399	2450	2501	2552
12	2603	2654	2706	2757	2808	2859	2910	2965	3027	3089
13	3152	3214	3277	3339	3402	3464	3526	3589	3651	3714
14	3776	3839	3904	3976	4049	4121	4194	4266	4339	4411
15	4483	4556	4628	4701	4773	4846	4918	4990	5065	5148
16	5231	5314	5397	5480	5563	5646	5728	5811	5894	5977
17	6060	6143	6226	6309	6393	6487	6581	6674	6768	6861
18	6955	7048	7142	7236	7329	7423	7516	7610	7703	7797

注：1. 本容积表所示容积为 20℃时的容积，不在 20℃时可按：$V_{to} = V_{表} \times [1 + 0.000024(t_s - 20)]$ 计算；

2. 静压力修正表系按水的密度计算的，使用时应先将相应的容积与罐内液体密度相乘，并将乘得的结果加入容积表所示容积内；

3. 罐大修或严重变形后应申请复检；

4. 浮顶重量为 21471kg；

5. 罐的安全高度由使用单位自行决定；

6. 液高在 1.600 ~ 1.800m 范围内的容量值不得作计量使用；

7. 参照高度 19.201m。

表 4　卧式罐容积表

罐号：10

高度/cm	容积/L	高度/cm	容积/L	高度/cm	容积/L	高度/cm	容积/L
1	898	36	5637	71	12360	106	20092
2	988	37	5808	72	12570	107	20321
3	1082	38	5980	73	12781	108	20550
4	1179	39	6154	74	12993	109	20780
5	1280	40	6329	75	13206	110	21010
6	1384	41	6506	76	13419	111	21240
7	1491	42	6684	77	13633	112	21470
8	1602	43	6864	78	13848	113	21701
9	1715	44	7044	79	14064	114	21932
10	1831	45	7227	80	14280	115	22163
11	1950	46	7410	81	14497	116	22394
12	2072	47	7595	82	14714	117	22625
13	2196	48	7781	83	14932	118	22857
14	2323	49	7968	84	15151	119	23088
15	2452	50	8156	85	15370	120	23320
16	2583	51	8346	86	15590	121	23552
17	2717	52	8537	87	15811	122	23784
18	2853	53	8729	88	16032	123	24016
19	2992	54	8922	89	16254	124	24248
20	3132	55	9116	90	16476	125	24480
21	3275	56	9312	91	16699	126	24712
22	3419	57	9508	92	16922	127	24944
23	3566	58	9705	93	17146	128	25176
24	3714	59	9904	94	17370	129	25408
25	3865	60	10103	95	17594	130	25641
26	4017	61	10304	96	17820	131	25873
27	4171	62	10505	97	18045	132	26105
28	4327	63	10708	98	18271	133	26337
29	4485	64	10911	99	18497	134	26569
30	4645	65	11115	100	18724	135	26801
31	4806	66	11321	101	18951	136	27033
32	4969	67	11527	102	19179	137	27264
33	5134	68	11734	103	19407	138	27496
34	5300	69	11942	104	19635	139	27727
35	5468	70	12150	105	19863	140	27959

续表

高度/cm	容积/L	高度/cm	容积/L	高度/cm	容积/L	高度/cm	容积/L
141	28190	176	36075	211	43134	246	48540
142	28421	177	36291	212	43316	247	48656
143	28652	178	36507	213	43497	248	48770
144	28882	179	36722	214	43677	249	48881
145	29113	180	36936	215	43855	250	48989
146	29343	181	37150	216	44032	251	49093
147	29573	182	37363	217	44208	252	49195
148	29802	183	37575	218	44382	253	49293
149	30032	184	37786	219	44554	254	49387
150	30261	185	37996	220	44726	255	49477
151	30490	186	38206	221	44895	256	49563
152	30718	187	38415	222	45063	257	49645
153	30947	188	38623	223	45230	258	49721
154	31174	189	38830	224	45394	259	49792
155	31402	190	39036	225	45558	260	49859
156	31629	191	39241	226	45719	261	49921
157	31856	192	39446	227	45879	262	49979
158	32082	193	39649	228	46037	263	50032
159	32308	194	39852	229	46193	264	50081
160	32534	195	40054	230	46348	265	50126
161	32759	196	40254	231	46501	266	50166
162	32984	197	40454	232	46651	267	50203
163	33208	198	40653	233	46800	268	50236
164	33432	199	40850	234	46947	269	50265
165	33655	200	41047	235	47092	270	50291
166	33878	201	41242	236	47235	271	50313
167	34100	202	41437	237	47376	272	50332
168	34322	203	41630	238	47514	273	50348
169	34543	204	41822	239	47651	274	50361
170	34764	205	42013	240	47785	275	50371
171	34984	206	42203	241	47917	276	50379
172	35203	207	42392	242	48047	277	50384
173	35422	208	42579	243	48174	278	50388
174	35641	209	42765	244	48298	279	50389
175	35858	210	42950	245	48420	280	50390

表 5　简明铁路罐车容积表(1)

表号：A500－599

高度	容积	系数	高度	容积	系数	高度	容积	系数
2800	60714	29.9998	2670	59788	29.5051	2630	59310	29.2626
2790	60708	29.9798	2669	59777	29.5000	2629	59297	29.2566
2780	60678	29.9596	2668	59765	29.4950	2628	59284	29.2505
2770	60634	29.9394	2667	59754	29.4899	2627	59271	29.2444
2760	60580	29.9091	2666	59742	29.4848	2626	59258	29.2384
2750	60517	29.8788	2665	59731	29.4798	2625	59245	29.2323
2740	60446	29.8485	2664	59720	29.4748	2624	59232	29.2263
2730	60369	29.7980	2663	59708	29.4697	2623	59219	29.2202
2720	60285	29.7576	2662	59697	29.4646	2622	59206	29.2141
2710	60196	29.7172	2661	59685	29.4596	2621	59193	29.2081
2700	60101	29.6667	2660	59674	29.4545	2620	59180	29.2020
2699	60091	29.6616	2659	59662	29.4475	2619	59167	29.1950
2698	60081	29.6566	2658	59651	29.4404	2618	59154	29.1879
2697	60071	29.6515	2657	59639	29.4333	2617	59140	29.1808
2696	60061	29.6465	2656	59627	29.4263	2616	59127	29.1737
2695	60051	29.6414	9655	59616	29.4192	2615	59114	29.1667
2694	60041	29.6364	2654	59604	29.4121	2614	59101	29.1596
2693	60031	29.6313	2653	59592	29.4051	2613	59088	29.1525
2692	60021	29.6263	2652	59580	29.3980	2612	59074	29.1455
2691	60011	29.6212	2651	59569	29.3909	2611	59061	29.1384
2690	60001	29.6162	2650	59557	29.3838	2610	59048	29.1313
2689	59991	29.6111	2649	59545	29.3788	2609	59034	29.1253
2688	59980	29.6061	2648	59533	29.3737	2608	59021	29.1192
2687	59970	29.6010	2647	59520	29.3687	2607	59007	29.1131
2686	59959	29.5960	2646	59508	29.3636	2606	58993	29.1071
2685	59949	29.5909	2645	59496	29.3586	2605	58980	29.1010
2684	59939	29.5859	2644	59484	29.3535	2604	58966	29.0950
2683	59928	29.5808	2643	59472	29.3485	2603	58952	29.0889
2682	59918	29.5758	2642	59459	29.3434	2602	58938	29.0828
2681	59907	29.5707	2641	59447	29.3384	2601	58925	29.0768
2680	59897	29.5657	2640	59435	29.3333	2600	58911	29.0707
2679	59886	29.5596	2639	59423	29.3263	2599	58897	29.0626
2678	59875	29.5535	2638	59410	29.3192	2598	58883	29.0545
2677	59864	29.5475	2637	59398	29.3121	2597	58869	29.0465
2676	59853	29.5414	2636	59385	29.3051	2596	58855	29.0384
2675	59843	29.5354	2635	59373	29.2980	2595	58842	29.0303
2674	59832	29.5293	2634	59360	29.2909	2594	58828	29.0222
2673	59821	29.5232	2633	59348	29.2838	2593	58814	29.0141
2672	59810	29.5172	2632	59335	29.2768	2592	58800	29.0061
2671	59799	29.5111	2631	59323	29.2697	2591	58786	28.9980

续表

高度	容积	系数	高度	容积	系数	高度	容积	系数
2590	58772	28. 9899	2550	58182	28. 6970	2510	57545	28. 3737
2589	58758	28. 9828	2549	58167	28. 6889	2509	57528	28. 3657
2588	58743	28. 9758	2548	58151	28. 6808	2508	57512	28. 3576
2587	58729	28. 9687	2547	58136	28. 6727	2507	57495	28. 3495
2586	58715	28. 9616	7546	58120	28. 6646	2506	57479	28. 3414
2585	58701	28. 9545	2545	58105	28. 6566	2505	57462	28. 3333
2584	58686	28. 9475	2544	58089	28. 6485	2504	57445	28. 3253
2583	58672	28. 9404	2543	58074	28. 6404	2503	57429	28. 3172
2582	58658	28. 9333	2542	58058	28. 6323	2502	57412	28. 3091
2581	58643	28. 9263	2541	58043	28. 6242	2501	57396	28. 3010
2580	58620	28. 9192	2540	58027	28. 6162	2500	57379	28. 2929
2579	58614	28. 9121	2539	58011	28. 6081	2499	57362	28. 2848
2578	58600	28. 9051	2538	57995	28. 6000	2498	57345	28. 2768
2577	58585	28. 8980	2537	57980	28. 5919	2497	57328	28. 2687
2576	58571	28. 8909	2536	57964	28. 5838	2496	57311	28. 2606
2575	58556	28. 8838	2535	57948	28. 5758	2495	57295	28. 2525
2574	58541	28. 8768	2534	57932	28. 5677	2494	57278	28. 2444
2573	58527	28. 8697	2533	57916	28. 5596	2493	57261	28. 2364
2572	58512	28. 8626	2532	57901	28. 5515	2492	57244	28. 2283
2571	58498	28. 8556	2531	57885	28. 5434	2491	57227	28. 2202
2570	58483	28. 8485	2530	57869	28. 5354	2490	57210	28. 2121
2569	58468	28. 8414	2529	57853	28. 5283	2489	57193	28. 2040
2568	58453	28. 8343	2528	57837	28. 5212	2488	57176	28. 1960
2567	58438	28. 8273	2527	57821	28. 5141	2487	57159	28. 1879
2566	58423	28. 8202	2526	57805	28. 5071	2486	57142	28. 1798
2565	58409	28. 8131	2525	57789	28. 5000	2485	57125	28. 1717
2564	58394	28. 8061	2524	57772	28. 4929	2484	57107	28. 1636
2563	58379	28. 7990	2523	57756	28. 4859	2483	57090	28. 1556
2562	58364	28. 7919	2522	57740	28. 4788	2482	57073	28. 1475
2561	58349	28. 7849	2521	57724	28. 4717	2481	57056	28. 1394
2560	58334	28. 7778	2520	57708	28. 4646	2480	57039	28. 1313
2559	58319	28. 7697	2519	57692	28. 4556	2479	57022	28. 1222
2558	58304	28. 7616	2518	57675	28. 4465	2478	57004	28. 1131
2557	58288	28. 7535	2517	57659	28. 4374	2477	56987	28. 1040
2556	58273	28. 7455	2516	57643	28. 4283	2476	56969	28. 0950
2555	58258	28. 7374	2515	57627	28. 4192	2475	56952	28. 0859
2554	58243	28. 7293	2514	57610	28. 4101	2474	56935	28. 0768
2553	58228	28. 7212	2513	57594	28. 4010	2473	56917	28. 0677
2552	58212	28. 7131	2512	57578	28. 3919	2472	56900	28. 0586
2551	58197	28. 7051	2511	57561	28. 3828	2471	56882	28. 0495

续表

高度	容积	系数	高度	容积	系数	高度	容积	系数
2470	56865	28.0404	2430	56147	27.6869	2390	55393	27.3131
2469	56847	28.0323	2429	56129	27.6768	2389	55374	27.3020
2468	56830	28.0242	2428	56110	27.6667	2388	55354	27.2909
2467	56812	28.0162	2427	56092	27.6566	2387	55335	27.2798
2466	56795	28.0081	2426	56073	27.6465	2386	55316	27.2687
2465	56777	28.0000	2425	56055	27.6364	2385	55297	27.2576
2464	56759	27.9919	2424	56036	27.6263	2384	55277	27.2465
2463	56742	27.9838	2423	56018	27.6162	2383	55258	27.2354
2462	56724	27.9758	2422	55999	27.6061	2382	55239	27.2242
2461	56707	27.9677	2421	56981	27.5960	2381	55219	27.2131
2460	56689	27.9596	2420	55962	27.5859	2380	55200	27.2020
2459	56671	27.9495	2419	55943	27.5768	2379	55180	27.1929
2458	56653	27.9395	2418	55925	27.5677	2378	55161	27.1838
2457	56636	27.9293	2417	55906	27.5586	2377	55141	27.1747
2456	56618	27.9192	2416	55887	27.5495	2376	55122	27.1657
2455	56600	27.9091	2415	55869	27.5404	2375	55102	27.1566
2454	56582	27.8990	2414	55850	27.5313	2374	55082	27.1475
2453	56564	27.8889	2413	55831	27.5222	2373	55063	27.1384
2452	56547	27.8788	2412	55812	27.5131	2372	55043	27.1293
2451	56529	27.8687	2411	55794	27.5040	2371	55024	27.1202
2450	56511	27.8586	2410	55775	27.4950	2370	55004	27.1111
2449	56493	27.8505	2409	55756	27.4859	2369	54984	27.1010
2448	56475	27.8424	2408	55737	27.4768	2368	54964	27.0909
2447	56457	27.8343	2407	55718	27.4677	2367	54945	27.0808
2446	56439	27.8263	2406	55699	27.4586	2366	54925	27.0707
2445	56421	27.8182	2405	55680	27.4495	2365	54905	27.0606
2444	56402	27.8101	2404	55661	27.4404	2364	54885	27.0505
2443	56384	27.8020	2403	55642	27.4313	2363	54865	27.0404
2442	56366	27.7939	2402	55623	27.4222	2362	54845	27.0303
2441	56348	27.7859	2401	55604	27.4131	2361	54825	27.0202
2440	56330	27.7778	2400	55585	27.4040	2360	54805	27.0101
2439	56312	27.7687	2399	55566	27.3950	2359	54785	27.0000
2438	56293	27.7596	2398	55547	27.3859	2358	54766	26.9899
2437	56275	27.7505	2397	55527	27.3768	2357	54746	26.9798
2436	56257	27.7414	2396	55508	27.3677	2356	54726	26.9697
2435	56239	27.7323	2395	55489	27.3586	2355	54707	26.9596
2434	56220	27.7232	2394	55470	27.3495	2354	54687	26.9495
2433	56202	27.7141	2393	55451	27.3404	2353	54667	26.9394
2432	56184	27.7051	2392	55431	27.3313	2352	54647	26.9293
2431	56165	27.6960	2391	55412	27.3222	2351	54627	26.9192

续表

高度	容积	系数	高度	容积	系数	高度	容积	系数
2350	54607	26. 9091	2310	53789	26. 5051	2000	46626	22. 9596
2349	54587	26. 8990	2309	53768	26. 4950	1990	46375	22. 8343
2348	54567	26. 8889	2308	53747	26. 4848	1980	46123	22. 7091
2347	S4546	26. 8788	2307	53726	26. 4748	1970	45871	22. 5838
2346	54526	26. 8687	2306	53705	26. 4646	1960	45617	22. 4586
2345	54506	26. 8586	2305	53685	26. 4545	1950	45362	22. 3333
2344	54486	26. 8485	2304	53664	26. 4444	1940	45107	22. 2081
2343	54466	26. 8384	2303	53643	26. 4343	1930	44850	22. 0828
2342	54445	26. 8283	2302	53622	26. 4242	1920	44593	21. 9576
2341	54425	26. 8182	2301	53601	26. 4141	1910	44335	21. 8323
2340	54405	26. 8081	2300	53580	26. 4040	1900	44076	21. 7071
2339	54385	26. 7980	2290	53370	26. 2950	1890	43816	21. 5778
2338	54364	26. 7879	2280	53157	26. 1859	1880	43556	21. 4485
2337	54344	26. 7778	2270	52943	26. 0768	1870	43294	21. 3192
2336	54324	26. 7677	2260	52728	25. 9677	1860	43032	21. 1899
2335	54304	26. 7576	2250	52510	25. 8586	1850	42769	21. 0606
2334	54283	26. 7475	2240	52291	25. 7495	1840	42506	20. 9313
2333	54263	26. 7374	2230	52071	25. 6404	1830	42241	20. 8020
2332	54243	26. 7273	2220	51849	25. 5313	1820	41976	20. 6727
2331	54222	26. 7172	2210	51626	25. 4222	1810	41710	20. 5434
2330	54202	26. 7071	2200	51401	25. 3131	1800	41444	20. 4141
2329	54181	26. 6980	2190	51174	25. 1990	1790	41177	20. 2818
2328	54161	26. 6889	2180	50946	25. 0848	1780	40909	20. 1495
2327	54140	26. 6798	2170	50717	24. 9707	1770	40641	20. 0172
2326	54120	26. 6707	2160	50486	24. 8566	1760	40372	19. 8848
2325	54099	26. 6616	2150	50254	24. 7424	1750	40103	19. 7525
2324	54078	26. 6525	2140	50021	24. 6283	1740	39833	19. 6202
2323	54058	26. 6434	2130	49786	24. 5141	1730	39562	19. 4879
2322	54037	26. 6343	2120	49550	24. 4000	1720	39291	19. 3556
2321	54017	26. 6253	2110	49313	24. 2859	1710	39020	19. 2232
2320	53996	26. 6162	2100	49074	24. 1717	1700	38748	19. 0909
2319	53975	26. 6051	2090	48835	24. 0505	1690	38475	18. 9566
2318	53955	26. 5939	2080	48594	23. 9293	1680	38202	18. 8222
2317	53934	26. 5828	2070	48352	23. 8081	1670	37929	18. 6879
2316	53913	26. 5717	2060	48108	23. 6869	1660	37655	18. 5535
2315	53893	26. 5606	2050	47864	23. 5657	1650	37381	18. 4192
2314	53872	26. 5495	2040	47618	23. 4444	1640	37106	18. 2848
2313	53851	26. 5384	2030	47372	23. 3232	1630	36831	18. 1505
2312	53830	26. 5273	2020	47124	23. 2020	1620	36555	18. 0162
2311	53810	26. 5162	2010	46875	23. 0808	1610	36280	17. 8818

续表

高度	容积	系数	高度	容积	系数	高度	容积	系数
1600	36004	17.7475	1200	24866	12.3030	800	14244	7.0909
1590	35727	17.6121	1190	24589	12.1687	790	13994	6.9697
1580	35450	17.4768	1180	24313	12.0343	780	13744	6.8485
1570	35173	17.3414	1170	24038	11.9000	770	13495	6.7273
1560	34896	17.2061	1160	23762	11.7657	760	13248	6.6061
1550	34619	17.0707	1150	23487	11.6313	750	13002	6.4848
1540	34341	16.9354	1140	23213	11.4970	740	12756	6.3636
1530	34063	16.8000	1130	22939	11.3626	730	12512	6.2424
1520	33785	16.6646	1120	22665	11.2283	720	12269	6.1212
1510	33506	16.5293	1110	22392	11.0939	710	12027	6.0000
1500	33228	16.3939	1100	22119	10.9569	700	11787	5.8788
1490	32949	16.9576	1090	21846	10.8273	690	11547	5.7626
1480	32670	16.1212	1080	21574	10.6949	680	11309	5.6465
1470	32391	15.9848	1070	21303	10.5626	670	11072	5.5303
1460	32112	15.8485	1060	21032	10.4303	660	10836	5.4141
1450	31833	15.7121	1050	20761	10.2980	650	10602	5.2980
1440	31554	15.5758	1040	20492	10.1657	640	10369	5.1818
1430	31274	15.4394	1030	20222	10.0333	630	10137	5.0657
1420	30995	15.3030	1020	19953	9.9010	620	9906	4.9495
1410	30715	15.1667	1010	19685	9.7687	610	9677	4.8333
1400	30436	15.0303	1000	19418	9.6364	600	9450	4.7172
1390	30156	14.8939	990	19172	9.5071	590	9224	4.6091
1380	29877	14.7576	980	18906	9.3778	580	8999	4.5010
1370	29598	14.6212	970	18640	9.2485	570	8776	4.3929
1360	29318	14.4848	960	18375	9.1192	560	8554	4.2848
1350	29039	14.3485	950	18111	8.9899	550	8334	4.1768
1340	28760	14.2121	940	17848	8.8606	540	8115	4.0687
1330	28480	14.0758	930	17585	8.7313	530	7893	3.9606
1320	28201	13.9394	920	17323	8.6020	520	7683	3.8525
1310	27922	13.8030	910	17062	8.4727	510	7469	3.7444
1300	27643	13.6667	900	16801	8.3434	500	7257	3.6364
1290	27365	13.5303	890	16541	8.2182	490	7047	3.5354
1280	27086	13.3939	880	16283	8.0929	480	6839	3.4343
1270	26808	13.2576	870	16025	7.9677	470	6632	3.3333
1260	26530	13.1212	860	15768	7.8424	460	6427	3.2323
1250	26252	12.9848	850	15511	7.7172	450	6224	3.1313
1240	25974	12.8485	840	15256	7.5919	440	6024	3.0303
1230	25697	12.7121	830	15002	7.4667	430	5825	2.9293
1220	25419	12.5758	820	14748	7.3414	420	5628	2.8283
1210	25142	12.4394	810	14496	7.2162	410	5433	2.7273

续表

高度	容积	系数	高度	容积	系数	高度	容积	系数
400	5241	2. 6263	250	2624	1. 3384	100	672	0. 3333
390	5050	2. 5364	240	2470	1. 2606	90	574	0. 2929
380	4861	2. 4465	230	2319	1. 1828	80	481	0. 2424
370	4675	2. 3566	220	2171	1. 1051	70	394	0. 2020
360	4491	2. 2667	210	2026	1. 0273	60	313	0. 1616
350	4309	2. 1768	200	1885	0. 9495	50	238	0. 1212
340	4129	2. 0869	190	1747	0. 8879	40	171	0. 0808
330	3952	1. 9970	180	1612	0. 8263	30	111	0. 0505
320	3777	1. 9071	170	1481	0. 7646	20	60	0. 0303
310	3604	1. 8172	160	1353	0. 7030	10	21	0. 0101
300	3434	1. 7273	150	1229	0. 6414	0	0	0. 0000
290	3267	1. 6495	140	1109	0. 5798			
280	3102	1. 5717	130	993	0. 5182			
270	2940	1. 4939	120	881	0. 4566			
260	2780	1. 4162	110	774	0. 3949			

表6　简明铁路罐车容积表(2)

表号：B300 – 399

高度	容积	系数	高度	容积	系数	高度	容积	系数
2600	50614	24.9798	2560	50480	24.9394	2520	50198	24.8081
2599	50612	24.9798	2559	50474	24.9374	2519	50190	24.8040
2598	50611	24.9798	2558	50468	24.9354	2518	50181	24.8000
2597	50609	24.9798	2557	50462	24.9333	2517	50173	24.7960
2596	50607	24.9798	2556	50456	24.9313	2516	50164	24.7979
2595	50606	24.9798	2555	50450	24.9293	2515	50156	24.7879
2594	50604	24.9798	2554	50443	24.9273	2514	50148	24.7838
2593	50602	24.9798	2553	50437	24.9253	2513	50139	24.7798
2592	50600	24.9798	2552	50431	24.9232	2512	50131	24.7758
2591	50599	24.9798	2551	50425	24.9212	2511	50122	24.7717
2590	50597	24.9798	2550	50419	24.9192	2510	50114	24.7677
2589	50595	24.9798	2549	50412	24.9162	2509	50105	24.7626
2588	50593	24.9798	2548	50405	24.9131	2508	50095	24.7576
2587	50590	24.9798	2547	50399	24.9101	2507	50087	24.7526
2586	50588	24.9798	2546	50392	24.9071	2506	50078	24.7475
2585	50586	24.9798	2545	50385	24.9040	2505	50070	24.7424
2584	50584	24.9798	2544	50378	24.9010	2504	50061	24.7374
2583	50582	24.9798	2543	50371	24.8980	2503	50052	24.7323
2582	50579	24.9798	2542	50365	24.8949	2502	50043	24.7273
2581	50577	24.9798	2541	50358	24.8919	2501	50034	24.7222
2580	50575	24.9798	2540	50351	24.8889	2500	50025	24.7172
2579	50571	24.9778	2539	50344	24.8849	2499	50016	24.7131
2578	50567	24.9758	9538	50336	24.8808	2498	50006	24.7091
2577	50562	24.9737	2537	50329	24.8768	2497	49997	24.7051
2576	50558	24.9717	2536	50321	24.8727	2496	49987	24.7010
2575	50554	24.9697	2535	50314	24.8687	2495	49978	24.6970
2574	50550	24.9677	2534	50307	24.8646	2494	49969	24.6929
2573	50546	24.9657	2533	50299	24.8606	2493	49959	24.6889
2572	50541	24.9636	2532	50292	24.8566	2492	49950	24.6848
2571	50537	24.9616	2531	50284	24.8525	2491	49940	24.6808
2570	50533	24.9596	2530	50277	24.8485	2490	49931	24.6768
2569	50528	24.9576	2529	50269	24.8444	2489	49921	24.6727
2568	50522	24.9556	2528	50261	24.8404	2488	49911	24.6687
2567	50517	24.9535	2527	50253	24.8364	2487	49902	24.6646
2566	50512	24.9515	2526	50245	24.8323	2486	49892	24.6606
2565	50507	24.9495	2525	50238	24.8283	2485	49882	24.6566
2564	50501	24.9475	2524	50230	24.8242	2484	49872	24.6525
2563	50496	24.9455	2523	50222	24.8209	2483	49862	24.6485
2562	50491	24.9434	2522	50214	24.8162	2482	49853	24.6444
2561	50485	24.9414	2521	50206	24.8121	2481	49843	24.6404

续表

高度	容积	系数	高度	容积	系数	高度	容积	系数
2480	49833	24.6364	2440	49405	24.4242	2400	48922	24.1818
2479	49823	24.6313	2439	49393	24.4182	2399	48909	24.1758
2478	49813	24.6263	2438	49382	24.4121	2398	48896	24.1679
2477	49803	24.6212	2437	49370	24.4061	2397	48884	24.1636
2476	49793	24.6262	2436	49359	24.4000	2396	48871	24.1576
2475	49783	24.6111	2435	49347	24.3939	2395	48858	24.1515
2474	49772	24.6061	2434	49335	24.3879	2394	48845	24.1455
2473	49762	24.6010	2433	49324	24.3818	2393	48832	24.1394
2472	49752	24.5960	2432	49312	24.3758	2392	48820	24.1333
2471	49742	24.5909	2431	49301	24.3697	2391	48807	24.1273
2470	49732	24.5859	2430	49289	24.3636	2390	48794	24.1212
2469	49721	24.5808	2429	49277	24.3576	2389	48781	24.1141
2468	49711	24.5758	2428	49265	24.3515	2388	48768	24.1071
2467	49700	24.5707	2427	49253	24.3455	2387	48755	24.1000
2466	49690	24.5657	2426	49241	24.3394	2386	48742	24.0929
2465	49679	24.5606	2425	49230	24.3333	2385	48729	24.0859
2464	49668	24.5556	2424	49218	24.3273	2384	48715	24.0788
2463	49658	24.5505	2423	49206	24.3212	2383	48702	24.0717
2462	49647	24.5455	2422	49194	24.3152	2382	48689	24.0646
2461	49637	24.5404	2421	49182	24.3091	2381	48676	24.0576
2460	49626	24.5354	2420	49170	24.3030	2380	48663	24.0505
2459	49615	24.5303	2419	49158	24.2970	2379	48650	24.0434
2458	49604	24.5253	2418	49146	24.2909	2378	48636	24.0364
2457	49593	24.5202	2417	49133	24.2848	2377	48623	24.0293
2456	49582	24.5152	2416	49121	24.2788	2376	48609	24.0222
2455	49572	24.5101	2415	49109	24.2727	2375	48596	24.0152
2454	49561	24.5051	2414	49097	24.2667	2374	48583	24.0081
2453	49550	24.5000	2413	49085	24.2606	2373	48569	24.0010
2452	49539	24.4950	2412	49072	24.2545	2372	48556	23.9939
2451	49528	24.4899	2411	49060	24.2485	2371	48542	23.9869
2450	49517	24.4848	2410	49048	24.2424	2370	48529	23.9798
2449	49506	24.4788	2409	49035	24.2364	2369	48515	23.9727
2448	49495	24.4727	2408	49023	24.2303	2368	48502	23.9657
2447	48483	24.4667	2407	49010	24.2242	2367	48488	23.9586
2446	49472	24.4606	2406	48998	24.2182	2366	48474	23.9515
2445	49461	24.4545	2405	48985	24.2121	2365	48461	23.9444
2444	49450	24.4485	2404	48972	24.2061	2364	48447	23.9374
2443	49439	24.4424	2403	48960	24.2000	2363	48433	23.9303
2442	49427	24.4364	2402	48947	24.1939	2362	48419	23.9232
2441	49416	24.4303	2401	48935	24.1879	2361	48406	23.9162

续表

高度	容积	系数	高度	容积	系数	高度	容积	系数
2360	48392	23. 9091	2320	47817	23. 6263	2280	47201	23. 3131
2359	48378	23. 9030	2319	47802	23. 6192	2279	47185	23. 3051
2358	48364	23. 8970	2318	47787	23. 6121	2278	47169	23. 2970
2357	48350	23. 8909	2317	47772	23. 6051	2277	47153	23. 2889
2356	48336	23. 8848	2316	47757	23. 5980	2276	47137	23. 2808
2355	48322	23. 8788	2315	47742	23. 5909	2275	47121	23. 2727
2354	48308	23. 8727	2314	47726	23. 5838	2274	47105	23. 2646
2353	48294	23. 8667	2313	47711	23. 5768	2273	47089	23. 2566
2352	48280	23. 8606	2312	47696	23. 5697	2272	47073	23. 2485
2351	48266	23. 8545	2311	47681	23. 5626	2271	47057	23. 2404
2350	48252	23. 8485	2310	47666	23. 5556	2270	47041	23. 2323
2349	48238	23. 8404	2309	47651	23. 5475	2269	47025	23. 2242
2348	48224	23. 8323	2308	47635	23. 5394	2268	47009	23. 2162
2347	48209	23. 8242	2307	47620	23. 5313	2267	46992	23. 2081
2346	48195	23. 8162	2306	47605	23. 5232	2266	46976	23. 2000
2345	48181	23. 8081	2305	47590	23. 5152	2265	46960	23. 1919
2344	48167	23. 8000	2304	47574	23. 5071	2264	46944	23. 1838
2343	48153	23. 7919	2303	47559	23. 4990	2263	46928	23. 1758
2342	48138	23. 7838	2302	47544	23. 4909	2262	46911	23. 1677
2341	48124	23. 7758	2301	47528	23. 4828	2261	46895	23. 1596
2340	48110	23. 7677	2300	47513	23. 4747	2260	46879	23. 1515
2339	48095	23. 7616	2299	47498	23. 4677	2259	46863	23. 1444
2338	48081	23. 7556	2298	47482	23. 4606	2258	46846	23. 1374
2337	48066	23. 7495	2297	47467	23. 4535	2257	46830	23. 1303
2336	48052	23. 7434	2296	47451	23. 4465	2256	46813	23. 1232
2335	48037	23. 7374	2295	47436	23. 4394	2255	46797	23. 1162
2334	48022	23. 7313	2294	47420	23. 4323	2254	46780	23. 1091
2333	48008	23. 7253	2293	47405	23. 4253	2253	46764	23. 1020
2332	47993	23. 7192	2292	47389	23. 4182	2252	46747	23. 0950
2331	47959	23. 7131	2291	47374	23. 4111	2251	46731	23. 0879
2330	47964	23. 7071	2290	47358	23. 4040	2250	46714	23. 0808
2329	47949	23. 6990	2289	47342	23. 3950	2749	46697	23. 0717
2328	47935	23. 6909	2288	47327	23. 3859	2248	46681	23. 0626
2327	47920	23. 6828	2287	47311	23. 3768	2247	46664	23. 0535
2326	47905	23. 6747	2286	47295	23. 3677	2246	46648	23. 0444
2325	47891	23. 6667	2285	47280	23. 3586	2245	46631	23. 0354
2324	47876	23. 6586	2284	47264	23. 3495	2244	46614	23. 0263
2323	47861	23. 6505	2283	47248	23. 3404	2243	46598	23. 0172
2322	47846	23. 6424	2282	47232	23. 3313	2242	46581	23. 0081
2321	47832	23. 6343	2281	47217	23. 3222	2241	46565	22. 9990

续表

高度	容积	系数	高度	容积	系数	高度	容积	系数
2240	46548	22. 9899	2200	45861	22. 6465	1800	37616	18. 5657
2239	46531	22. 9818	2190	45684	22. 5566	1790	37386	18. 4505
2238	46514	22. 9737	2180	45505	22. 4646	1780	37155	18. 3354
2237	46497	22. 9657	2170	45325	22. 3737	1770	36924	18. 2202
2236	46480	22. 9576	2160	45143	22. 2828	1760	36691	18. 1051
2235	46464	22. 9495	2150	44959	22. 1919	1750	36458	17. 9899
2234	46447	22. 9491	2140	44773	22. 1010	1740	36224	17. 8747
2233	46430	22. 9333	2130	44585	22. 0101	1730	35989	17. 7596
2232	46413	22. 9253	2120	44396	21. 9192	1720	35754	17. 6444
2231	46396	22. 9172	2110	44205	21. 8283	1710	35518	17. 5293
2230	46379	22. 9091	2100	44012	21. 7374	1700	35281	17. 4141
2229	46362	22. 9010	2090	43818	21. 6374	1690	35043	17. 2960
2228	46345	22. 8929	2080	43623	21. 5374	1680	34805	17. 1778
2227	46328	22. 8848	2070	43425	21. 4374	1670	34566	17. 0596
2226	46311	22. 8768	2060	43227	21. 3374	1660	34327	16. 9414
2225	46294	22. 8687	2050	43026	21. 2374	1650	34087	16. 8232
2224	46276	22. 8606	2040	42825	21. 1374	1640	33846	16. 7051
2223	46259	22. 8525	2030	42622	21. 0374	1630	33605	16. 5869
2222	46242	22. 8444	2020	42417	20. 9374	1620	33363	16. 4687
2221	46225	22. 8364	2010	42211	20. 8374	1610	33120	16. 3505
2220	46208	22. 8283	2000	42004	20. 7374	1600	32877	16. 2323
2219	46191	22. 8192	1990	41796	20. 6313	1590	32634	16. 1121
2218	46173	22. 8101	1980	41586	20. 5253	1580	32390	15. 9919
2217	46156	22. 8010	1970	41375	20. 4192	1570	32146	15. 8717
2216	46139	22. 7919	1960	41163	20. 3131	1560	31901	15. 7515
2215	46122	22. 7828	1950	40949	20. 2071	1550	31656	15. 6313
2214	46104	22. 7737	1940	40734	20. 1010	1540	31410	15. 5111
2213	46087	22. 7646	1930	40519	19. 9950	1530	31164	15. 3909
2212	46070	22. 7556	1920	40302	19. 8889	1520	30917	15. 2707
2211	46052	22. 7465	1910	40083	19. 7828	1510	30671	15. 1505
2210	46035	22. 7374	1900	39864	19. 6768	1500	30423	15. 0303
2209	46018	22. 7283	1890	39644	19. 5657	1490	30176	14. 9081
2208	46000	22. 7192	1880	39423	19. 4545	1480	29928	14. 7859
2207	45983	22. 7101	1870	39200	19. 3434	1470	29680	14. 6636
2206	45965	22. 7010	1860	38977	19. 2323	1460	29431	14. 5414
2205	45948	22. 6919	1850	38759	19. 1212	1450	29183	14. 4192
2204	45931	22. 6828	1840	38527	19. 0101	1440	28934	14. 2970
2203	45913	22. 6737	1830	38301	18. 8990	1430	28685	14. 1747
2202	45896	21. 6646	1820	38073	18. 7879	1420	28435	14. 0525
2201	45878	21. 6556	1810	37845	18. 6768	1410	28186	13. 9303

续表

高度	容积	系数	高度	容积	系数	高度	容积	系数
1400	27936	13.8081	1000	17937	8.9192	600	8798	4.3939
1390	27686	13.6848	990	17737	8.8010	590	8589	4.2939
1380	27436	13.5616	980	17494	8.6828	580	8381	4.1939
1370	27185	13.4384	970	17251	8.5646	570	8174	4.0939
1360	26935	13.3152	960	17009	8.4465	560	7969	3.9939
1350	26684	13.1919	950	16767	8.3283	550	7765	3.8939
1340	26434	13.0687	940	16526	8.2101	540	7563	3.7939
1330	26183	12.9455	930	16286	8.0919	530	7362	3.6939
1320	25932	12.8222	920	16046	7.9737	520	7162	3.5939
1310	25682	12.6990	910	15807	7.8556	510	6964	3.4939
1300	25431	12.5758	900	15568	7.7374	500	6767	3.3939
1290	25180	12.4525	890	15330	7.6222	490	6572	3.3000
1280	24929	12.3293	880	15093	7.5071	480	6379	3.2061
1270	24678	12.2061	870	14856	7.3919	470	6187	3.1121
1260	24428	12.0828	860	14620	7.2768	460	5997	3.0182
1250	24177	11.9596	850	14385	7.1616	450	5808	2.9242
1240	23926	11.8364	840	14150	7.0465	440	5621	2.8303
1230	23676	11.7131	830	13917	6.9313	430	5436	2.7364
1220	23425	11.5899	820	13684	6.8162	420	5253	2.6424
1210	23175	11.4667	810	13452	6.7010	410	5071	2.5485
1200	22925	11.3434	800	13220	6.5859	400	4891	2.4545
1190	22675	11.2222	790	12990	6.4737	390	4712	2.3697
1180	22425	11.1010	780	12760	6.3616	380	4537	2.2848
1170	22175	10.9798	770	12532	6.2495	370	4364	2.2000
1160	21925	10.8586	760	12304	6.1374	360	4192	2.1152
1150	21676	10.7374	750	12077	6.0253	350	4023	2.0303
1140	21427	10.6162	740	11851	5.9131	340	3856	1.9455
1130	21178	10.4949	730	11626	5.8010	330	3691	1.8606
1120	20929	10.3737	720	11402	5.6889	320	3528	1.7758
1110	20681	10.2525	710	11179	5.5768	310	3367	1.6909
1100	20433	10.1313	700	10957	5.4646	300	3209	1.6061
1090	20185	10.0101	690	10736	5.3576	290	3052	1.5343
1080	19938	9.8889	680	10516	5.2505	280	2899	1.4626
1070	19691	9.7677	670	10297	5.1434	270	2748	1.3909
1060	19444	9.6465	660	10080	5.0364	260	2599	1.3192
1050	19198	9.5253	650	9863	4.9293	250	2453	1.2475
1040	18952	9.4040	640	9648	4.8222	240	2309	1.1758
1030	18707	9.2828	630	9434	4.7152	230	2168	1.1040
1020	18461	9.1616	620	9221	4.6081	220	2030	1.0323
1010	18217	9.0404	610	9009	4.5010	210	1895	0.9606

续表

高度	容积	系数	高度	容积	系数	高度	容积	系数
200	1763	0. 8889	100	629	0. 3131	0	0	0. 0000
190	1634	0. 8313	90	537	0. 2727			
180	1508	0. 7737	80	451	0. 2222			
170	1386	0. 7162	70	369	0. 1919			
160	1266	0. 6586	60	293	0. 1515			
150	1150	0. 6010	50	223	0. 1111			
140	1038	0. 5434	40	160	0. 0808			
130	930	0. 4859	30	104	0. 0505			
120	825	0. 4283	20	57	0. 0202			
110	725	0. 3707	10	20	0. 0101			

表7　特种罐车容积表(国家铁路罐车容积计量站西安分站)

车号：6270407　　表号 TX386　　单位：L

	0	1	2	3	4	5	6	7	8	9
0	0	23	65	119	182	253	333	419	511	609
1	712	821	935	1053	1176	1304	1435	1571	1710	1854
2	2000	2151	2305	2462	2623	2787	2954	3124	3297	3473
3	3651	3833	4017	4204	4394	4586	4781	4978	5177	5379
4	5584	5790	5999	6211	6424	6639	6857	7077	7298	7522
5	7748	7975	8205	8436	8669	8904	9141	9380	9620	9862
6	10106	10351	10598	10847	11097	11349	11602	11857	12113	12371
7	12630	12890	13152	13415	13680	13946	14213	14481	14751	15022
8	15294	15567	15842	16117	16394	16672	16951	17231	17512	17794
9	18077	18361	18646	18932	19219	19507	19796	20086	20376	20667
10	20960	21252	21546	21841	22136	22432	22729	23026	23324	23623
11	23923	24223	24524	24826	25128	25431	25734	26038	26343	26648
12	26953	27259	27565	27872	28179	28487	28795	29103	29412	29721
13	30030	30340	30650	30960	31271	31581	31892	32204	32515	32827
14	33138	33450	33762	34075	34387	34699	35012	35324	35637	35949
15	36262	36574	36887	37199	37512	37824	38136	38449	38761	39073
16	39384	39696	40008	40319	40630	40941	41251	41562	41872	42182
17	42491	42800	43109	43418	43726	44034	44341	44648	44954	45260
18	45566	45871	46176	46480	46784	47087	47389	47691	47992	48293
19	48593	48893	49191	49489	49487	50084	50379	50675	50969	51263
20	51556	51848	52139	52429	52719	53007	53295	53582	53868	54153
21	54437	54719	55001	55282	55562	55841	56118	56395	56670	56944
22	57217	57489	57760	58029	58297	58564	58830	59094	59357	59618
23	59878	60137	60394	60650	60904	61157	61408	61658	61906	62152
24	62397	62640	62882	63122	63360	63596	63830	64063	64294	64523
25	64750	64975	65198	65419	65637	65854	66059	66282	66492	66700
26	66966	67138	67310	67509	67705	67899	68090	68279	68465	68648
27	68829	69007	69181	69353	69522	69688	69850	701310	70166	70318
28	70467	70613	70755	70893	71027	71157	71282	71403	71520	71632
29	71738	71840	71936	72025	72109	72185	72253	72313	72362	72397

西安分站 02 – 18 – 97

表 8　汽车罐车容积表(1)

车号：粤 – A14380　　　　　　　　　　　　　　　　　　　　实高编表

高度/cm	容积/L	高度/cm	容积/L	高度/cm	容积/L	高度/cm	容积/L
1	18	88	4288	95	4597	102	4858
2	36	89	4330	95	4635	103	4882
3	54	90	4382	96	4673	104	4912
4	72	91	4427	98	4711	105	4940
5	93	92	4473	99	4743	106	4964
6	112	93	4571	100	4787	107	4984
7	142	94	4547	101	4821	108	5009

注：下尺点总高 1333mm；帽口高 238mm；钢板厚 5mm；内竖直径 1110mm。

表 8　汽车罐车容积表(2)

车号：沪 – B35470　　　　　　　　　　　　　　　　　　　　空高编表

高度/cm	容积/L	高度/cm	容积/L	高度/cm	容积/L	高度/cm	容积/L
109	20	54	4038	47	4469	40	4854
108	41	53	4099	46	4529	39	4904
107	61	52	4161	45	4565	38	4947
106	81	51	4223	44	4640	37	4989
105	102	50	4284	43	4696	36	5031
104	122	49	4346	42	4750	35	5071
103	141	48	4417	41	4803	34	5111

注：下尺点总高 1408mm；帽口高 244mm；钢板厚 4. 5mm；内竖直径 1116mm。

表 9 102 船舱容表

船名：102 舱号：左 1

起迄点/mm	高差/mm	部分容量/L	毫米容积/L	累计容积/L
0 以下				374.0
1～707	707	20532.7	29.042	20906.7
708～1087	380	11120.1	29.264	32026.8
1088～1187	100	2897.3	28.973	34924.1
1188～2130	943	27595.5	29.264	62519.6
2131～2500	370	10715.3	28.960	73234.9

船名：102 舱号：右 1

起迄点/mm	高差/mm	部分容量/L	毫米容积/L	累计容积/L
0 以下				345.5
1～708	708	20526.6	28.992	20872.1
709～1088	380	1115.9	29.252	31988.0
1089～1188	100	2878.0	28.780	34866.0
1189～2156	968	28316.4	29.252	63182.4
2157～2526	370	10710.6	28.948	73893.0

表 10 原油体积修正系数表(1)

温度/℃	20℃密度											温度/℃
	850.0	852.0	854.0	856.0	858.0	860.0	862.0	864.0	866.0	868.0	870.0	
	20℃体积修正系数											
36.25	0.9862	0.9862	0.9863	0.9864	0.9864	0.9865	0.9865	0.9866	0.9867	0.9867	0.9868	36.25
36.50	0.9859	0.9860	0.9861	0.9861	0.9862	0.9863	0.9863	0.9864	0.9865	0.9865	0.9866	36.50
36.75	0.9857	0.9858	0.9859	0.9859	0.9860	0.9861	0.9861	0.9862	0.9863	0.9863	0.9864	36.75
37.00	0.9855	0.9856	0.9857	0.9857	0.9858	0.9859	0.9859	0.9860	0.9861	0.9861	0.9862	37.00
37.25	0.9853	0.9854	0.9854	0.9855	0.9856	0.9856	0.9857	0.9858	0.9858	0.9859	0.9860	37.25
37.50	0.9851	0.9852	0.9852	0.9853	0.9854	0.9854	0.9855	0.9856	0.9856	0.9857	0.9858	37.50
37.75	0.9849	0.9850	0.9850	0.9851	0.9852	0.9852	0.9853	0.9854	0.9854	0.9855	0.9856	37.75
38.00	0.9847	0.9847	0.9848	0.9849	0.9850	0.9850	0.9851	0.9852	0.9852	0.9853	0.9854	38.00
38.25	0.9845	0.9845	0.9846	0.9847	0.9847	0.9848	0.9849	0.9850	0.9850	0.9851	0.9852	38.25
38.50	0.9842	0.9843	0.9844	0.9845	0.9845	0.9846	0.9847	0.9847	0.9848	0.9849	0.9850	38.50
38.75	0.9840	0.9841	0.9842	0.9842	0.9843	0.9844	0.9845	0.9845	0.9846	0.9847	0.9848	38.75
39.00	0.9838	0.9839	0.9840	0.9840	0.9841	0.9842	0.9843	0.9843	0.9844	0.9845	0.9845	39.00
39.25	0.9836	0.9837	0.9837	0.9838	0.9839	0.9840	0.9841	0.9841	0.9842	0.9843	0.9843	39.25
39.50	0.9834	0.9835	0.9835	0.9836	0.9837	0.9838	0.9838	0.9839	0.9840	0.9841	0.9841	39.50
39.75	0.9832	0.9832	0.9833	0.9834	0.9835	0.9836	0.9836	0.9837	0.9838	0.9839	0.9839	39.75
40.00	0.9830	0.9830	0.9831	0.9832	0.9833	0.9833	0.9834	0.9835	0.9836	0.9837	0.9837	40.00
40.25	0.9827	0.9828	0.9899	0.9830	0.9831	0.9831	0.9832	0.9833	0.9834	0.9834	0.9835	40.25
40.50	0.9825	0.9826	0.9827	0.9828	0.9829	0.9829	0.9830	0.9831	0.9832	0.9832	0.9833	40.50
40.75	0.9823	0.9824	0.9825	0.9826	0.9826	0.9827	0.9828	0.9829	0.9830	0.9830	0.9831	40.75
41.00	0.9821	0.9822	0.9823	0.9823	0.9824	0.9825	0.9826	0.9827	0.9828	0.9828	0.9829	41.00
41.25	0.9819	0.9820	0.9821	0.9821	0.9822	0.9823	0.9824	0.9825	0.9825	0.9826	0.9827	41.25
41.50	0.9817	0.9818	0.9818	0.9819	0.9820	0.9821	0.9822	0.9823	0.9823	0.9824	0.9825	41.50
41.75	0.9815	0.9815	0.9816	0.9817	0.9818	0.9819	0.9820	0.9821	0.9821	0.9822	0.9823	41.75
42.00	0.9812	0.9813	0.9814	0.9815	0.9816	0.9817	0.9818	0.9818	0.9819	0.9820	0.9821	42.00
42.25	0.9810	0.9811	0.9812	0.9813	0.9814	0.9815	0.9816	0.9816	0.9817	0.9818	0.9819	42.25
42.50	0.9808	0.9809	0.9810	0.9811	0.9812	0.9813	0.9813	0.9814	0.9815	0.9816	0.9817	42.50
42.75	0.9806	0.9807	0.9808	0.9809	0.9810	0.9810	0.9811	0.9812	0.9813	0.9814	0.9815	42.75
43.00	0.9804	0.9805	0.9806	0.9807	0.9807	0.9808	0.9809	0.9810	0.9811	0.9812	0.9813	43.00
43.25	0.9802	0.9803	0.9804	0.9804	0.9805	0.9806	0.9807	0.9808	0.9809	0.9810	0.9811	43.25
43.50	0.9800	0.9800	0.9801	0.9802	0.9803	0.9804	0.9805	0.9806	0.9807	0.9808	0.9809	43.50
43.75	0.9797	0.9798	0.9799	0.9800	0.9801	0.9802	0.9803	0.9804	0.9805	0.9806	0.9807	43.77
44.00	0.9795	0.9796	0.9797	0.9798	0.9799	0.9800	0.9801	0.9802	0.9803	0.9804	0.9805	44.00
44.25	0.9793	0.9794	0.9795	0.9796	0.9797	0.9798	0.9799	0.9800	0.9801	0.9802	0.9803	44.25
44.50	0.9791	0.9792	0.9793	0.9794	0.9795	0.9796	0.9797	0.9798	0.9899	0.9800	0.9801	44.50
44.75	0.9789	0.9790	0.9791	0.9792	0.9793	0.9794	0.9795	0.9796	0.9797	0.9798	0.9798	44.75
45.00	0.9787	0.9788	0.9789	0.9790	0.9791	0.9792	0.9793	0.9794	0.9795	0.9795	0.9796	45.00
45.25	0.9785	0.9786	0.9887	0.9788	0.9789	0.9790	0.9791	0.9791	0.9792	0.9793	0.9794	45.25
45.50	0.9782	0.9783	0.9784	0.9785	0.9786	0.9787	0.9788	0.9789	0.9790	0.9791	0.9792	45.50
45.75	0.9780	0.9781	0.9782	0.9783	0.9784	0.9785	0.9786	0.9787	0.9788	0.9789	0.9790	45.75
46.00	0.9778	0.9779	0.9780	0.9781	0.9782	0.9783	0.9784	0.9785	0.9786	0.9787	0.9788	46.00
46.25	0.9776	0.9777	0.9778	0.9779	0.9780	0.9781	0.9782	0.9783	0.9784	0.9785	0.9786	46.25
46.50	0.9774	0.9775	0.9776	0.9777	0.9778	0.9779	0.9780	0.9781	0.9782	0.9783	0.9784	46.50
46.75	0.9772	0.9773	0.9774	0.9775	0.9776	0.9777	0.9778	0.9779	0.9780	0.9781	0.9782	46.75
47.00	0.9770	0.9771	0.9772	0.9773	0.9774	0.9775	0.9776	0.9777	0.9778	0.9779	0.9780	47.00
47.25	0.9767	0.9768	0.9769	0.9770	0.9771	0.9772	0.9773	0.9774	0.9775	0.9776	0.9778	47.25
47.50	0.9765	0.9766	0.9767	0.9769	0.9770	0.9771	0.9772	0.9773	0.9774	0.9775	0.9776	47.50

表 11 产品油体积修正系数表(2)

温度/℃	20℃密度											温度/℃
	710.0	712.0	714.0	716.0	718.0	720.0	722.0	724.0	726.0	728.0	730.0	
	20℃体积修正系数											
13.75	1.0081	1.0081	1.0081	1.0080	1.0080	1.0080	1.0079	1.0079	1.0079	1.0078	1.0078	13.75
14.00	1.0078	1.0078	1.0078	1.0077	1.0077	1.0077	1.0076	1.0076	1.0076	1.0075	1.0075	14.00
14.25	1.0075	1.0075	1.0074	1.0074	1.0074	1.0073	1.0073	1.0073	1.0072	1.0072	1.0072	14.25
14.50	1.0072	1.0071	1.0071	1.0071	1.0070	1.0070	1.0070	1.0070	1.0069	1.0069	1.0069	14.50
14.75	1.0068	1.0068	1.0068	1.0068	1.0067	1.0067	1.0067	1.0066	1.0066	1.0066	1.0066	14.75
15.00	1.0065	1.0065	1.0065	1.0064	1.0064	1.0064	1.0064	1.0063	1.0063	1.0063	1.0062	15.00
15.25	1.0062	1.0062	1.0061	1.0061	1.0061	1.0061	1.0061	1.0060	1.0060	1.0060	1.0059	15.25
15.50	1.0059	1.0058	1.0058	1.0058	1.0058	1.0057	1.0057	1.0057	1.0057	1.0056	1.0056	15.50
15.75	1.0055	1.0055	1.0055	1.0055	1.0054	1.0054	1.0054	1.0054	1.0054	1.0053	1.0053	15.75
16.00	1.0052	1.0052	1.0052	1.0051	1.0051	1.0053	1.0054	1.0051	1.0050	1.0050	1.0050	16.00
16.25	1.0049	1.0049	1.0048	1.0048	1.0048	1.0048	1.0048	1.0047	1.0047	1.0047	1.0047	16.25
16.50	1.0046	1.0045	1.0045	1.0045	1.0045	1.0045	1.0044	1.0044	1.0044	1.0044	1.0044	16.50
16.75	1.0042	1.0042	1.0042	1.0042	1.0042	1.0041	1.0041	1.0041	1.0041	1.0041	1.0041	16.75
17.00	1.0039	1.0039	1.0039	1.0039	1.0038	1.0038	1.0038	1.0038	1.0038	1.0038	1.0038	17.00
17.25	1.0036	1.0036	1.0036	1.0035	1.0035	1.0035	1.0035	1.0035	1.0035	1.0035	1.0034	17.25
17.50	1.0033	1.0032	1.0032	1.0032	1.0032	1.0032	1.0032	1.0032	1.0032	1.0031	1.0031	17.50
17.75	1.0029	1.0029	1.0029	1.0029	1.0029	1.0029	1.0029	1.0028	1.0028	1.0028	1.0028	17.75
18.00	1.0026	1.0026	1.0026	1.0026	1.0026	1.0026	1.0025	1.0025	1.0025	1.0025	1.0025	18.00
18.25	1.0023	1.0023	1.0023	1.0023	1.0022	1.0022	1.0022	1.0022	1.0022	1.0022	1.0022	18.25
18.50	1.0020	1.0019	1.0019	1.0019	1.0019	1.0019	1.0019	1.0019	1.0019	1.0019	1.0019	18.50
18.75	1.0016	1.0016	1.0016	1.0016	1.0016	1.0016	1.0016	1.0016	1.0016	1.0016	1.0016	18.75
19.00	1.0013	1.0013	1.0013	1.0013	1.0013	1.0013	1.0013	1.0013	1.0013	1.0013	1.0013	19.00
19.25	1.0010	1.0010	1.0010	1.0010	1.0010	1.0010	1.0010	1.0010	1.0009	1.0009	1.0009	19.25
19.50	1.0007	1.0006	1.0006	1.0006	1.0006	1.0006	1.0006	1.0006	1.0006	1.0006	1.0006	19.50
19.75	1.0003	1.0003	1.0003	1.0003	1.0003	1.0003	1.0003	1.0003	1.0003	1.0003	1.0003	19.75
20.00	1.0000	1.0000	1.0000	1.0000	1.0000	1.0000	1.0000	1.0000	1.0000	1.0000	1.0000	20.00
20.25	0.9997	0.9997	0.9997	0.9997	0.9997	0.9997	0.9997	0.9997	0.9997	0.9997	0.9997	20.25
20.50	0.9993	0.9993	0.9994	0.9994	0.9994	0.9994	0.9994	0.9994	0.9994	0.9994	0.9994	20.50
20.75	0.9990	0.9990	0.9990	0.9990	0.9990	0.9990	0.9990	0.9990	0.9991	0.9991	0.9991	20.75
21.00	0.9987	0.9987	0.9987	0.9987	0.9987	0.9987	0.9987	0.9987	0.9987	0.9987	0.9987	21.00
21.25	0.9984	0.9984	0.9984	0.9984	0.9984	0.9984	0.9984	0.9984	0.9984	0.9984	0.9984	21.25
21.50	0.9980	0.9980	0.9981	0.9981	0.9981	0.9981	0.9981	0.9981	0.9981	0.9981	0.9981	21.50
21.75	0.9977	0.9977	0.9977	0.9977	0.9978	0.9978	0.9978	0.9978	0.9978	0.9978	0.9978	21.75
22.00	0.9974	0.9974	0.9974	0.9974	0.9974	0.9974	0.9975	0.9975	0.9975	0.9975	0.9975	22.00
22.25	0.9971	0.9971	0.9971	0.9971	0.9971	0.9971	0.9971	0.9971	0.9972	0.9972	0.9972	22.25
22.50	0.9967	0.9967	0.9968	0.9968	0.9968	0.9968	0.9968	0.9968	0.9968	0.9969	0.9969	22.50
22.75	0.9964	0.9964	0.9964	0.9965	0.9965	0.9965	0.9965	0.9965	0.9965	0.9965	0.9966	22.75
23.00	0.9961	0.9961	0.9961	0.9961	0.9961	0.9962	0.9962	0.9962	0.9962	0.9962	0.9962	23.00
23.25	0.9958	0.9958	0.9958	0.9958	0.9958	0.9958	0.9959	0.9959	0.9959	0.9959	0.9959	23.25
23.50	0.9954	0.9954	0.9955	0.9955	0.9955	0.9955	0.9955	0.9956	0.9956	0.9956	0.9956	23.50
23.75	0.9951	0.9951	0.9951	0.9952	0.9952	0.9952	0.9952	0.9952	0.9953	0.9953	0.9953	23.75
24.00	0.9948	0.9948	0.9948	0.9948	0.9949	0.9949	0.9949	0.9949	0.9949	0.9950	0.9950	24.00
24.25	0.9944	0.9945	0.9945	0.9945	0.9945	0.9946	0.9946	0.9946	0.9946	0.9947	0.9947	24.25
24.50	0.9941	0.9941	0.9942	0.9942	0.9942	0.9942	0.9943	0.9943	0.9943	0.9943	0.9944	24.50
24.75	0.9938	0.9938	0.9938	0.9939	0.9939	0.9939	0.9939	0.9940	0.9940	0.9940	0.9940	24.75
25.00	0.9935	0.9935	0.9935	0.9935	0.9936	0.9936	0.9936	0.9937	0.9937	0.9937	0.9937	25.00

表 14　产品标准密度表

温度/℃	视密度											温度/℃
	713.0	715.0	717.0	719.0	721.0	723.0	725.0	727.0	729.0	731.0	733.0	
	20℃密度											
15.75	709.1	711.1	713.1	715.2	717.2	719.2	721.2	723.2	725.2	727.2	729.2	15.75
16.00	709.4	711.4	713.4	715.4	717.4	719.4	721.4	723.4	725.4	727.4	729.4	16.00
16.25	709.6	711.6	713.6	715.6	717.6	719.6	721.6	723.6	725.6	727.6	729.6	16.25
16.50	709.8	711.8	713.8	715.8	717.8	719.8	721.8	723.9	725.9	727.9	729.9	16.50
16.75	710.0	712.0	714.1	716.1	718.1	720.1	722.1	724.1	726.1	728.1	730.1	16.75
17.00	710.3	712.3	714.3	716.3	718.3	720.3	722.3	724.3	726.3	728.3	730.3	17.00
17.25	710.5	712.5	714.5	716.5	718.5	720.5	722.5	724.5	726.5	728.5	730.5	17.25
17.50	710.7	712.7	714.7	716.7	718.7	720.7	722.7	724.8	726.8	728.8	730.8	17.50
17.75	711.0	713.0	715.0	717.0	719.0	721.0	723.0	725.0	727.0	729.0	731.0	17.75
18.00	711.2	713.2	715.2	717.2	719.2	721.2	723.2	725.2	727.2	729.2	731.2	18.00
18.25	711.4	713.4	715.4	717.4	719.4	721.4	723.4	725.4	727.4	729.4	731.4	18.25
18.50	711.6	713.6	715.6	717.6	719.6	721.6	723.6	725.7	727.7	729.7	731.7	18.50
18.75	711.9	713.9	715.9	717.9	719.9	721.9	723.9	725.9	727.9	729.9	731.9	18.75
19.00	712.1	714.1	716.1	718.1	720.1	722.1	724.1	726.1	728.1	730.1	732.1	19.00
19.25	712.3	714.3	716.3	718.3	720.3	722.3	724.3	726.3	728.3	730.3	732.3	19.25
19.50	712.5	714.5	716.5	718.5	720.5	722.5	724.5	726.6	728.6	730.6	732.6	19.50
19.75	712.8	714.8	716.8	718.8	720.8	722.8	724.8	726.8	728.8	730.8	732.8	19.75
20.00	713.0	715.0	717.0	719.0	721.0	723.0	725.0	727.0	729.0	731.0	733.0	20.00
20.25	713.2	715.2	717.2	719.2	721.2	723.2	725.2	727.2	729.2	731.2	733.2	20.25
20.50	713.5	715.5	717.5	719.5	721.5	723.5	725.5	727.4	729.4	731.4	733.4	20.50
20.75	713.7	715.7	717.7	719.7	721.7	723.7	725.7	727.7	729.7	731.7	733.7	20.75
21.00	713.9	715.9	717.9	719.9	721.9	723.9	725.9	727.9	729.0	731.9	733.9	21.00
21.25	714.1	716.1	718.1	720.1	722.1	724.1	726.1	728.1	730.1	732.1	734.1	21.25
21.50	714.4	716.4	718.4	720.4	722.4	724.4	726.3	728.3	730.3	732.3	734.3	21.50
21.75	714.6	716.6	718.6	720.6	722.6	724.6	726.6	728.6	730.6	732.6	734.6	21.75
22.00	714.8	716.8	718.8	720.8	722.8	724.8	726.8	728.8	730.8	732.8	734.8	22.00
22.25	715.0	717.0	719.0	721.0	723.0	725.0	727.0	729.0	731.0	733.0	735.0	22.25
22.50	715.3	717.3	719.3	721.3	723.3	725.3	727.2	729.2	731.2	733.2	735.2	22.50
22.75	715.5	717.5	719.5	721.5	723.5	725.5	727.5	729.5	731.5	733.5	735.5	22.75
23.00	715.7	717.7	719.7	721.7	723.7	725.7	727.7	729.7	731.7	733.7	735.7	23.00
23.25	715.9	717.9	719.9	721.9	723.9	725.9	727.9	729.9	731.9	733.9	735.9	23.25
23.50	716.2	718.2	720.2	722.2	724.2	726.2	728.1	730.1	732.1	734.1	736.1	23.50
23.75	716.4	718.4	720.4	722.4	724.4	726.4	728.4	730.4	732.4	734.4	736.4	23.75
24.00	716.6	718.6	720.6	722.6	724.6	726.6	728.6	730.6	732.6	734.6	736.6	24.00
24.25	716.9	718.9	720.8	722.8	724.8	726.8	728.8	730.8	732.8	734.8	736.8	24.25
24.50	717.1	719.1	721.1	723.1	725.1	727.1	729.1	731.0	733.0	735.0	737.0	24.50
24.75	717.3	719.3	721.3	723.3	725.3	727.3	729.3	731.3	733.3	735.3	737.2	24.75
25.00	717.5	719.5	721.5	723.5	725.5	727.5	729.5	731.5	733.5	735.5	737.5	25.00
25.25	717.8	719.8	721.7	723.7	725.7	727.7	729.7	731.7	733.7	735.7	737.7	25.25
25.50	718.0	720.0	722.0	724.0	726.0	728.0	729.9	731.9	733.9	735.9	737.9	25.50
25.75	718.2	720.2	722.2	724.2	726.2	728.2	730.2	732.2	734.2	736.1	738.1	25.75
26.00	718.4	720.4	722.4	724.4	726.4	728.4	730.4	732.4	734.4	736.4	738.4	26.00
26.25	718.7	720.7	722.7	724.6	726.6	728.6	730.6	732.6	734.6	736.6	738.6	26.25
26.50	718.9	720.9	722.9	724.9	726.9	728.8	730.8	732.8	734.8	736.8	738.8	26.50
26.75	719.1	721.1	723.1	725.1	727.1	729.1	731.1	733.1	735.0	737.0	739.0	26.75
27.00	719.3	721.3	723.3	725.3	727.3	729.3	731.3	733.3	735.3	737.3	739.3	27.00

表 15 球形罐容积表

罐号：23

高度/cm	容积/L	高度/cm	容积/L	高度/cm	容积/L	高度/cm	容积/L
1	59	35	1890	71	6998	106	15112
2	63	37	1991	72	7189	107	15385
3	70	38	2096	73	7383	108	15661
4	81	39	2203	74	7579	109	15938
5	94	40	2313	75	7778	110	16218
6	109	41	2425	76	7979	111	16500
7	128	42	2540	77	8183	112	16785
8	150	43	2658	78	8389	113	17071
9	174	44	2778	79	8597	114	17360
10	202	45	2901	80	8808	115	17651
11	232	46	3026	81	9021	116	17944
12	265	47	3155	82	9237	117	18240
13	300	48	3285	83	9455	118	18537
14	339	49	3419	84	9675	119	18837
15	381	50	3555	85	9898	120	19138
16	425	51	3693	86	10123	121	19442
17	472	52	3834	87	10350	122	19748
18	522	53	3978	88	10580	123	20056
19	574	54	4124	89	10812	124	20367
20	630	55	4273	90	11047	125	20679
21	688	56	4425	91	11284	126	20994
22	749	57	4578	92	11523	127	21310
23	813	58	4735	93	11764	128	21629
24	879	59	4894	94	12008	129	21950
25	948	60	5056	95	12254	130	22273
26	1020	61	5220	96	12503	131	22598
27	1095	62	5386	97	12753	132	22925
28	1172	63	5555	98	13006	133	23254
29	1253	64	5727	99	13261	134	23585
30	1335	65	5901	100	13519	135	23918
31	1421	66	6078	101	13779	136	24254
32	1509	67	6257	102	14041	137	24591
33	1600	68	6438	103	14305	138	24930
34	1694	69	6622	104	14572	139	25272
35	1790	70	6809	105	14841	140	25615

续表

高度/cm	容积/L	高度/cm	容积/L	高度/cm	容积/L	高度/cm	容积/L
141	25961	176	39273	211	54777	246	72201
142	26308	177	39686	212	55249	247	72725
143	26657	178	40102	213	55723	248	73249
144	27009	179	40520	214	56199	249	73775
145	27362	180	40939	215	56676	250	74703
146	27718	181	41360	216	57155	251	74831
147	28075	182	41782	217	57635	252	75361
148	28435	183	42207	218	58117	253	75893
149	28796	184	42633	219	58600	254	76425
150	29159	185	43061	220	59085	255	76959
151	29525	186	43491	221	59571	256	77494
152	29892	187	43922	222	60059	257	78031
153	30261	188	44355	223	60548	258	78569
154	30632	189	44790	224	61039	259	79108
155	31005	190	45226	225	61531	260	79648
156	31380	191	45665	226	62025	261	80190
157	31757	192	46105	227	62520	262	80732
158	32136	193	46546	228	63017	263	81276
159	32516	194	46989	229	63515	264	81822
160	32899	195	47437	230	64015	265	82368
161	33283	196	47881	231	64516	266	82916
162	33670	197	48329	232	65018	267	83456
163	34058	198	48779	233	65522	268	84015
164	34449	199	49231	234	66028	269	84566
165	34840	200	49684	235	66534	270	85119
166	35234	201	50139	236	67043	271	85673
167	35629	202	50596	237	67552	272	86228
168	36027	203	51054	238	68063	273	86784
169	36426	204	51514	239	68576	274	87341
170	36827	205	51975	240	69090	275	87900
171	37230	206	52438	241	69605	276	88459
172	37635	207	52902	242	70121	277	89020
173	38042	208	53369	243	70639	278	89582
174	38450	209	53836	244	71158	279	90145
175	38861	210	54306	245	71679	280	90710

续表

高度/cm	容积/L	高度/cm	容积/L	高度/cm	容积/L	高度/cm	容积/L
281	91275	316	111726	351	133284	386	155677
282	91841	317	112328	352	133914	387	156327
283	92409	318	112931	353	134544	388	156977
284	92978	319	113535	354	135175	389	157627
285	93548	320	114139	355	135806	390	158278
286	94119	321	114745	356	136439	391	158929
287	94691	322	115351	357	137071	392	159580
288	95264	323	115958	358	137705	393	160232
289	95838	324	116566	359	138339	394	160885
290	96413	325	117175	360	138974	395	161538
291	96989	326	117785	361	139609	396	162191
292	97567	327	118395	362	140245	397	162844
293	98145	328	119007	363	140882	398	163498
294	98725	329	119619	364	141519	399	164153
295	99305	330	120232	365	142157	400	164808
296	99887	331	120846	366	142795	401	165463
297	100470	332	121461	367	143434	402	166118
298	101053	333	122076	368	144073	403	166774
299	101638	334	122692	369	144714	404	167430
300	102224	335	123309	370	145354	405	168087
301	102810	336	123927	371	145996	406	168744
302	103398	337	124546	372	146637	407	169401
303	103987	338	125165	373	147280	408	170059
304	104576	339	125785	374	147923	409	170717
305	105167	340	126406	375	148566	410	171375
306	105758	341	127028	376	149210	411	172033
307	106351	342	127650	377	149855	412	172692
308	106944	343	128273	378	150500	413	173351
309	107539	344	128897	379	151145	414	174011
310	108134	345	129522	380	151791	415	174670
311	108731	346	130147	381	152438	416	175330
312	109328	347	130773	382	153085	417	175991
313	109926	348	131400	383	153732	418	176651
314	110525	349	132027	384	154380	419	177312
315	111125	350	132656	385	155028	420	177973

续表

高度/cm	容积/L	高度/cm	容积/L	高度/cm	容积/L	高度/cm	容积/L
421	178634	456	201883	491	225153	526	248173
422	179296	457	202549	492	225816	527	248824
423	179957	458	203215	493	226478	528	249475
424	180619	459	203881	494	227140	529	250125
425	181281	460	204547	495	227802	530	250775
426	181944	461	205212	496	228463	531	251425
427	182606	462	205878	497	229125	532	252074
428	183269	463	206544	498	229786	533	252723
429	183932	464	207210	499	230447	534	253371
430	184595	465	207876	500	231107	535	254018
431	185259	466	208541	501	231768	536	254666
432	185922	467	209207	502	232428	537	255312
433	186586	468	209873	503	233087	538	255959
434	187250	469	210538	504	233747	539	256604
435	187914	470	211204	505	234406	540	257250
436	188578	471	211869	506	235065	541	257894
437	189242	472	212535	507	235724	542	258538
438	189907	473	213200	508	236382	543	259182
439	190571	474	213865	509	237040	544	259825
440	191236	475	214530	510	237698	545	260468
441	191901	476	215195	511	238355	546	261110
442	192566	477	215860	512	239012	547	261751
443	193231	478	216525	513	239669	548	262392
444	193896	479	217189	514	240325	549	263033
445	194561	480	217854	515	240981	550	263672
446	195227	481	218518	516	241637	551	264312
447	195892	482	219182	517	242292	552	264950
448	196557	483	219847	518	242947	553	265588
449	197223	484	220510	519	243602	554	266226
450	197889	485	221174	520	244256	555	266862
451	198554	486	221838	521	244910	556	267499
452	199220	487	222501	522	245563	557	268134
453	199886	488	223164	523	246216	558	268769
454	200551	489	223828	524	246869	559	269404
455	201217	490	224490	525	247521	560	270037

续表

高度/cm	容积/L	高度/cm	容积/L	高度/cm	容积/L	高度/cm	容积/L
561	270670	596	292375	631	313015	666	332319
562	271303	597	292981	632	313586	667	332848
563	271935	598	293586	633	314157	668	333376
564	272566	599	294190	634	314726	669	333903
565	273196	600	294793	635	315294	670	334428
566	273826	601	295395	636	315861	671	334952
567	274455	602	295996	637	316427	672	335474
568	275083	603	296597	638	316991	673	335996
569	275711	604	297196	639	317555	674	336515
570	276338	605	297795	640	318117	675	337034
571	276964	606	298393	641	318679	676	337551
572	277590	607	298989	642	319239	677	338067
573	278215	608	299585	643	319798	678	338581
574	278839	609	300180	644	320355	679	339094
575	279463	610	300774	645	320912	680	339606
576	280085	611	301367	646	321467	681	340116
577	280707	612	301959	647	322022	682	340625
578	281328	613	302550	648	322575	683	341132
579	281949	614	303140	649	323127	684	341638
580	282569	615	303729	650	323677	685	342143
581	283187	616	304317	651	324227	686	342646
582	283806	617	304904	652	324775	687	343147
583	284423	618	305490	653	325322	688	343647
584	285040	619	306075	654	325868	689	344146
585	285655	620	306659	655	326412	690	344644
586	286270	621	307242	656	326956	691	345139
587	286885	622	307824	657	327498	692	345634
588	287498	623	308405	658	328039	693	346127
589	288110	624	308985	659	328578	694	346618
590	288722	625	309564	660	329116	695	347108
591	289333	626	310142	661	329653	696	347596
592	289943	627	310719	662	330189	697	348083
593	290552	628	311294	663	330723	698	348569
594	291161	629	311869	664	331257	699	349053
595	291768	630	312442	665	331788	700	349535

续表

高度/cm	容积/L	高度/cm	容积/L	高度/cm	容积/L	高度/cm	容积/L
701	350016	736	365834	771	379502	806	390749
702	350495	737	366256	772	379858	807	391032
703	350973	738	366675	773	380212	808	391313
704	351449	739	367094	774	380565	809	391591
705	351924	740	367510	775	380915	810	391868
706	352397	741	367924	776	381263	811	392142
707	352868	742	368337	777	381609	812	392414
708	353338	743	368748	778	381954	813	392684
709	353807	744	369157	779	382296	814	392951
710	354274	745	369565	780	382636	815	393216
711	354739	746	369970	781	382974	816	393479
712	355202	747	370374	782	383310	817	393740
713	355664	748	370776	783	383644	818	393998
714	356125	749	371176	784	383976	819	394255
715	356584	750	371574	785	384306	820	394509
716	357041	751	371971	786	384634	821	394760
717	357496	752	372365	787	384960	822	395009
718	357950	753	372758	788	385284	823	395256
719	358403	754	373149	789	385605	824	395501
720	358853	755	373538	790	385925	825	395744
721	359302	756	373925	791	386243	826	395984
722	359749	757	374310	792	386558	827	396221
723	360195	758	374693	793	386871	828	396457
724	360639	759	375075	794	387182	829	396690
725	361081	760	375454	795	387491	830	396921
726	361522	761	375832	796	387798	831	397149
727	361961	762	376208	797	388103	832	397375
728	362398	763	376582	798	388406	833	397599
729	362834	764	376953	799	388706	834	397820
730	363267	765	377323	800	389004	835	398039
731	363699	766	377691	801	389300	836	398256
732	364130	767	378057	802	389594	837	398470
733	364558	768	378421	803	389886	838	398682
734	364985	769	378784	804	390176	839	398891
735	365410	770	379144	805	390463	840	399098

表16 云油－号舱容表

舱号：左3 量油口高：5145mm

高度/cm	容积/L	高度/cm	容积/L	高度/cm	容积/L	高度/cm	容积/L	高度/cm	容积/L
1	2312	33	14337	65	29612	97	45566	129	61861
2	2564	34	14801	66	30104	98	46068	130	62379
3	2815	35	15269	67	30597	99	46571	131	62897
4	3066	36	15738	68	31090	100	47074	132	63415
5	3368	37	16206	69	31582	101	47576	133	63932
6	3676	38	16574	70	32075	102	48079	134	64450
7	3983	39	17143	71	32568	103	48581	135	64964
8	4291	40	17611	72	33060	104	49084	136	65486
9	4599	41	18080	73	33553	105	49587	137	66003
10	4906	42	18548	74	34046	106	50089	138	66521
11	5230	43	19016	75	35031	107	50592	139	67039
12	5621	44	19485	76	35524	108	51095	140	67556
13	6011	45	19953	77	36016	109	51597	141	68074
14	6401	46	20421	78	36518	110	52100	142	68592
15	6792	47	20890	79	37020	111	52603	143	69110
16	7182	48	21358	80	37523	112	53105	144	69627
17	7572	49	21827	81	38026	113	53608	145	70145
18	7962	50	22295	82	38528	114	54111	146	70663
19	8353	51	22763	83	39031	115	54613	147	71181
20	8743	52	23232	84	39534	116	55131	148	71698
21	9133	53	23700	85	39869	117	55649	149	72216
22	9524	54	24193	86	40204	118	56167	150	72734
23	9914	55	24685	87	40539	119	56684	151	73251
24	10304	56	25178	88	41042	120	57202	152	73769
25	10752	57	25671	89	41544	121	57720	153	74287
26	11200	58	26163	90	42047	122	58237	154	74804
27	11648	59	26656	91	42550	123	58755	155	75322
28	12096	60	27149	92	43052	124	59273	156	75840
29	12544	61	27641	93	43555	125	59791	157	76358
30	12993	62	28134	94	44058	126	60308	158	76876
31	13441	63	28627	95	44560	127	60826	159	77393
32	13889	64	29110	96	45063	128	61344	160	77911

续表

高度/cm	容积/L	高度/cm	容积/L	高度/cm	容积/L	高度/cm	容积/L	高度/cm	容积/L
161	78429	193	94605	225	110404	257	126577	289	143144
162	78946	194	95098	226	110897	258	127095	290	143662
163	79464	195	95592	227	111391	259	127613	291	144180
164	79982	196	96086	228	111885	260	128130	292	144697
165	80500	197	96579	229	112378	261	128648	293	145215
166	81017	198	97073	230	112872	262	129166	294	145733
167	81535	199	97567	231	113366	263	129683	295	146251
168	82053	200	98061	232	113860	264	130201	296	146768
169	82570	201	98554	233	114353	265	130719	297	147286
170	83088	202	99048	234	114847	266	131237	298	147804
171	83606	203	99542	235	115341	267	131754	299	148322
172	84124	204	100035	236	115835	268	132272	300	148838
173	84641	205	100529	237	116328	269	132790	301	149357
174	85159	206	101023	238	116822	270	133308	302	149875
175	85677	207	101517	239	117316	271	133825	303	150392
176	86195	208	102010	240	117809	272	134343	304	150886
177	86705	209	102504	241	118303	273	134861	305	151830
178	87199	210	102998	242	118811	274	135378	306	151874
179	87693	211	103492	243	119329	275	135896	307	152367
180	88186	212	103985	244	119847	276	136414	308	152861
181	88680	213	104479	245	120364	277	136932	309	153355
182	89174	214	104973	246	120882	278	137449	310	153848
183	89667	215	105466	247	121400	279	137967	311	154352
184	90161	216	105960	248	121918	280	138485	312	154836
185	90655	217	106454	249	122435	281	139002	313	155330
186	91149	218	106948	250	122953	282	139520	314	155823
187	91642	219	107441	251	123471	283	140038	315	156317
188	92136	220	107935	252	123988	284	140556	316	156811
189	92630	221	108429	253	124506	285	141073	317	157305
190	93123	222	108922	254	125024	286	141591	318	157798
191	93617	223	109416	255	125542	287	142109	319	158292
192	94111	224	109910	256	126059	288	142627	320	158786

续表

高度/cm	容积/L	高度/cm	容积/L	高度/cm	容积/L	高度/cm	容积/L	高度/cm	容积/L
321	159279	353	175078	385	191105	417	207289	449	223472
322	159773	354	175572	386	191611	418	207794	450	223977
323	160267	355	176066	387	192117	419	208300	451	224483
324	160761	356	176560	388	192623	420	208806	452	224989
325	161254	357	177053	389	193128	421	209311	453	225495
326	161748	358	177547	390	193634	422	209817	454	226000
327	162242	359	178041	391	194140	423	210323	455	226506
328	162735	360	178534	392	194646	424	210829	456	227012
329	163229	361	179028	393	195151	425	211334	457	227517
330	163723	362	179522	394	195657	426	211840	458	228023
331	164217	363	180016	395	196163	427	212346	459	228529
332	164710	364	180509	396	196668	428	212852	460	229035
333	165204	365	181003	397	197174	429	213357	461	229540
334	165698	366	181497	398	197680	430	213863	462	230046
335	166191	367	182002	399	198186	431	214369	463	230552
336	166685	368	182508	400	198691	432	214874	464	231058
337	167179	369	183014	401	199167	433	215380	465	231563
338	167673	370	183520	402	199703	434	215886	466	232069
339	168166	371	184025	403	200208	435	216392	467	232575
340	168660	372	184531	404	200714	436	216897	468	233080
341	169154	373	185037	405	201220	437	217403	469	233586
342	169647	374	185543	406	201726	438	217909	470	234092
343	170141	375	186048	407	202231	439	218414		
344	170635	376	186554	408	202737	440	218920		
345	171129	377	187060	409	203243	441	219426		
346	171622	378	187565	410	203749	442	219932		
347	172116	379	188071	411	204254	443	220437		
348	172610	380	188577	412	204760	444	220943		
349	173104	381	189083	413	205266	445	221449		
350	173597	382	189588	414	205771	446	221955		
351	174091	383	190094	415	206277	447	222460		
352	174585	384	190600	416	206783	448	222960		

表 17　大庆液化舱容表

船名：大庆　　　　舱号：第一油仓左　　　　总高：8.21m

空高/m	容量/m³	实际高/m	容量/m³
2.2	180.40	0.0	0.82
2.1	185.14	0.1	1.58
2.0	189.88	0.2	3.40
1.9	194.62	0.3	6.27
1.8	199.36	0.4	10.20
1.7	204.10	0.5	15.18
1.6	208.84	0.6	21.21
1.5	213.58	0.7	28.30
1.4	218.32		
1.3	223.06		
1.2	227.80		
1.1	232.32		
1.0	236.84		
0.9	241.36		
0.8	245.88		
0.7	250.40		
0.6	254.92		
0.5	259.44		
0.4	263.96		
0.3	268.48		
0.2	273.00		
0.1	277.40		

表 18　液货舱纵倾修正值表

前后吃水差/m	0.3	0.6	0.9	1.2	1.5	1.8
1～6 舱号纵倾修正值/dm	+0.05	+0.10	+0.15	+0.18	+0.23	+0.28

表 19　石油体积温度系数表

20℃密度	体积温度系数	20℃密度	体积温度系数	20℃密度	体积温度系数
0.6000 ~ 0.6006	0.00179	0.6824 ~ 0.6845	0.00134	0.8079 ~ 0.8114	0.00089
0.6007 ~ 0.6022	0.00178	0.6846 ~ 0.6867	0.00133	0.8115 ~ 0.8151	0.00088
0.6023 ~ 0.6038	0.00177	0.6868 ~ 0.6890	0.00132	0.8152 ~ 0.8188	0.00087
0.6039 ~ 0.6054	0.00176	0.6891 ~ 0.6913	0.00131	0.8189 ~ 0.8226	0.00086
0.6055 ~ 0.6070	0.00175	0.6914 ~ 0.6936	0.00130	0.8227 ~ 0.8265	0.00085
0.6071 ~ 0.6086	0.00174	0.6973 ~ 0.6959	0.00129	0.8266 ~ 0.8304	0.00084
0.6087 ~ 0.6103	0.00173	0.6960 ~ 0.6982	0.00128	0.8305 ~ 0.8343	0.00083
0.6104 ~ 0.6119	0.00172	0.6983 ~ 0.7006	0.00127	0.8344 ~ 0.8384	0.00082
0.6120 ~ 0.6136	0.00171	0.7007 ~ 0.7029	0.00126	0.8385 ~ 0.8425	0.00081
0.6137 ~ 0.6152	0.00170	0.7030 ~ 0.7053	0.00125	0.8426 ~ 0.8466	0.00080
0.6153 ~ 0.6169	0.00169	0.7054 ~ 0.7077	0.00124	0.8467 ~ 0.8509	0.00079
0.6170 ~ 0.6186	0.00168	0.7078 ~ 0.7102	0.00123	0.8510 ~ 0.8552	0.00078
0.6187 ~ 0.6203	0.00167	0.7103 ~ 0.7127	0.00122	0.8553 ~ 0.8596	0.00077
0.6204 ~ 0.6220	0.00166	0.7128 ~ 0.7152	0.00121	0.8597 ~ 0.8640	0.00076
0.6221 ~ 0.6238	0.00165	0.7153 ~ 0.7177	0.00120	0.8641 ~ 0.8686	0.00075
0.6239 ~ 0.6255	0.00164	0.7178 ~ 0.7202	0.00119	0.8687 ~ 0.8732	0.00074
0.6256 ~ 0.6273	0.00163	0.7203 ~ 0.7228	0.00118	0.8733 ~ 0.8779	0.00073
0.6274 ~ 0.6290	0.00162	0.7229 ~ 0.7254	0.00117	0.8780 ~ 0.8827	0.00072
0.6291 ~ 0.6308	0.00161	0.7255 ~ 0.7280	0.00116	0.8828 ~ 0.8876	0.00071
0.6309 ~ 0.6326	0.00160	0.7281 ~ 0.7307	0.00115	0.8877 ~ 0.8926	0.00070
0.6327 ~ 0.6344	0.00159	0.7308 ~ 0.7333	0.00114	0.8927 ~ 0.8978	0.00069
0.6345 ~ 0.6362	0.00158	0.7334 ~ 0.7360	0.00113	0.8979 ~ 0.9030	0.00068
0.6363 ~ 0.6381	0.00157	0.7361 ~ 0.7388	0.00112	0.9031 ~ 0.9083	0.00067
0.6382 ~ 0.6399	0.00156	0.7389 ~ 0.7415	0.00111	0.9084 ~ 0.9138	0.00066
0.6400 ~ 0.6418	0.00155	0.7416 ~ 0.7443	0.00110	0.9139 ~ 0.9193	0.00065
0.6419 ~ 0.6437	0.00154	0.7444 ~ 0.7472	0.00109	0.9194 ~ 0.9251	0.00064
0.6438 ~ 0.6456	0.00153	0.7473 ~ 0.7500	0.00108	0.9252 ~ 0.9309	0.00063
0.6457 ~ 0.6475	0.00152	0.7501 ~ 0.7529	0.00107	0.9310 ~ 0.9369	0.00062
0.6476 ~ 0.6494	0.00151	0.7530 ~ 0.7558	0.00106	0.9370 ~ 0.9431	0.00061
0.6495 ~ 0.6513	0.00150	0.7559 ~ 0.7588	0.00105	0.9432 ~ 0.9494	0.00060
0.6514 ~ 0.6533	0.00149	0.7589 ~ 0.7618	0.00104	0.9495 ~ 0.9559	0.00059
0.6534 ~ 0.6552	0.00148	0.7619 ~ 0.7648	0.00103	0.9560 ~ 0.6926	0.00058
0.6553 ~ 0.6572	0.00147	0.7649 ~ 0.7679	0.00102	0.9627 ~ 0.9695	0.00057
0.6573 ~ 0.6592	0.00146	0.7680 ~ 0.7719	0.00101	0.9696 ~ 0.9766	0.00056
0.6593 ~ 0.6612	0.00145	0.7720 ~ 0.7741	0.00100	0.9767 ~ 0.9840	0.00055
0.6613 ~ 0.6633	0.00144	0.7742 ~ 0.7773	0.00099	0.9841 ~ 0.9916	0.00054
0.6634 ~ 0.6653	0.00143	0.7774 ~ 0.7805	0.00098	0.9917 ~ 0.9994	0.00053
0.6654 ~ 0.6674	0.00142	0.7806 ~ 0.7837	0.00097	0.9995 ~ 1.0076	0.00052
0.6675 ~ 0.6694	0.00141	0.7838 ~ 0.7870	0.00096	1.0077 ~ 1.0100	0.00051
0.6695 ~ 0.6715	0.00140	0.7871 ~ 0.7904	0.00095		
0.6716 ~ 0.6737	0.00139	0.7905 ~ 0.7938	0.00094		
0.6738 ~ 0.6758	0.00138	0.7939 ~ 0.7972	0.00093		
0.6759 ~ 0.6779	0.00137	0.7973 ~ 0.8007	0.00092		
0.6780 ~ 0.6801	0.00136	0.8008 ~ 0.8042	0.00091		
0.6802 ~ 0.6823	0.00135	0.8043 ~ 0.8078	0.00090		

表 20 石油真空中质量换算到空气中重量换算系数表

20℃密度/(g/cm³)	换算系数 F	20℃密度/(g/cm³)	换算系数 F
0. 5000 ~ 0. 5093	0. 99770	0. 6796 ~ 0. 7195	0. 99840
0. 5094 ~ 0. 5315	0. 99780	0. 7196 ~ 0. 7645	0. 99850
0. 5316 ~ 0. 5557	0. 99790	0. 7646 ~ 0. 8157	0. 99860
0. 5558 ~ 0. 5822	0. 99800	0. 8158 ~ 0. 8741	0. 99870
0. 5823 ~ 0. 6114	0. 99810	0. 8742 ~ 0. 9416	0. 99880
0. 6115 ~ 0. 6136	0. 99820	0. 9417 ~ 1. 0205	0. 99890
0. 6137 ~ 0. 6795	0. 99830	1. 0206 ~ 1. 1000	0. 99900

表 21 石油密度温度系数表

ρ_{20}	γ	ρ_{20}	γ	ρ_{20}	γ
0. 5993 ~ 0. 6042	0. 00107	0. 7073 ~ 0. 7132	0. 00087	0. 8451 ~ 0. 8533	0. 00067
0. 6043 ~ 0. 6091	0. 00106	0. 7133 ~ 0. 7193	0. 00086	0. 8534 ~ 0. 8618	0. 00066
0. 6092 ~ 0. 6142	0. 00105	0. 7194 ~ 0. 7255	0. 00085	0. 8619 ~ 0. 8704	0. 00065
0. 6143 ~ 0. 6193	0. 00104	0. 7256 ~ 0. 7317	0. 00084	0. 8705 ~ 0. 8792	0. 00064
0. 6194 ~ 0. 6244	0. 00103	0. 7318 ~ 0. 7380	0. 00083	0. 8793 ~ 0. 8884	0. 00063
0. 6245 ~ 0. 6292	0. 00102	0. 7381 ~ 0. 7443	0. 00082	0. 8885 ~ 0. 8977	0. 00062
0. 6293 ~ 0. 6347	0. 00101	0. 7444 ~ 0. 7509	0. 00081	0. 8978 ~ 0. 9073	0. 00061
0. 6348 ~ 0. 6400	0. 00100	0. 7510 ~ 0. 7574	0. 00080	0. 9074 ~ 0. 9172	0. 00060
0. 6401 ~ 0. 6453	0. 00099	0. 7575 ~ 0. 7640	0. 00079	0. 9173 ~ 0. 9276	0. 00059
0. 6454 ~ 0. 6506	0. 00098	0. 7641 ~ 0. 7709	0. 00078	0. 9277 ~ 0. 9382	0. 00058
0. 6507 ~ 0. 6560	0. 00097	0. 7710 ~ 0. 7772	0. 00077	0. 9383 ~ 0. 9492	0. 00057
0. 6561 ~ 0. 6615	0. 00096	0. 7773 ~ 0. 7847	0. 00076	0. 9493 ~ 0. 9609	0. 00056
0. 6616 ~ 0. 6670	0. 00095	0. 7848 ~ 0. 7917	0. 00075	0. 9610 ~ 0. 9729	0. 00055
0. 6671 ~ 0. 6726	0. 00094	0. 7918 ~ 0. 7990	0. 00074	0. 9730 ~ 0. 9855	0. 00054
0. 6727 ~ 0. 6782	0. 00093	0. 7991 ~ 0. 8063	0. 00073	0. 9856 ~ 0. 9951	0. 00053
0. 6783 ~ 0. 6839	0. 00092	0. 8064 ~ 0. 8137	0. 00072	0. 9952 ~ 1. 0131	0. 00052
0. 6840 ~ 0. 6896	0. 00091	0. 8138 ~ 0. 8213	0. 00071		
0. 6897 ~ 0. 6954	0. 00090	0. 8214 ~ 0. 8291	0. 00070		
0. 6955 ~ 0. 7013	0. 00089	0. 8292 ~ 0. 8370	0. 00069		
0. 7014 ~ 0. 7072	0. 00088	0. 8371 ~ 0. 8450	0. 00068		

表22　GB/T 1885 表 E1 产品 20℃密度到 15℃密度换算表　　kg/m³

20℃密度	15℃密度	20℃密度	15℃密度	20℃密度	15℃密度	20℃密度	15℃密度	20℃密度	15℃密度
653.0	657.7	698.0	702.4	743.0	747.1	788.0	791.9	833.0	836.7
654.0	658.7	699.0	703.4	744.0	748.1	789.0	792.9	834.0	837.7
655.0	659.7	700.0	704.4	745.0	749.1	790.0	793.9	835.0	838.7
656.0	660.7	701.0	705.4	746.0	750.1	791.0	794.9	836.0	839.7
657.0	661.6	702.0	706.4	747.0	751.1	792.0	795.9	837.0	840.7
658.0	662.6	703.0	707.3	748.0	752.1	793.0	796.9	838.0	841.7
659.0	663.6	704.0	708.3	749.0	753.1	794.0	797.9	839.0	842.6
660.0	664.6	705.0	709.3	750.0	754.1	795.0	798.8	840.0	843.6
661.0	665.6	706.0	710.3	751.0	755.1	796.0	799.8	841.0	844.6
662.0	666.6	707.0	711.3	752.0	756.1	797.0	800.8	842.0	845.6
663.0	667.6	708.0	712.3	753.0	757.1	798.0	801.8	843.0	846.6
664.0	668.6	709.0	713.3	754.0	758.1	799.0	802.8	844.0	847.6
665.0	669.6	710.0	714.3	755.0	759.1	800.0	803.8	845.0	848.6
666.0	670.6	711.0	715.3	756.0	760.0	801.0	804.8	846.0	849.6
667.0	671.6	712.0	716.3	757.0	761.0	802.0	805.8	847.0	850.6
668.0	672.6	713.0	717.3	758.0	762.0	803.0	806.8	848.0	851.6
669.0	673.6	714.0	718.3	759.0	763.0	804.0	807.8	849.0	852.6
670.0	674.6	715.0	719.3	760.0	764.0	805.0	808.8	850.0	853.6
671.0	675.6	716.0	720.3	761.0	765.0	806.0	809.8	851.0	854.6
672.0	676.5	717.0	721.3	762.0	766.0	807.0	810.8	852.0	855.6
673.0	677.5	718.0	722.3	763.0	767.0	808.0	811.8	853.0	856.6
674.0	678.5	719.0	723.3	764.0	768.0	809.0	812.8	854.0	857.6
675.0	679.5	720.0	724.2	765.0	769.0	810.0	813.8	855.0	858.6
676.0	680.5	721.0	725.2	766.0	770.0	811.0	814.8	856.0	859.6
677.0	681.5	722.0	726.2	767.0	771.0	812.0	815.8	857.0	860.6
678.0	682.5	723.0	727.2	768.0	772.0	813.0	816.8	858.0	861.6
679.0	683.5	724.0	728.2	769.0	773.0	814.0	817.8	859.0	862.6
680.0	684.5	725.0	729.2	770.0	774.0	815.0	818.8	860.0	863.6
681.0	685.5	726.0	730.2	771.0	775.0	816.0	819.7	861.0	864.6
682.0	686.5	727.0	731.2	772.0	776.0	817.0	820.7	862.0	865.6
683.0	687.5	728.0	732.2	773.0	777.0	818.0	821.7	863.0	866.5
684.0	688.5	729.0	733.2	774.0	778.0	819.0	822.7	864.0	867.5
685.0	689.5	730.0	734.2	775.0	778.9	820.0	823.7	865.0	868.5
686.0	690.5	731.0	735.2	776.0	779.9	821.0	824.7	866.0	869.5
687.0	691.4	732.0	736.2	777.0	780.9	822.0	825.7	867.0	870.5
688.0	692.4	733.0	737.2	778.0	781.9	823.0	826.7	868.0	871.5
689.0	693.4	734.0	738.2	779.0	782.9	824.0	827.7	869.0	872.5
690.0	694.4	735.0	739.2	780.0	783.9	825.0	828.7	870.0	873.5
691.0	695.4	736.0	740.2	781.0	784.9	826.0	829.7	871.0	874.5
692.0	696.4	737.0	741.1	782.0	785.9	827.0	830.7	872.0	875.5
693.0	697.4	738.0	742.1	783.0	786.9	828.0	831.7	873.0	876.5
694.0	698.4	739.0	743.1	784.0	787.9	829.0	832.7	874.0	877.5
695.0	699.4	740.0	744.1	785.0	788.9	830.0	833.7	875.0	878.5
696.0	700.4	741.0	745.1	786.0	789.9	831.0	834.7	876.0	879.5
697.0	701.4	742.0	746.1	787.0	790.9	832.0	835.7	877.0	880.5

续表

20℃密度	15℃密度	20℃密度	15℃密度	20℃密度	15℃密度	20℃密度	15℃密度	20℃密度	15℃密度
878.0	881.5	918.0	921.3	958.0	961.2	998.0	1001.1	1038.0	1041.0
879.0	882.5	919.0	922.3	959.0	962.2	999.0	1002.1	1039.0	1041.9
880.0	883.5	920.0	923.3	960.0	963.2	1000.0	1003.1	1040.0	1042.9
881.0	884.5	921.0	924.3	961.0	964.2	1001.0	1004.1	1041.0	1043.9
882.0	885.5	922.0	925.3	962.0	965.2	1002.0	1005.1	1042.0	1044.9
883.0	886.5	923.0	926.3	963.0	966.2	1003.0	1006.1	1043.0	1045.9
884.0	887.5	924.0	927.3	964.0	967.2	1004.0	1007.1	1044.0	1046.9
885.0	888.5	925.0	928.3	965.0	968.2	1005.0	1008.0	1045.0	1047.9
886.0	889.5	926.0	929.3	966.0	969.2	1006.0	1009.0	1046.0	1048.9
887.0	890.5	927.0	930.3	967.0	970.2	1007.0	1010.0	1047.0	1049.9
888.0	891.4	928.0	931.3	968.0	971.2	1008.0	1011.0	1048.0	1050.9
889.0	892.4	929.0	932.3	969.0	972.2	1009.0	1012.0	1049.0	1051.9
890.0	893.4	930.0	933.3	970.0	973.2	1010.0	1013.0	1050.0	1052.9
891.0	894.4	931.0	934.3	971.0	974.2	1011.0	1014.0	1051.0	1053.9
892.0	895.4	932.0	935.3	972.0	975.2	1012.0	1015.0	1052.0	1054.9
893.0	896.4	933.0	936.3	973.0	976.1	1013.0	1016.0	1053.0	1055.9
894.0	897.4	934.0	937.3	974.0	977.1	1014.0	1017.0	1054.0	1056.9
895.0	898.4	935.0	938.3	975.0	978.1	1015.0	1018.0	1055.0	1057.9
896.0	899.4	936.0	939.3	976.0	979.1	1016.0	1019.0	1056.0	1058.9
897.0	900.4	937.0	940.3	977.0	980.1	1017.0	1020.0	1057.0	1059.9
898.0	901.4	938.0	941.3	978.0	981.1	1018.0	1021.0	1058.0	1060.9
899.0	902.4	939.0	942.3	979.0	982.1	1019.0	1022.0	1059.0	1061.9
900.0	903.4	940.0	943.3	980.0	983.1	1020.0	1023.0	1060.0	1062.9
901.0	904.4	941.0	944.3	981.0	984.1	1021.0	1024.0	1061.0	1063.9
902.0	905.4	942.0	945.3	982.0	985.1	1022.0	1025.0	1062.0	1064.9
903.0	906.4	943.0	946.2	983.0	986.1	1023.0	1026.0	1063.0	1065.9
904.0	907.4	944.0	947.2	984.0	987.1	1024.0	1027.0	1064.0	1066.9
905.0	908.4	945.0	948.2	985.0	988.1	1025.0	1028.0	1065.0	1067.9
906.0	909.4	946.0	949.2	986.0	989.1	1026.0	1029.0	1066.0	1068.9
907.0	910.5	947.0	950.2	987.0	990.1	1027.0	1030.0	1067.0	1069.9
908.0	911.4	948.0	951.2	988.0	991.1	1028.0	1031.0	1068.0	1070.9
909.0	912.4	949.0	952.2	989.0	992.1	1029.0	1032.0	1069.0	1071.9
910.0	913.4	950.0	953.2	990.0	993.1	1030.0	1033.0	1070.0	1072.9
911.0	914.4	951.0	954.2	991.0	994.1	1031.0	1034.0	1071.0	1073.9
912.0	915.0	952.0	955.2	992.0	995.1	1032.0	1035.0	1072.0	1074.9
913.0	916.4	953.0	956.2	993.0	996.1	1033.0	1036.0	1073.0	1075.9
914.0	917.3	954.0	957.2	994.0	997.1	1034.0	1037.0	1074.0	1076.9
915.0	918.3	955.0	958.2	995.0	998.1	1035.0	1038.0	1075.0	1077.9
916.0	919.3	956.0	959.2	996.0	999.1	1036.0	1039.0		
917.0	920.3	957.0	960.2	997.0	1000.1	1037.0	1040.0		

表23 GB/T 1885 表E3 15℃密度到桶/t系数换算表

15℃密度	桶/t	15℃密度	桶/t	15℃密度	桶/t	15℃密度	桶/t	15℃密度	桶/t
600.0	10.513	637.0	9.990	674.0	9.355	711.0	8.866	748.0	8.427
601.0	10.496	638.0	9.884	675.0	9.341	712.0	8.854	749.0	8.415
602.0	10.478	639.0	9.869	676.0	9.327	713.0	8.842	750.0	8.404
603.0	10.461	640.0	9.854	677.0	9.313	714.0	8.829	751.0	8.393
604.0	10.443	641.0	9.838	678.0	9.299	715.0	8.817	752.0	8.382
605.0	10.426	642.0	9.823	679.0	9.286	716.0	8.804	753.0	8.370
606.0	10.409	643.0	9.807	680.0	9.272	717.0	8.792	754.0	8.359
607.0	10.391	644.0	9.792	681.0	9.258	718.0	8.780	755.0	8.348
608.0	10.374	645.0	9.777	682.0	9.245	719.0	8.767	756.0	8.337
609.0	10.357	646.0	9.762	683.0	9.231	720.0	8.755	757.0	8.326
610.0	10.340	647.0	9.747	684.0	9.218	721.0	8.743	758.0	8.315
611.0	10.323	648.0	9.731	685.0	9.204	722.0	8.731	759.0	8.304
612.0	10.306	649.0	9.716	686.0	9.191	723.0	8.719	760.0	8.293
613.0	10.289	650.0	9.701	687.0	9.177	724.0	8.707	761.0	8.282
614.0	10.272	651.0	9.686	688.0	9.164	725.0	8.695	762.0	8.271
615.0	10.256	652.0	9.672	689.0	9.150	726.0	8.683	763.0	8.260
616.0	10.239	653.0	9.657	690.0	9.137	727.0	8.671	764.0	8.250
617.0	10.222	654.0	9.642	691.0	9.124	728.0	8.659	765.0	8.239
618.0	10.206	655.0	9.627	692.0	9.111	729.0	8.647	766.0	8.228
619.0	10.189	656.0	9.612	693.0	9.098	730.0	8.635	767.0	8.217
620.0	10.173	657.0	9.598	694.0	9.084	731.0	8.623	768.0	8.206
621.0	10.156	658.0	9.583	695.0	9.071	732.0	8.611	769.0	8.196
622.0	10.140	659.0	9.568	696.0	9.058	733.0	8.600	770.0	8.185
623.0	10.123	660.0	9.554	697.0	9.045	734.0	8.588	771.0	8.174
624.0	10.107	661.0	9.539	698.0	9.032	735.0	8.576	772.0	8.164
625.0	10.091	662.0	9.525	699.0	9.019	736.0	8.564	773.0	8.153
626.0	10.075	663.0	9.511	700.0	9.006	737.0	8.553	774.0	8.143
627.0	10.059	664.0	9.496	701.0	8.993	738.0	8.541	775.0	8.132
628.0	10.043	665.0	9.482	702.0	8.981	739.0	8.530	776.0	8.122
629.0	10.026	666.0	9.468	703.0	8.968	740.0	8.518	777.0	8.111
630.0	10.011	667.0	9.453	704.0	8.955	741.0	8.506	778.0	8.101
631.0	9.995	668.0	9.439	705.0	8.942	742.0	8.495	779.0	8.090
632.0	9.979	669.0	9.425	706.0	8.929	743.0	8.483	780.0	8.080
633.0	9.963	670.0	9.411	707.0	8.917	744.0	8.472	781.0	8.069
634.0	9.947	671.0	9.397	708.0	8.904	745.0	8.461	782.0	8.059
635.0	9.931	672.0	9.383	709.0	8.892	746.0	8.449	783.0	8.049
636.0	9.916	673.0	9.369	710.0	8.879	747.0	8.438	784.0	8.038

续表

15℃密度	桶/t	15℃密度	桶/t	15℃密度	桶/t	15℃密度	桶/t	15℃密度	桶/t
785.0	8.028	822.0	7.666	859.0	7.335	896.0	7.031	933.0	6.752
786.0	8.018	823.0	7.657	860.0	7.326	897.0	7.024	934.0	6.745
787.0	8.008	824.0	7.647	861.0	7.318	898.0	7.016	935.0	6.738
788.0	7.998	825.0	7.638	862.0	7.309	899.0	7.008	936.0	6.730
789.0	7.987	826.0	7.629	863.0	7.301	900.0	7.000	937.0	6.723
790.0	7.977	827.0	7.619	864.0	7.292	901.0	6.992	938.0	6.716
791.0	7.967	828.0	7.610	865.0	7.284	902.0	6.985	939.0	6.709
792.0	7.957	829.0	7.601	866.0	7.276	903.0	6.977	940.0	6.702
793.0	7.947	830.0	7.592	867.0	7.267	904.0	6.969	941.0	6.695
794.0	7.937	831.0	7.583	868.0	7.259	905.0	6.961	942.0	6.687
795.0	7.927	832.0	7.574	869.0	7.250	906.0	6.954	943.0	6.680
796.0	7.917	833.0	7.564	870.0	7.242	907.0	6.646	944.0	6.673
797.0	7.907	834.0	7.555	871.0	7.234	908.0	6.938	945.0	6.666
798.0	7.900	835.0	7.546	872.0	7.225	909.0	6.931	946.0	6.659
799.0	7.894	836.0	7.537	873.0	7.217	910.0	6.923	947.0	6.652
800.0	7.887	837.0	7.528	874.0	7.209	911.0	6.915	948.0	6.645
801.0	7.867	838.0	7.519	875.0	7.201	912.0	6.908	949.0	6.638
802.0	7.858	839.0	7.510	876.0	7.192	913.0	6.900	950.0	6.631
803.0	7.848	840.0	7.501	877.0	7.134	914.0	6.893	951.0	6.624
804.0	7.838	841.0	7.492	878.0	7.176	915.0	6.885	952.0	6.617
805.0	7.828	842.0	7.483	879.0	7.168	916.0	6.878	953.0	6.610
806.0	7.818	843.0	7.475	880.0	7.160	917.0	6.870	954.0	6.603
807.0	7.809	844.0	7.466	881.0	7.151	918.0	6.863	955.0	6.596
808.0	7.799	845.0	7.457	882.0	7.143	919.0	6.855	956.0	6.589
809.0	7.789	846.0	7.448	883.0	7.135	920.0	6.848	957.0	6.582
810.0	7.780	847.0	7.439	884.0	7.127	921.0	6.840	958.0	6.576
811.0	7.770	848.0	7.430	885.0	7.119	922.0	6.833	959.0	6.569
812.0	7.760	849.0	7.421	886.0	7.111	923.0	6.825	960.0	6.562
813.0	7.751	850.0	7.431	887.0	7.103	924.0	6.818	961.0	6.555
814.0	7.741	851.0	7.404	888.0	7.095	925.0	6.811	962.0	6.548
815.0	7.732	852.0	7.395	889.0	7.087	926.0	6.803	963.0	6.541
816.0	7.722	853.0	7.387	890.0	7.079	927.0	6.796	964.0	6.535
817.0	7.713	854.0	7.378	891.0	7.071	928.0	6.789	965.0	6.528
818.0	7.703	855.0	7.369	892.0	7.063	929.0	6.781	966.0	6.521
819.0	7.694	856.0	7.361	893.0	7.055	930.0	6.774	967.0	6.514
820.0	7.685	857.0	7.352	894.0	7.047	931.0	6.769	968.0	6.508
821.0	7.675	858.0	7.344	895.0	7.039	932.0	6.759	969.0	6.501

续表

15℃密度	桶/t	15℃密度	桶/t	15℃密度	桶/t	15℃密度	桶/t	15℃密度	桶/t
970. 0	6. 494	997. 0	6. 318	1024. 0	6. 151	1051. 0	5. 993	1078. 0	5. 842
971. 0	6. 487	998. 0	6. 312	1025. 0	6. 145	1052. 0	5. 987	1079. 0	5. 837
972. 0	6. 481	999. 0	6. 305	1026. 0	6. 139	1053. 0	5. 981	1080. 0	5. 832
973. 0	6. 474	1000. 0	6. 299	1027. 0	6. 133	1054. 0	5. 976	1081. 0	5. 826
974. 0	6. 467	1001. 0	6. 293	1028. 0	6. 127	1055. 0	5. 970	1082. 0	5. 821
975. 0	6. 461	1002. 0	6. 286	1029. 0	6. 121	1056. 0	5. 964	1083. 0	5. 815
976. 0	6. 454	1003. 0	6. 280	1030. 0	6. 115	1057. 0	5. 959	1084. 0	5. 810
977. 0	6. 448	1004. 0	6. 274	1031. 0	6. 109	1058. 0	5. 953	1085. 0	5. 805
978. 0	6. 441	1005. 0	6. 268	1032. 0	6. 103	1059. 0	5. 947	1085. 0	5. 799
979. 0	6. 434	1006. 0	6. 261	1033. 0	6. 097	1060. 0	5. 942	1087. 0	5. 794
980. 0	6. 428	1007. 0	6. 255	1034. 0	6. 091	1061. 0	5. 936	1088. 0	5. 789
981. 0	6. 421	1008. 0	6. 249	1035. 0	6. 086	1062. 0	5. 931	1089. 0	5. 783
982. 0	6. 415	1009. 0	6. 243	1036. 0	6. 080	1063. 0	5. 925	1090. 0	5. 778
983. 0	6. 408	1010. 0	6. 236	1037. 0	6. 074	1064. 0	5. 919	1091. 0	5. 773
984. 0	6. 402	1011. 0	6. 230	1038. 0	6. 068	1065. 0	5. 914	1092. 0	5. 767
985. 0	6. 395	1012. 0	6. 224	1039. 0	6. 062	1066. 0	5. 908	1093. 0	5. 762
986. 0	6. 389	1013. 0	6. 218	1040. 0	6. 056	1067. 0	5. 903	1094. 0	5. 757
987. 0	6. 382	1014. 0	5. 212	1041. 0	6. 050	1068. 0	5. 897	1095. 0	5. 752
988. 0	6. 376	1015. 0	6. 206	1042. 0	6. 045	1069. 0	5. 892	1096. 0	5. 746
989. 0	6. 369	1016. 0	6. 200	1043. 0	6. 039	1070. 0	5. 886	1097. 0	5. 741
990. 0	6. 363	1017. 0	6. 193	1044. 0	6. 033	1071. 0	5. 881	1098. 0	5. 736
991. 0	6. 356	1018. 0	6. 187	1045. 0	6. 027	1072. 0	5. 875	1099. 0	5. 731
992. 0	6. 350	1019. 0	6. 181	1046. 0	6. 021	1073. 0	5. 870	1100. 0	5. 725
993. 0	6. 343	1020. 0	6. 175	1047. 0	6. 016	1074. 0	5. 864		
994. 0	6. 337	1021. 0	6. 169	1048. 0	6. 010	1075. 0	5. 859		
995. 0	6. 331	1022. 0	6. 163	1049. 0	6. 004	1076. 0	5. 853		
996. 0	6. 324	1023. 0	6. 157	1050. 0	6. 998	1077. 0	5. 848		

表24　15℃时密度所对应的烃压缩系数表(摘录)　　$10^{-6}kPa^{-1}$

温度/℃	15℃时的密度，kg/m^3								
	836	838	840	842	844	846	848	850	852
30.00	0.829	0.823	0.818	0.812	0.807	0.802	0.796	0.791	0.786
30.25	0.830	0.825	0.819	0.814	0.808	0.803	0.798	0.793	0.787
30.50	0.832	0.826	0.820	0.815	0.810	0.804	0.799	0.794	0.789
30.75	0.833	0.827	0.822	0.816	0.811	0.805	0.800	0.795	0.790
31.00	0.834	0.829	0.823	0.817	0.812	0.807	0.801	0.796	0.791
31.25	0.836	0.830	0.824	0.819	0.813	0.808	0.803	0.797	0.792
31.50	0.837	0.831	0.826	0.820	0.815	0.809	0.804	0.799	0.793
31.75	0.838	0.832	0.827	0.821	0.816	0.810	0.805	0.800	0.795
32.00	0.839	0.834	0.828	0.823	0.817	0.812	0.806	0.801	0.796
32.25	0.841	0.835	0.829	0.824	0.818	0.813	0.807	0.802	0.797
32.50	0.842	0.836	0.831	0.825	0.820	0.814	0.809	0.803	0.798
32.75	0.843	0.838	0.832	0.826	0.821	0.815	0.810	0.805	0.799
33.00	0.845	0.839	0.833	0.828	0.822	0.817	0.811	0.806	0.801
33.25	0.856	0.840	0.835	0.829	0.823	0.818	0.812	0.807	0.802
33.50	0.847	0.842	0.836	0.830	0.825	0.819	0.814	0.808	0.803
33.75	0.849	0.843	0.837	0.831	0.826	0.820	0.815	0.809	0.804
34.00	0.850	0.844	0.838	0.833	0.827	0.822	0.816	0.811	0.805
34.25	0.851	0.845	0.840	0.834	0.828	0.823	0.817	0.812	0.807
34.50	0.853	0.847	0.841	0.835	0.830	0.824	0.819	0.813	0.808
34.75	0.854	0.848	0.842	0.837	0.831	0.825	0.820	0.814	0.809
35.00	0.855	0.849	0.844	0.838	0.832	0.827	0.821	0.815	0.810
35.25	0.857	0.851	0.845	0.839	0.833	0.828	0.822	0.817	0.811
35.50	0.858	0.852	0.846	0.840	0.835	0.829	0.824	0.818	0.813
35.75	0.859	0.853	0.848	0.842	0.836	0.830	0.825	0.819	0.814
36.00	0.861	0.855	0.849	0.843	0.837	0.832	0.826	0.821	0.815
36.25	0.862	0.856	0.850	0.844	0.839	0.833	0.827	0.822	0.816
36.50	0.863	0.857	0.851	0.846	0.840	0.834	0.829	0.823	0.818
36.75	0.865	0.859	0.853	0.847	0.841	0.835	0.830	0.824	0.819
37.00	0.866	0.860	0.854	0.848	0.842	0.837	0.831	0.826	0.820
37.25	0.867	0.861	0.855	0.850	0.844	0.838	0.832	0.827	0.821
37.50	0.869	0.863	0.857	0.851	0.845	0.839	0.834	0.828	0.822
37.75	0.870	0.864	0.858	0.852	0.846	0.841	0.835	0.829	0.824
38.00	0.872	0.865	0.859	0.853	0.848	0.842	0.836	0.831	0.825
38.25	0.873	0.867	0.861	0.855	0.849	0.843	0.837	0.832	0.826
38.50	0.874	0.868	0.862	0.856	0.850	0.844	0.839	0.833	0.827
38.75	0.876	0.869	0.863	0.857	0.851	0.846	0.840	0.834	0.829
39.00	0.877	0.871	0.865	0.859	0.853	0.847	0.841	0.836	0.830
39.25	0.878	0.872	0.866	0.860	0.854	0.848	0.842	0.837	0.831
39.50	0.880	0.874	0.867	0.861	0.855	0.850	0.844	0.838	0.832
39.75	0.881	0.875	0.869	0.863	0.857	0.851	0.845	0.839	0.834

附录二　强制检定计量器具目录

序号	检定项目
1	量油尺
2	套管尺
3	砝码
4	石油密度计
5	立式金属油罐(计量交接用)
6	容积式流量计
7	速度式流量计
8	质量流量计
9	卧式金属油罐(计量交接用)
10	计量加油机
11	石油产品用液体玻璃温度计
12	电子分析天平
13	机械秒表
14	数字式石英秒表
15	工作毛细管黏度计
16	铂电阻温度计
17	机械分析天平
18	常用玻璃量器

附录三 现行执行标准

1. GB 11085—89《散装液态石油产品损耗》

2. GB 50074—2014《石油库设计规范》

3. GB/T 8170—2008《数值修约规则与极限数值的表示和判定》

4. GB/T 13894—92《石油和液体石油产品液位测量法(手工法)》

5. GB/T 8927—2008《石油和液体石油产品温度测量 手工法》

6. GB/T 514—2005《石油产品试验用玻璃液体温度计技术条件》

7. GB/T 4756—2015《石油液体手工取样法》

8. GB/T 1884—2000《原油和液体石油产品密度实验室测定法(密度计法)》

9. GB/T 19779—2005《石油和液体石油产品油量计算 静态计量》

10. GB/T 1885—1998《石油计量表》

11. GB/T 9109. 5—2017《石油和液体石油产品动态计量　第5部分：油量计算》

12. GJB 1178—91《军用液态石油产品自然损耗》

13. JJF 1001—2011《通用计量术语及定义》

14. JJF 1004—2004《流量计量名词术语及定义》

15. JJG 133—2016《汽车油罐车容量检定规程》

16. JJG 443—2015《燃油加油机检定规程》

17. NB/SH/T 0164—2019《石油及相关产品包装、储运及交货验收规则》

18. SH/T 0316—1998《石油密度计技术条件》

19. GB/T 21450—2008《原油和石油产品 密度在 $638kg/m^3$ 到 $1074kg/m^3$ 范围内的烃压缩系数》

20. AQ 3010—2022《加油站作业安全规范》